高职高专“十二五”规划教材

型材生产技术

主编　李登超

北　京
冶　金　工　业　出　版　社
2015

内容提要

本书是工学结合、校企合作、理实一体的项目化教材，旨在培养技术技能型人才。内容包括目前我国先进H型钢、钢轨、钢筋生产流程、设备、标准作业和产品缺陷、生产事故预防与处理。

本书可作为高职高专院校材料成型与控制专业、材料工程技术专业、金属压力加工专业的教学用书，也可供钢铁、铁道、建筑行业的工程技术人员参考。

图书在版编目(CIP)数据

型材生产技术/李登超主编．—北京：冶金工业出版社，2015.7

高职高专“十二五”规划教材

ISBN 978-7-5024-6977-1

Ⅰ.①型…　Ⅱ.①李…　Ⅲ.①型材轧制—高等职业教育—教材　Ⅳ.①TG335.4

中国版本图书馆CIP数据核字(2015)第159238号

出版人　谭学余

地　　址　北京市东城区嵩祝院北巷39号　邮编　100009　电话　(010)64027926

网　　址　www.cnmip.com.cn　电子信箱　yjcbs@cnmip.com.cn

责任编辑　俞跃春　杜婷婷　美术编辑　彭子赫　版式设计　葛新霞

责任校对　李　娜　责任印制　李玉山

ISBN 978-7-5024-6977-1

冶金工业出版社出版发行；各地新华书店经销；固安华明印业有限公司印刷

2015年7月第1版，2015年7月第1次印刷

787mm×1092mm　1/16；14.75印张；354千字；226页

36.00元

冶金工业出版社　投稿电话　(010)64027932　投稿信箱　tougao@cnmip.com.cn

冶金工业出版社营销中心　电话　(010)64044283　传真　(010)64027893

冶金书店　地址　北京市东四西大街46号(100010)　电话　(010)65289081(兼传真)

冶金工业出版社天猫旗舰店　yjgycbs.tmall.com

前　言

我国钢铁工业正在经历转型升级，需要技术技能型人才队伍的支撑。本书是按照工学结合、理实一体化的理念编写的项目化教材，采用了独特的结构体例，把H型钢、钢轨和钢筋生产理论知识和工厂实践知识、最新研究成果、代表性专利知识有机地集合为一体；另一方面，本书设计了纸质考试、面谈、上机实操、论文答辩等多种考核方案，旨在培养综合职业能力强的技术技能型人才。

本书是校企合作的成果，攀钢轨梁厂给予了大力支持。本书由四川机电职业技术学院李登超主编。具体编写分工为：刘晓华编写相关知识中钢轨矫直部分，朱华林编写任务实施中矫直机零度标定部分，陈元福编写任务实施中钢轨万能轧机调整部分，李登超编写其余部分。黄银洲、任汉恩、齐淑娥、卫开旗、胡平、张天柱、李忠友参与了前期的企业工作岗位调研和课程调研。企业专家对课程改革和教材编写提出了不少有价值的建议。钢轨技术专家陶功明审阅了书稿钢轨生产项目并提出多项修改意见。书中引用了不少作者的文献资料，在此一并表示感谢。

由于编者水平所限，书中不足之处，敬请广大读者批评指正。

编　者

2015年2月

目 录

项目1　H型钢生产

【项目导言】

H型钢是一种新型经济建筑用钢。H型钢截面形状经济合理，力学性能好，轧制时截面上各点延伸较均匀、内应力小，与普通工字钢比较，具有截面模数大、重量轻、节省金属的优点，可使建筑结构减轻30%~40%；又因其腿内外侧平行，腿端是直角，拼装组合成构件，可节约焊接、铆接工作量达25%。常用于要求承载能力大，截面稳定性好的大型建筑（如厂房、高层建筑等），以及桥梁、船舶、起重运输机械、设备基础、支架、基础桩等。

【学习目标】

（1）调研H型钢生产厂，了解H型钢生产厂产品、工艺、设备、作业岗位、基层管理和生产技术管理水平，写出调研报告。

（2）查阅H型钢标准，了解建筑企业对H型钢的形状、尺寸、表面质量、内部质量、组织性能的要求，能口头或书面解读有关标准的术语、条款。

（3）掌握H型钢分类、主要质量要求、孔型系统和生产工艺流程。

（4）了解轧机、矫直机等主要生产设备，能解读有关视频。

（5）了解H型钢生产过程自动化系统。

（6）明确H型钢常见质量缺陷、产生原因和预防处理方法，能写出有关缺陷问题的小论文。

（7）了解工厂安全操作规程。

（8）通过理论和技能培训，能进行轧机、矫直机等设备的基本点检和基本操作，对常见故障、质量缺陷能进行处理。

任务1.1　认识H型钢生产厂

【任务描述】

走进典型的H型钢生产厂，了解工厂生产的产品品种规格、原料品种规格、设备布置、设备结构和性能参数，了解生产线岗位、各个岗位设备操作和自动控制，明确H型钢生产工艺流程及主要工序作用，进一步了解工厂的计划管理、生产管理、质量管理、设备管理和现场管理情况，写出不少于3000字的调研报告。

【任务分析】

调研报告应包括调研目的、调研要求、调研安排、调研单位介绍、调研小结等项内容，图文并茂。报告的重点是调研单位介绍，越全面越详细越好。调研期间，在指导老师带领下，通过听、看、问、写、照，主动搜集生产厂产品、原料、设备、岗位职责和操作、管理各方面第一手资料，也可以通过网络、图书馆、电话、问卷、访谈等途径进行调研。

【相关知识】

1.1.1　H型钢分类及用途

H型钢的规格表示：H与高度H值×宽度B值×腹板厚度t_1值×翼缘厚度t_2值，如：H596×199×10×15。H型钢截面形状和各部分名称如图1-1所示。H型钢的腹板又称为腰部，H型钢的腿部（或边部）又称为翼缘；H型钢的截面高度H又称为腹板高度、腰部高度，翼缘宽度B又称为腿部宽度、腿部高度或边部宽度、边部高度。

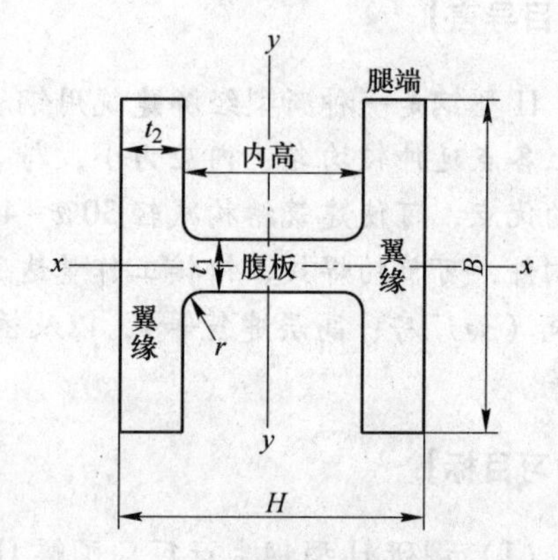

图1-1　H型钢截面形状和各部分名称
t_1—腹板厚度；t_2—翼缘厚度；B—翼缘宽度；H—截面高度；r—圆角半径

H型钢分为热轧H型钢和焊接H型钢两种。按照GB/T 11263—2010规定，H型钢分四类：宽翼缘H型钢（代号HW）、中翼缘H型钢（代号HM）、窄翼缘H型钢（代号HN）和薄壁H型钢（代号HT），W、M、N、T分别为英文wide、middle、narrow、thin开头字母。

HW是H型钢高度和翼缘宽度基本相等的，主要用于钢筋砼框架结构柱中钢芯柱，也称劲性钢柱，在钢结构中主要用于柱。HM是H型钢高度和翼缘宽度比例大致为1.33～1.75，主要在钢结构中用作钢框架柱，在承受动力荷载的框架结构中用作框架梁，例如设备平台。HN是H型钢高度和翼缘宽度比例大于等于2，主要用于梁，工字钢的用途相当于HN型钢。

H型钢的主要材质有Q235B、SM490、SS400、Q235B、Q345、Q345B等。

H型钢主要用于建筑钢结构制作，钢结构对钢材的要求是多方面的，主要有以下几个方面：

（1）有较高的强度。要求钢材的抗拉强度和屈服点比较高。屈服点高可以减小构件的截面，从而减轻重量，节约钢材，降低造价。抗拉强度高，可以增加结构的安全储备。

（2）塑性好。塑性性能好，能使结构破坏前有较明显的变形，可以避免结构发生脆性破坏。塑性好可以调整局部高峰应力，使应力得到重分布，并提高构件的延性，从而提高结构的抗震能力。

（3）冲击韧性好。冲击韧性好可提高结构抗动力荷载的能力，避免发生裂纹和脆性断裂。

（4）冷加工性能好。钢材经常在常温下进行加工，冷加工性能好可保证钢材加工过程中不发生裂纹或脆断，不因加工对强度、塑性及韧性带来较大的影响。

（5）可焊性好。钢材的可焊性好，是指在一定的工艺和构造条件下，钢材经过焊接后能够获得良好的性能。可焊性是衡量钢材的热加工性能。可焊性可分为施工上的可焊性和使用上的可焊性。施工上的可焊性是指在焊缝金属及近缝区产生裂纹的敏感性，近缝区钢材硬化的敏感性。可焊性好是指在一定的焊接工艺条件下，焊缝金属和近缝区钢材不产生裂纹。使用性能上的可焊性是指焊缝和焊接热影响区的力学性能不低于母材的力学性能。

（6）耐久性好。耐久性是指钢结构的使用寿命。影响钢材使用寿命主要因素是钢材的耐腐蚀性，其次是在长期荷载、反复荷载和动力荷载作用下钢材力学性能的恶化。

1.1.2　H 型钢的惯性矩、惯性半径和截面模数

1.1.2.1　计算公式

H 型钢用于建筑结构时要进行强度、挠度和稳定性计算，需要 H 型钢的惯性矩、惯性半径和截面模数数据。

截面对某一轴线的惯性矩是截面各微元面积与各微元至截面上轴线距离二次方乘积的积分。

截面 A 对 x 轴的惯性矩为 $I_x = \int_A y^2 \mathrm{d}A$，截面 A 对 y 轴的惯性矩为 $I_y = \int_A x^2 \mathrm{d}A$，如图 1-2 所示，惯性矩的单位为 m^4、mm^4。

惯性矩平移公式为 $I_z = I_x + Ad^2$。这里，I_z 是对于 z 轴的面积惯性矩，I_x 是对于平面质心轴 x 的面积惯性矩，A 是面积，d 是 z 轴与质心轴 x 的垂直距离。

图 1-2 所示的长方形对 x 轴的惯性矩为 $I_x = \dfrac{ab^3}{12}$，对 x 轴的截面模数为 $W_x = \dfrac{I_x}{\frac{b}{2}} = \dfrac{ab^2}{6}$。

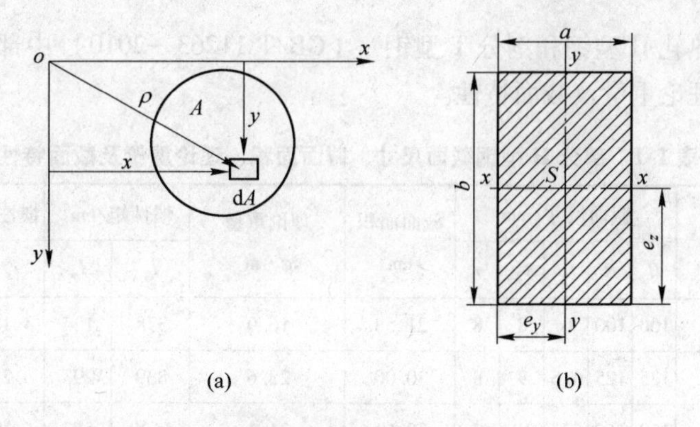

图 1-2　截面惯性矩的计算

截面系数是机械零件和构件的一种截面几何参量，旧称截面模量、截面模数。它用以计算零件、构件的抗弯强度和抗扭强度，或者用以计算在给定的弯矩或扭矩条件下截面上的最大应力。

在横截面上离中性轴 z 最远的各点处，弯曲正应力最大，其值 $\sigma_{\max} = \dfrac{My_{\max}}{I_z} = \dfrac{M}{W_z}$。

比值 $I_z/y_{\max}$ 仅与截面的形状与尺寸有关，称为抗弯截面系数，并用 W_z 表示，即 $W_z =$

I_z/y_{max}。由公式可见，最大弯曲正应力σ_{max}与弯矩M成正比，与抗弯截面系数W_z成反比。抗弯截面系数W_z综合反映了横截面的形状与尺寸对弯曲正应力的影响。

1.1.2.2　H型钢惯性矩、惯性半径和截面模数计算示例

图1-3所示的H型钢内高为250mm，腿宽为250mm，腰厚为8mm，腿厚为12mm，计算惯性矩I_x、I_y，回转半径i_x、i_y，截面模数W_x、W_y。

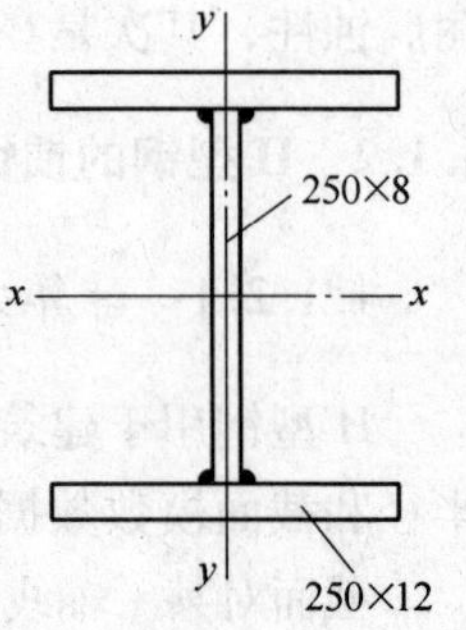

截面面积：$A=250\times12\times2+250\times8=8000\text{mm}^2$

惯性矩：$I_x=\frac{1}{12}（250\times274^3-242\times250^3）=1.1345\times10^8\text{mm}^4$

$$I_y=\frac{1}{12}（12\times250^3\times2+250\times8^3）=3.126\times10^7\text{mm}^4$$

回转半径：$i_x=\sqrt{\frac{I_x}{A}}=\sqrt{\frac{1.1345\times10^8}{8000}}=119.1\text{mm}$

$$i_y=\sqrt{\frac{I_y}{A}}=\sqrt{\frac{3.126\times10^7}{8000}}=62.5\text{mm}$$

截面模数：$W_x=\frac{I_x}{125+12}=\frac{1.1345\times10^8}{137}=8.28\times10^5\text{mm}^3$

$$W_y=\frac{I_y}{125}=\frac{3.126\times10^7}{125}=2.5\times10^5\text{mm}^3$$

图1-3　H型钢截面尺寸

1.1.3　H型钢的尺寸、外形及允许偏差

表1-1为《热轧H型钢和剖分T型钢》（GB/T 11263—2010）中部分H型钢截面尺寸、截面面积、理论重量及截面特性。

表1-1　部分H型钢截面尺寸、截面面积、理论重量及截面特性

类别	型号（高度×宽度）/mm×mm	截面尺寸/mm					截面面积/cm²	理论重量/kg·m⁻¹	惯性矩/cm⁴		惯性半径/cm		截面模数/cm³	
		H	B	t_1	t_2	r			I_x	I_y	i_x	i_y	W_x	W_y
HW	100×100	100	100	6	8	8	21.58	16.9	378	134	4.18	2.48	75.6	26.7
	125×125	125	125	6.5	9	8	30.00	23.6	839	293	5.28	3.12	134	46.9
	150×150	150	150	7	10	8	39.64	31.1	1620	563	6.39	3.76	216	75.1
	175×175	175	175	7.5	11	13	51.42	40.4	2900	984	7.50	4.37	331	112
	200×200	200	200	8	12	13	63.53	49.9	4720	1600	8.61	5.02	472	160
		200	204	12	12	13	71.53	56.2	4980	1700	8.34	4.87	498	167
	250×250	244	252	11	11	13	81.31	63.8	8700	2940	10.3	6.01	713	233
		250	250	9	14	13	91.43	71.8	10700	3650	10.8	6.31	860	292
		250	255	14	14	13	103.9	81.6	11400	3880	10.5	6.10	912	304

续表 1-1

类别	型号（高度×宽度）/mm×mm	截面尺寸/mm H	B	t_1	t_2	r	截面面积 /cm^2	理论重量 /kg·m^{-1}	惯性矩/cm^4 I_x	I_y	惯性半径/cm i_x	i_y	截面模数/cm^3 W_x	W_y
HN	850×300	834	298	14	19	18	227.5	179	251000	8400	33.2	6.07	6020	564
		842	299	15	23	18	259.7	204	298000	10300	33.9	6.28	7080	687
		850	300	16	27	18	292.1	229	346000	12200	34.4	6.45	8140	812
		858	301	17	31	18	324.7	255	395000	14100	34.9	6.59	9210	939
	900×300	890	299	15	23	18	266.9	210	339000	10300	35.6	6.20	7610	687
		900	300	16	28	18	305.8	240	404000	12600	36.4	6.42	8990	842
		912	302	18	34	18	360.1	283	491000	15700	36.9	6.59	10800	1040

表 1-2 为 H 型钢尺寸和外形允许偏差。

表 1-2　H 型钢尺寸和外形允许偏差　（mm）

项目			允许偏差	图示
高度 H（按型号）		<400	±2.0	
		≥400 ~ <600	±3.0	
		≥600	±4.0	
宽度 B（按型号）		<100	±2.0	
		≥100 ~ <200	±2.5	
		≥200	±3.0	
厚度	t_1	<5	±0.5	
		≥5 ~ <16	±0.7	
		≥16 ~ <25	±1.0	
		≥25 ~ <40	±1.5	
		≥40	±2.0	
	t_2	<5	±0.7	
		≥5 ~ <16	±1.0	
		≥16 ~ <25	±1.5	
		≥25 ~ <40	±1.7	
		≥40	±2.0	
长度		≤7000	+60 0	
		>7000	长度每增加 1m 或不足 1m 时，正偏差在上述基础上加 5mm	
翼缘斜度 T		高度（型号）≤300	$T \leqslant 1.0\% B$。但允许偏差的最小值为 1.5mm	
		高度（型号）>300	$T \leqslant 1.2\% B$。但允许偏差的最小值为 1.5mm	

续表 1-2

项　目		允许偏差	图　示
弯曲度（适用于上下、左右大弯曲）	高度（型号）≤300	≤长度的 0.15%	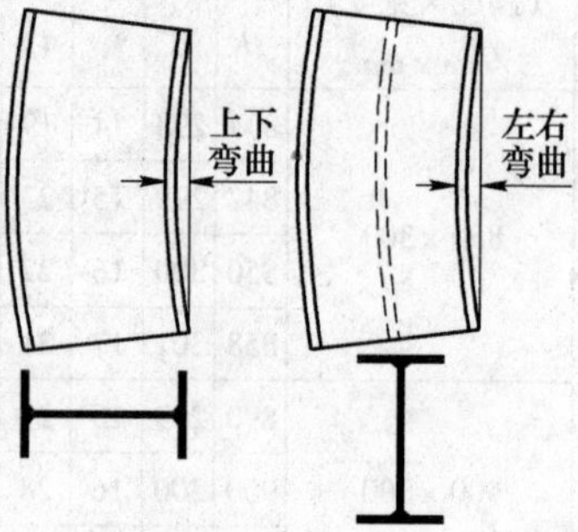上下 弯曲 左右 弯曲
	高度（型号）>300	≤长度的 0.10%	
中心偏差 S	高度（型号）≤300 且宽度（型号）≤200	±2.5	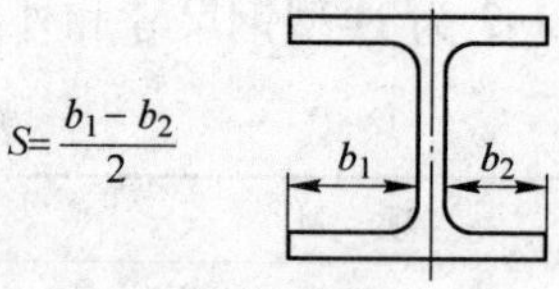$S=\frac{b_1-b_2}{2}$ b_1 b_2
	高度（型号）>300 或宽度（型号）>200	±3.5	
腹板弯曲 W	高度（型号）<400	≤2.0	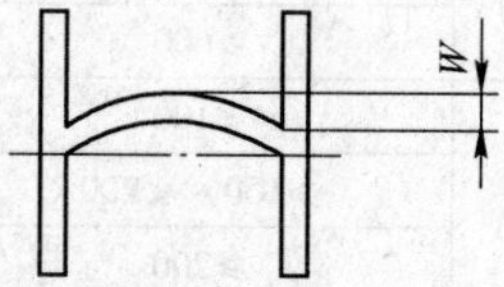W
	≥400～<600	≤2.5	
	≥600	≤3.0	
翼缘弯曲 F	宽度 B≤400	≤1.5% b。但是，允许偏差值的最大值为 1.5mm	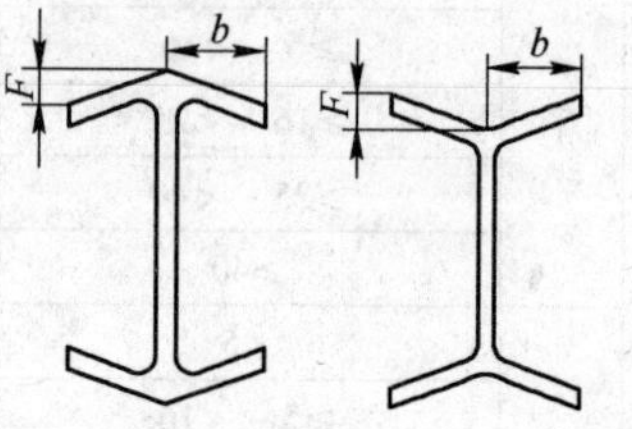b F b F
端面斜度 E		E≤1.6%（H 或 B），但允许偏差的最小值为 3.0mm	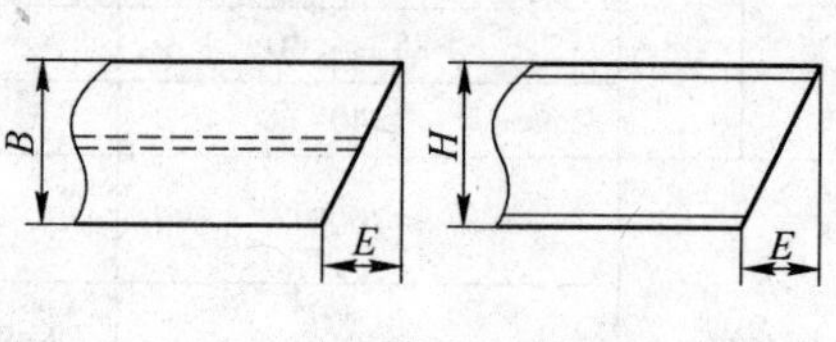B E H E
翼缘腿端外缘钝化		不得使直径等于 0.18t_2 的圆棒通过	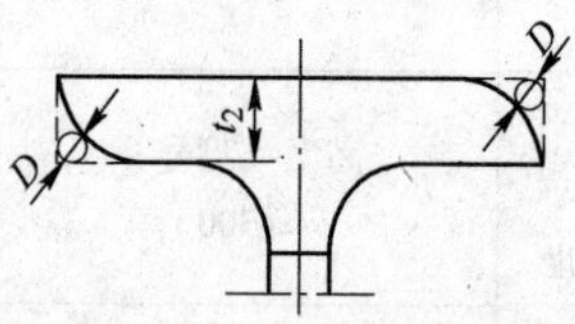D t_2 D

注：1. 尺寸和形状的测量部位见图示。

2. 弯曲度沿翼缘端部测量。

H 型钢和剖分 T 型钢表面不允许有影响使用的裂缝、折叠、结疤、分层和夹杂。局部细小的裂纹、凹坑、凸起、麻点及刮痕等缺陷允许存在，但不应超出厚度尺寸允许偏差。H 型钢和剖分 T 型钢表面的缺陷，允许用铲除、砂轮等机械方法修磨清理，并允许对缺陷进行焊补。

【任务实施】

1.1.4　莱钢中型 H 型钢厂

莱钢中型型钢生产线设计生产规模为年产中型钢材 60 万吨，实际已达 100 万吨，H 型钢占 70%，其规格为：HZ160～360、HK100～200；普通型材产品有 16～36 号工字钢、20～36 号槽钢、12.5 号和 14/9～20/12.5 角钢、矿用工字钢及 U 型钢等。

1.1.4.1　莱钢中型 H 型钢生产工艺流程

莱钢中型 H 型钢生产线如图 1-4 所示。

H 型钢生产的主要流程为：连铸方坯（或初轧方坯）→加热→开坯轧成异形坯→切头→万能粗轧→万能精轧→热锯切成定尺→冷却→辊式矫直→冷锯或冷剪→检查分类→堆垛打捆→入库。

连铸大方坯断面为 230mm×230mm、230mm×350mm、275mm×380mm 三种，由三机三流三点矫直全弧形连铸机生产。

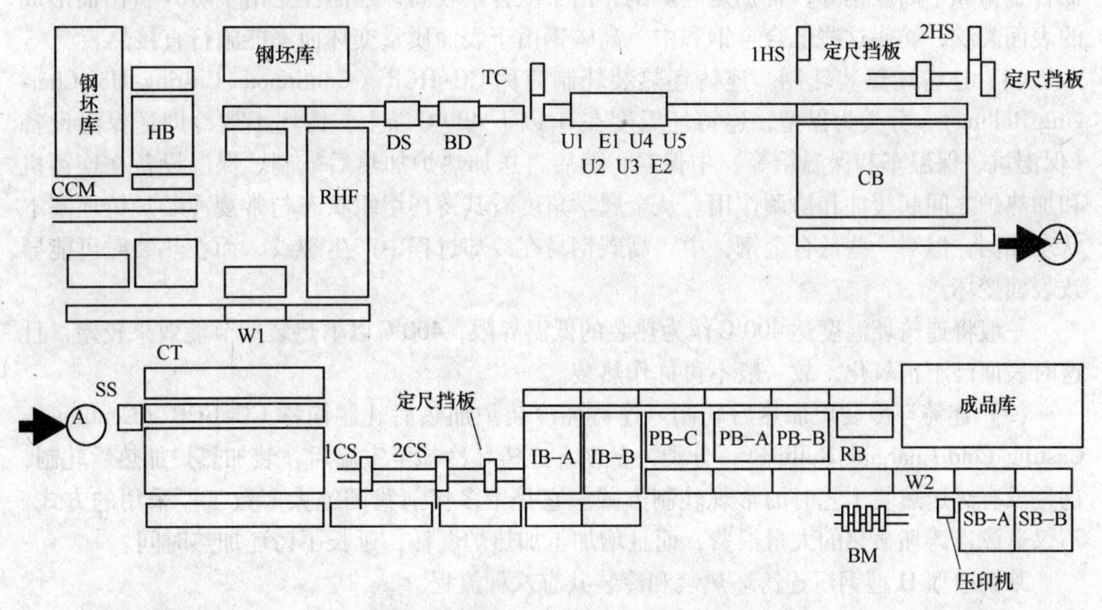

图 1-4　H 型钢生产线

CCM—连铸机；HB—热缓冲炉；W1—钢坯称重机；RHF—加热炉；DS—除鳞机；BD—粗轧机；TC—切头锯；U—万能轧机；E—轧边机；HS—热锯；CB—冷床；SS—矫直机；CT—编组台架；CS—冷锯；IB—检查台架；PB—码垛；RB—剔除台架；W2—成品称重机；BM—打捆机；SB—成品台架

1.1.4.2　连铸坯热装和冷装

按装炉温度，从冶金学特点并考虑工艺流程，把连铸坯热送热装分为以下几种类型和层次：

（1）连铸坯直接轧制。连铸坯直接轧制简称 CC-DR（Continuous Casting-Direct Rolling），分类为Ⅰ型。连铸坯在1100℃条件下不经加热炉，在输送过程中通过边角补热装置直接送轧机轧制。从金属学角度看，铸坯轧前没有经过 γ→α→γ 相变再结晶过程，仍保留铸态粗大的奥氏体晶，微量元素铌、钒等没有常规冷装炉的析出、再溶解过程，这就需要开发新的轧制工艺来得到晶粒细化的组织，这对微合金化钢来说，则能更充分发挥铌等微合金化元素的作用。

（2）连铸坯热直接轧制。连铸坯热直接轧制简称 CC-HDR（Continuous Casting-Hot Direct Rolling），分类为Ⅱ型。连铸坯温度在1100℃以下，A_3以上，铸坯不经加热炉，在输送过程中通过补热和均热，使钢坯达到可轧温度，直接送轧机轧制。铸坯的金属学特征基本与Ⅰ型相同，仅一些微量元素有少量析出和再溶解，相应的轧制工艺与Ⅰ型相似。

（3）连铸坯直接热装轧制。连铸坯直接热装轧制简称 CC-DHCR（Continuous Casting-Direct Hot Charging Rolling），分类为Ⅲ型。连铸坯温度在A_3以下，A_1以上，直接送加热炉加热后轧制。加热炉在连铸机和轧机间起缓冲作用。从金属学角度看，此时铸坯处于（γ+α）两相区，铸坯组织部分经过 γ→α→γ 相变，铸坯既有原始粗大的奥氏体晶粒，又有经相变的细化奥氏体晶粒，这样经加热后的铸坯是混晶组织，微量元素的析出和溶解程度不同，需相应的轧制工艺来克服上述缺点，以获得质量优良的最终产品。此外，对一些低合金钢和中高碳钢等，特别是电炉钢，由于氮含量较高，还需注意由于 AlN 析出而形成的表面裂纹，妨碍这些低合金钢和中、高碳钢由于表面质量变坏而不能施行直接热装。

（4）连铸坯热装轧制。连铸坯热装轧制简称 CC-HCR（Continuous Casting-Hot Charging Rolling），分类为Ⅳ型，连铸坯温度在A_1以下400℃以上，铸坯不放冷即送保温设备（保温坑、保温车和保温箱等）中保温，然后再送加热炉加热后轧制。保温设备在连铸机和加热炉之间起缓冲和协调作用。从金属学角度看其铸坯组织状态与常规冷装炉铸坯基本状态相同，但对一些低合金钢，中、高碳钢易在冷却过程中产生裂纹，而在热装时可能导致表面变坏。

一般将连铸坯温度达400℃作为热装的低温界限，400℃以下热装的节能效果较差，且这时表面已不再氧化，故一般不再称作热装。

（5）连铸坯冷装炉加热后轧制。连铸坯冷装炉加热后轧制简称 CC-CCR（Continuous Casting-Cold Charging Rolling），分类为Ⅴ型。连铸坯冷却至室温后，装加热炉加热后轧制，这是没有热送热装工艺时的常规轧制方式。它是十多年前我国绝大多数工厂采用的方式，不仅造成连铸坯显热的大量浪费，而且增加了加热炉燃耗，延长了铸坯加热时间。

莱钢中型 H 型钢厂连铸坯热装和冷装共有八种流程。

（1）流程1：热装流程。连铸坯用横向移钢机由连铸机（CCM）输出辊道上直接吊放到加热炉2号入炉辊道上，入炉温度为750～800℃。

当轧制节奏有某些微小变化时，横向移钢机亦可将连铸坯放在入炉辊道前的输送台架上。在输送台架上用液压拨爪式输送机将热坯一根一根地推上入炉辊道，以实现小量的缓冲作用。

当生产某些含铝、铌、钒等元素的钢种时，为了保证轧件表面质量，其热装温度应低于650℃。此时亦可利用输送台架将钢坯适当降温后，再进行装炉。

通过流程 1 的生产量约占全部产量的 80%。

(2) 流程 2：冷装（1）流程。当连铸机停工时间较长（例如更换结晶器）或因炼钢、连铸生产调度原因不能供给热坯时，用电磁吊车将贮放在连铸机出坯跨的钢坯吊放在 1 号受料台架上（此台架亦可作卸料用）。然后用抬杆式卸料机一根一根地放在加热炉 1 号入炉辊道上，送入加热炉加热；然后出炉轧制。

(3) 流程 3：冷装（2）流程。流程 3 与流程 2 情况相同，不同点为流程 3 的坯料贮放在加热炉跨内。

用电磁吊车将钢坯从加热炉跨贮料场吊至 2 号上料台架上，再用抬杆式卸料机一根一根地放在 3 号入炉辊道上，送入加热炉加热后，出炉轧制。

通过流程 2 与流程 3 的生产量约占全部产量的 20%。

(4) 流程 4：连铸坯直接卸料流程。当连铸机质量监控计算机判定某批连铸坯为不合格品需落地冷却处理，或轧机停工时间较长，但炼钢及连铸机生产调度要求 4a 号连铸机仍须继续生产时，此时由连铸机生产的钢坯通过液压拨爪移送机进行适当冷却后再通过 2 号入炉辊道反向送至 1 号入炉辊道，然后通过装、卸料两用台架将钢坯用电磁吊车（钢坯温度低于 650℃）吊至连铸出坯跨储存。

(5) 流程 5：钢坯进缓冲炉（HB）流程。当轧件发生短时停工（如换辊、换锯片、轧机调整，交接班检查等），时间约在 40min 以内时，而连铸机仍按正常生产计划继续进行连铸生产，此时可将钢坯用横向移钢机吊运到缓冲炉前的台架上，然后由液压小车运送到缓冲炉内，在缓冲炉内缓冲。缓冲炉的容量约可存放供轧机生产 1h 的连铸坯。

(6) 流程 6：缓冲炉出坯流程。当轧机的短时停工结束可以正常生产时，首先将连铸机仍在正常生产的热连铸坯采用流程 1 的方式进行生产。然后当连铸机 10 炉连浇结束，开始更换中间包。此时连铸机需停工 30～40min，轧机可以将缓冲炉内储存的热坯全部消化。在这种情况下缓冲炉内储存的钢坯，由室底步进机构逆向运动将钢坯退出缓冲室，再通过液压移钢小车及横向移钢机将钢坯送到 2 号入炉辊道上，然后入炉加热并调整加热炉加热制度、出炉、轧制。

(7) 流程 7：缓冲炉头部出料流程。当按照流程 5 进行操作时，轧机停工时间超过缓冲炉储量允许的时间，或缓冲炉内由于某种原因停留时间过长，温度已不能满足热装要求，此时必须从缓冲炉头部出料，将缓冲炉储存坯料的一部分或全部运出。在这种情况下，连铸坯由室底步进机构一根一根地运出到头部台架上，由抬杆式出料机运出成组排列，用电磁吊车运到连铸出坯跨储存。

(8) 流程 8：加热炉炉头返料流程。当加热炉出炉钢坯不能满足轧制工艺要求或已出炉钢坯而又不能进行轧制时，可通过加热炉出炉辊道反向送入返回料台架，然后收集，吊运至加热炉跨钢坯储存场。

1.1.4.3　开坯（粗轧）

出炉钢坯首先通过高压水除鳞机清除钢坯表面的氧化铁皮。除鳞以后的钢坯经粗轧机输入辊道送往二辊可逆开坯（粗轧）机进行轧制，粗轧机辊径 980mm，辊身长 2750mm，由一台 3300kW 变频调速交流电机传动，转速 0～55～110r/min。根据产品品种和规格的不同，轧件在粗轧机上轧制 7～15 道次，在切深孔主变形道次中采用闭口式孔型轧制，最后一道为了保证轧件的对称性和尺寸精度采用平配开口孔，粗轧机最大辊环直径为1300mm。

粗轧机前后配有推床翻钢机，轧机的导卫梁安装在轧辊的轴承座上，换辊时导卫装置随轧辊同时更换。

粗轧机轧钢过程可分为自动、半自动和手动三种方式。自动操作是按预先设定的轧制程序自动完成轧钢过程；半自动操作是翻钢机和轧机前后辊道转动方向由手动完成，其余轧制过程由设定的轧制程序自动完成；手动操作方式和传统初轧机的操作方式相同。为了使轧制过程迅速、安全，设定以半自动操作为主。

粗轧机为二辊可逆式轧机，每一道次均需一批相应的工艺参数，如：轧制速度、挤压与拉伸补偿系数、工作辊直径、辊缝、孔型、翻钢模式、前后推床位置、钢坯高度与宽度等。当需要轧制某一种产品时，通过监控画面上的“数据请求”按钮，可将过程计算机预先设定的该钢种的工艺参数，以道次分组，成批存于粗轧T3H缓冲寄存器中。道次变化以粗轧机负载继电器信号为依据，相应设备（如推床、翻钢钩、压下装置、粗轧电机、前后辊道等）根据本道次提供的数据动作。

粗轧以后的轧件，为了能继续在连轧机中稳定轧制，在进入连轧机前，需切除轧件头部的“舌头”。切头工序由一台直径为1800mm热锯机完成，输出辊道上的自动定位系统，按预先设定好的切头长度准确停位后切去轧件的“舌头”部分，该过程由操作人员在操作台上通过工业电视屏进行监视，必要时需进行人工干预。

1.1.4.4 精轧

切头以后的轧件进入连轧机进行轧制。连轧机的轧制过程为自动进行，并实现微张力轧制。轧件的轧制尺寸精度由冷床前取样后人工测得，并及时通过工业电视通知主操作台，操作工根据轧件的尺寸公差，可以远程手动对一架或几架轧机的轧辊辊缝值进行微调，辊缝值调整以后，轧机的速度级联补偿系统自动调整轧机速度，满足微张力轧制过程。

精轧机水平辊压下是对称调整的，轧制中心高不变，为了适应产品品种和规格的变化及保证轧件中心位置，精轧机的前后设可升降的摆动辊道，辊道上设侧导板；轧机间辊道亦可升降和设有侧导板；这些辊道面标高和侧导板位置可以在操作台上远程手动控制。

精轧机由五架万能轧机和两架二辊轧边机组成。轧制工字形产品或轧制槽钢的最后两道次采用万能辊系轧制；轧制角钢、矿U形钢和槽钢（前几道或全部道次）用二辊系轧制，二辊时辊身上可开多个轧槽，用横移机架的方法使孔槽对准轧制中心线。

精轧机组主传动电机全部为变频调速交流电机传动、U1～U4电机容量为1500kW，U5为1000kW；轧机边之E1、E2电机容量为300kW，精轧机出口最大轧制速度为3.5m/s。

1.1.4.5 冷却

轧件由精轧机轧出以后经辊道送往冷床，其中不等边角钢在精轧机出口经穿水冷却，以减少上冷床以后产生的弯曲变形。精轧机轧出的轧件最大长度约148m，而冷床能容纳的最大轧件长度不能超过75m。因此对大于75m长的轧件需分段以后方可上冷床，为此在冷床输入辊道的两端设分段热锯和切头热锯各一台，为了有效地控制切头长度和合理的分段锯切（主要是保证切分的每一段都是成品定尺长度的整数倍），在冷床输入辊道的端部和侧边各设一台定尺机，端部定尺机用于控制切头长度，侧边的定尺机用于合理的轧件分段定长。除不等边角钢以外，一般全部切头以后上冷床，不等边角钢可根据情况切头或不切头，如果热锯切头不能保证质量时，可在冷锯上切头。

分段与切头热锯同时承担有切取试样的任务，被切下的试样由辊道下面的试样输送机输出，切取的试样量尺以后将结果用工业电视传输给连轧机操作台，以指导轧机调整。分段与取样锯锯片直径为 1800 ~ 1620mm。

轧件分段以后被单根地送上冷床。型钢冷床为齿条步进与运输链组合式冷床，轧件高温段（850 ~ 650℃）在步进式冷床上冷却，在步进过程中又起到一定的矫直作用，轧件温度降至 500 ~ 600℃时进入链式冷却段。冷床面积大约 30m × 75m。为了 H 型钢工字钢的冷却质量，在链式冷床的进、出侧装有翻钢机，可以根据需要对轧件进行立冷。轧件在冷床上自然冷却，出冷床温度低于 70℃。下冷床机构为链传动的升降小车，将轧件单根地从冷床上平移至输出辊道上。

1.1.4.6 矫直及编组

下冷床轧件由辊道送至在线矫直机上进行矫直。矫直机为悬臂辊式，有九辊，上四辊（第 2、4、6、8 号辊）由一台变频调速的交流电机传动，下五辊（第 1、3、5、7、9 号辊）不传动，第 1、2 号辊与 8、9 号辊间可调（340 ~ 500mm），第 2 ~ 8 号辊距固定为 400mm，下辊为升降可调。最大矫直速度 2.5m/s。为了使轧件顺利进入矫直机，在矫直机入口和出口端设有辊面高度可调的水平导辊和开口度可调的立式导辊。

矫直辊为组合式，具有快速换辊功能，矫直辊更换时间不超过 30min。矫直以后的轧件被送往横移机按冷锯切要求进行编组，横移机包括主、副两个台架，对分段以后轧件的头段与尾段分别在主、副台架上单独分组，待副台架上完成编组以后被成组地移送至主台架上，这样从横移机送往冷锯的成组轧件（每组 3 ~ 8 根）的头组与尾组是分开的。

1.1.4.7 锯切

共设两台定尺冷锯，其中移动锯与固定锯各一台，在固定锯后设定尺机一台，锯切钢材定尺长度为 6 ~ 24m，头组轧件因在上冷床前切去头部，在冷锯上只进行定尺锯切，尾段轧件完成定尺锯切时，必须在固定锯上切除轧件尾部。生产不等边角钢需切头时，其切头也应在固定冷锯上完成。

冷锯机锯片直径为 1800 ~ 1620mm，具有快速更换锯片功能，更换时间在 15min 以内。

取样分为头部取样、中间取样和尾部取样三种方式，操作人员根据轧件实际情况通过过程级操作站监控画面设定一种或几种取样方式和取样长度，1 号热锯、2 号热锯和取样机可自动或手动完成取样操作。取样后，PLC 将实际取样长度传至过程计算机。

1.1.4.8 成品检查

锯切以后的轧件用辊道送往成品检查后，成品检查台宽度约 26m 长的轧件单排检查，12m 以下的轧件可在检查台上双排通过。产品的形状与表面质量检查由人工进行，H 型钢和工字钢辊道将轧件提升起来进行目视检查，检查人员对有缺陷的产品进行明显的标记，以便将有缺陷的产品直接送往废品收集台。合格产品则送往成品堆垛机，根据产品长度分别在大小堆垛台上进行堆垛。

1.1.4.9 码垛及打捆

码垛规格为最大650mm×650mm，可以对型钢进行咬合法堆垛，按堆垛要求可每隔一层钢材翻转180°。在堆垛台输入端的斜辊道上按每层堆垛根数排好并将端面对齐，由升降式移送装置举起并送至堆垛电磁盘下面，电磁盘吸住钢材以后移送机下降并返回原位，电磁盘下降将钢材置于堆垛台上，堆垛台每接受一层产品则下降一定距离，直到完成堆垛后由出料机将成品垛送上输出辊道。

一般设有两套堆垛台，一个用于长度小于1m的产品。另一个由两个台架组成，可分别用于小于12m的产品，当连起来时可用于长达24m的产品。

堆好的成品垛经辊道送至打捆机处，经夹紧后由打捆机进行捆扎，共设四台移动打捆机，捆扎材料为直径6.5mm线材，对于6~11m长定尺材捆四道，12~17m长定尺材捆五道，18~24m长定尺材捆六道，每道可捆2扎。

捆扎好以后进行称重，同时压印机压印标牌，金属牌由人工挂在钢材捆上。

最后成品钢材被输送至成品存放台，由车间电磁起重机每次两捆将成品捆吊运至成品库存放。

1.1.5 莱钢H型钢系列钢号、标准、规格

莱钢有三条H型钢生产线，小型型钢生产线是国内第一条可生产热轧轻型和超轻型H型钢的生产线，主要产品为200mm以下的热轧标准和轻型H型钢、叉车门梁、滑轨、导轨等多种异形断面型钢；中型型钢生产线主要产品为中型H型钢、工字钢、矿用工字钢等型；大型型钢生产线主体设备从德国引进，采用异形坯热送热装技术、轧机采用CCS技术、X-H轧制方法、CRS矫直机矫直技术，全线采用计算机控制，实现从装料到成品发货的全程自动化，主要生产大型国标、欧标、日标、英标、美标等多种标准H型钢、45~63号工字钢及其他型钢，H型钢翼缘最大宽度为400mm，腹板最大高度为1000mm。莱钢H型钢系列钢号、标准、规格见表1-3。

表1-3 莱钢H型钢、工字钢产品系列钢号、标准、规格

产品名称	钢号（材质）	执行标准	规格
热轧H型钢（国标）	Q235A/B/C/D，Q345A/B/C/D/E，Q390A/B/C	GB/T 11263，GB/T 700，GB/T 1591	HW100-400，HM150-600，HN150-900
热轧H型钢（日标）	SS400，SS490，SM490，SN490	JIS G3101，JIS G3106，JIS G3136，JIS G3192	
热轧H型钢（韩标）	SS400	KS D3503，KS D3502	
海洋石油平台用热轧H型钢	SM490YB	JIS G3106，GB/T 11263	
热轧H型钢（欧标）	S235J0，S235J2，S235JR，S275JR，S275J0，S275J2，S355J0，S355J2，S355JR，S355J2+N	EN10034，EN10025	HE100-500，IPE140-500，HP305

续表 1-3

产品名称	钢号（材质）	执行标准	规格
热轧 H 型钢（美标）	GR50，GR55，GR60，GR65，A36，A43，D36，DH36	ASTM 572A，ASTM A6，ASTM A36	W12
热轧 H 型钢（英标）	40B，50B，50C，55C，S450J0	EN10034，BS4-1，BS4360	UB UC 系列
铁路接触网支柱用热轧 H 型钢	Q235A/B/C/D，Q345A/B/C/D/E	YBT 4238	IPB240/260/280/300，IPB（V）240T
中低速磁浮列车轨道用热轧 F 型钢	Q235B，LWR345B/C	Q/LQB 117—2007	F372
热轧门架槽钢	20MnSi，20MnSiV，Q420C，Q440C	YBT 4237 或技术协议	I14～25 号，J16 号
热轧轻型工字钢	Q235A/B/C，Q345A/B/C/D/E	Q/LYS 182—2005	I16q～36q 号
热轧工字钢、槽钢	Q235A/B/C，Q345A/B/C/D/E	GB/T 706，GB/T 700，GB/T 1591	I16～63 号，I16～40 号

1.1.6　H 型钢轧机的布置形式

H 型钢中、精轧机组通常采用往复连轧。

1.1.6.1　一个 UE 机组的往复连轧

这种轧机一般用于轧制腹板宽小于 600mm 的 H 型钢。先在开坯机上轧出异形坯，再在 UE（U 为万能轧机，E 为轧边机）机组上往复轧 3～7 道次，最后经万能精轧机轧制出成品。其工艺平面布置如图 1-5 所示。

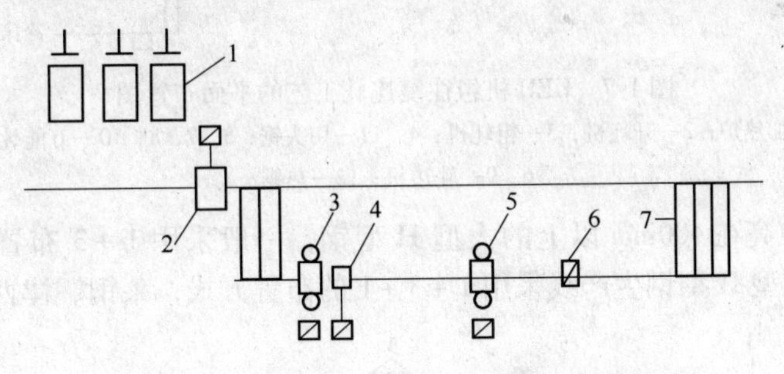

图 1-5　一个 UE 机组往复连轧工艺的平面布置图
1—加热炉；2—开坯机；3—万能粗轧机；4—轧边机；
5—万能精轧机；6—热锯；7—冷床

1.1.6.2　两个 UE 机组的往复连轧

两个 UE 机组的往复连轧广泛地用于 H 型钢的专业化生产。这种轧制方法可生产腰宽达 1200mm 的 H 型钢，在开坯机轧出的异形坯先在 U1E1 组成的第 1 机组往复轧制 3～7 道次，再在 U2E2 机组往复轧制 3 道次，最后在成品万能机架 UF 轧制 1 道次。这种布置形式的特点是设备简单、操作容易、投资少、产量高。若用这种轧机生产 200mm 以下的 H 型钢，则产量较低，其工艺平面布置如图 1-6 所示。

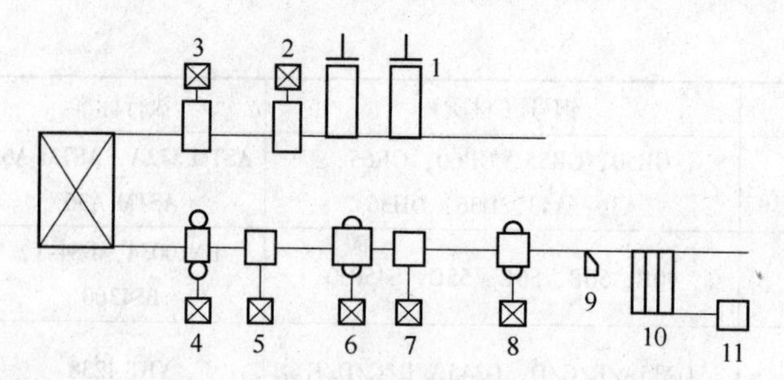

图 1-6　两个 UE 机组往复连轧工艺平面布置图

1—加热炉；2—开坯机；3—粗轧机；4，6，8—万能轧机；
5，7—轧边机；9—热锯；10—冷床；11—辊矫机

1.1.6.3　UEU 机组的往复连轧

为缩短轧制时间，提高终轧温度，在 UE 机组上增设一个万能机架，组成 UEU 连轧机组进行三机架往复连轧，这样可减少往复轧制的次数，提高生产效率和产品质量，有利于轧制薄壁的 H 型钢。由于有万能孔型之间的连轧，连轧的控制有一定的难度。其特点是：与连轧机相比，机架数量少，操作容易，投资较小。这种轧机的适应面比较广，其工艺平面布置如图 1-7 所示。

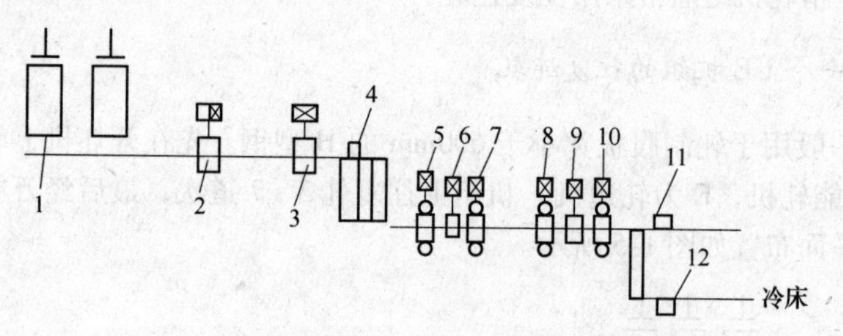

图 1-7　UEU 机组往复连轧工艺的平面布置图

1—加热炉；2—开坯机；3—粗轧机；4，11—切头锯；5，7，8，10—万能轧机；
6，9—轧边机；12—热锯

目前，生产腹高在 400mm 以上的大型 H 型钢，一般采用 1 +3 布置的大型机组生产（图 1-8）。马钢大型 H 型钢生产线采用 1 +3 +1 的布置方式，莱钢、津西、山西安泰的大

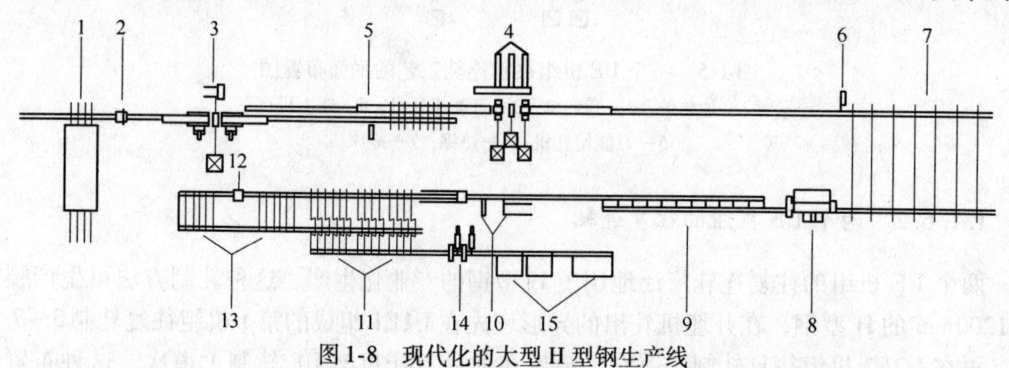

图 1-8　现代化的大型 H 型钢生产线

1—步进式加热炉；2—高压水除鳞装置；3—二辊可逆开坯机；4—3 机架串列式可逆连轧机；5—切头热锯；
6—取样和倍尺热锯；7—步进式冷床；8—在线辊式矫直机；9—移钢台架；10—切定尺冷锯；
11—堆垛机；12—改尺锯；13—移钢台架；14—打捆机；15—收集台架

型 H 型钢生产线采用 1 +3 的布置方式，即主轧线由 1 架 BD 机 +3 机架串列式可逆连轧机 UR-E-UF 组成，较前者减少了 1 架万能轧机，节省主厂房长度约 124m，可节约基本建设投资，降低运行成本，减少轧制过程中轧件的温降。采用异形坯轧制和串列布置的可逆式连轧是大型 H 型钢生产的两大特点。

1.1.6.4　万能连轧机

这种布置形式一般为：一架或二架两辊开坯机（BD 机架）、一组或二组万能连轧机组（每组 5 ~6 个机架，每组中有一或二架轧边机）、万能精轧机（UF）。这种布置形式的特点：产量高，产品质量好，可生产轻型薄壁的产品，轧机建设投资大。由于多机架连轧，微张力控制有很高的技术难度，要求操作水平很高，目前都是采用计算机控制。该布置形式适用于中、小号 H 型钢的大批量生产，一般用于轧制 H500 以下的产品。其工艺平面布置如图 1-9 所示。

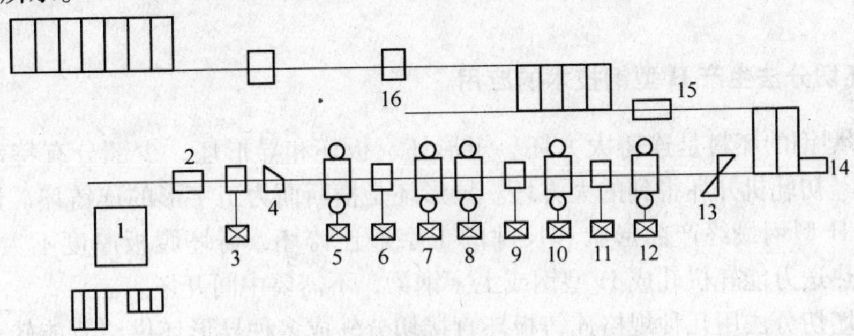

图 1-9　连续万能连轧机工艺平面布置图

1—加热炉；2—除鳞机；3—开坯机；4—切头机；5，7，8，10，12—万能轧机；
6，9，11—轧边机；13—飞剪；14—锯；15—辊矫机；16—冷锯

1.1.6.5　全连轧

意大利达涅利公司新近研制的 H 型钢全连续式新型的中型轧机机组总共由 16 架轧机组成，用六架二辊开坯机（平—平—立—平—立—平）轧制 6 道次后的异形坯，再经 UEUUEUUEU 组成的连轧机组轧出成品。这套机组能轧制 80 ~300mm H 型钢，其工艺平面布置如图 1-10 所示。

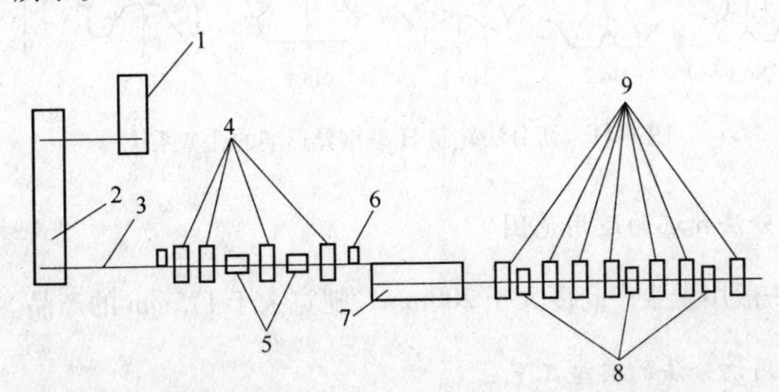

图 1-10　全连轧机组轧制工艺平面布置图

1—上料台架；2—步进式加热炉；3—输送辊道；4—DLOMϕ850mm 普通水平轧机；5—ESS750 悬臂式轧机；
6—剪切机；7—横移台架；8—DLOMϕ550mm 卡盘式水平轧机；9—SHDϕ970mm 卡盘式万能轧机

任务1.2　H型钢生产工艺和设备操作

【任务描述】

在了解轧机、热锯、矫直机等设备的基础上，学习H型钢生产工艺，理解工艺规程，学习设备操作和现场管理。

【任务分析】

在学习相关理论知识、操作规程的基础上，能进行设备简单点检和操作，并能根据检查结果调整设备参数。

【相关知识】

1.2.1　板坯切分法生产H型钢技术的应用

热轧H型钢的坯料是连铸大方坯、矩形坯、板坯和异形坯，少部分有特殊要求的H型钢用铸锭经初轧机开坯得到的大方坯。异形坯是横断面为工字形的连铸坯。近终形异形坯是指接近H型钢最终产品形状和尺寸的工字形连铸坯，铸坯腹板厚度不大于100mm，可将其直接热送万能轧机轧成H型钢或工字钢梁，不需要中间开坯。

连铸板坯切分法用几种规格连铸板坯直接切分轧成多种异形坯供给万能轧机，从而大大降低了大型H型钢的生产成本。

1.2.1.1　用切分法形成H型钢异形坯的方法

在二辊可逆开坯机轧辊上，对称布置2～4组切分楔，切入连铸板坯端部，先形成“X”型断面，然后展开成“工”型，从而得到较长的腿部，如图1-11所示。

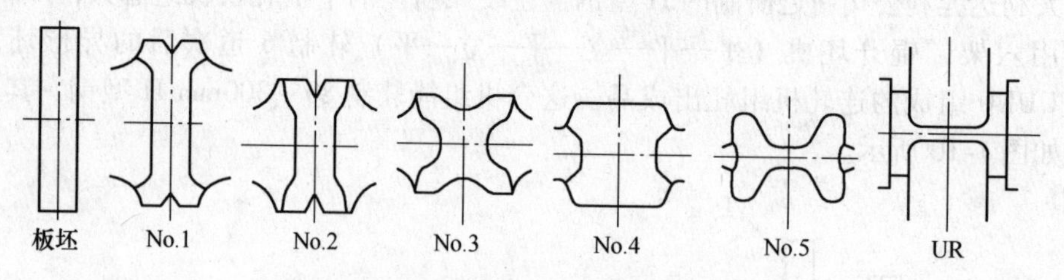

图1-11　切分法轧制H型钢异形坯的孔型系统

1.2.1.2　切分法开坯的适用范围

板坯切分法一般用于生产高度大于200mm，腿宽大于175mm的产品。

1.2.1.3　采用切分法的典型工艺

A　轧机布置

由1～2架二辊可逆开坯机、万能粗轧机、1～2架轧边机和1架万能精轧机组成，如

图1-12所示。

二辊可逆开坯机承担板坯切分主要任务，一般布置1个定位孔、2～3个切分孔、1个展宽孔、1个异形孔，经15～29道次的往复轧制，使板坯成为异形坯，进入万能轧机进行成型轧制。

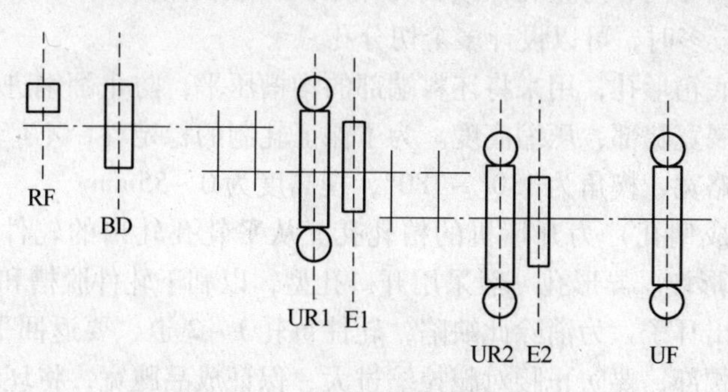

图1-12　切分法典型工艺布置图

B　板坯选择

原料板坯厚度一般为250～300mm，宽度为H型钢腰部高度加上腿部高度加上200～400mm，见表1-4。

表1-4　坯料选择

产品名称	规格尺寸/mm×mm×mm×mm	板坯尺寸/mm×mm
H300	300×200×8×12	250×700
	300×300×10×25	250×900
H350	350×175×7×11	250×700
	350×250×9×14	250×800
H400	400×200×8×13	250×800
	400×300×10×16	250×1000

C　孔型系统

板坯切分法孔型系统由定位孔、切分孔、展宽孔或平轧孔、异形孔组成，如图1-13所示。

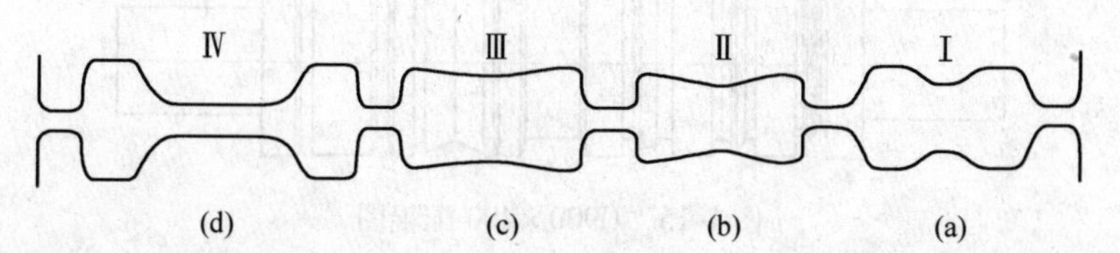

图1-13　切分法的孔型系统

(a) 定位孔；(b) 切分孔；(c) 展宽孔或平轧孔；(d) 异形孔

板坯从加热炉出来后翻90°进入定位孔。定位孔的作用是用切分楔在板坯端部对称地切出沟槽，为切分孔轧制做准备。为了保证H型钢坯腿长相等，定位孔必须保证板坯严格对中。同时为了改善切分孔的咬入条件，要求板坯先与孔型侧壁接触，即先将坯料夹持住，对正孔型，轧制时再与切分楔接触。坯料在该孔一般轧制2道次。由于道次少且金属宽展很小，因此孔型宽度仅比板坯厚度略宽即可。

切分孔的切分楔角度和高度比定位孔大，在切分孔中，以小压下量多道次立轧，利用高轧件立轧产生的双鼓形，加上切分楔的劈分作用拓宽腿部，满足异形坯对腿宽的要求。孔型的切分楔还起到导向和防止轧件倾倒的作用。一般楔角为90°～130°，楔高度为65～100mm。切分道次较多时，可以设计多个切分孔。

平轧孔近似平底箱形孔，用来将坯料端部的沟槽压平，防止翻钢进入异形孔时腿外侧出现折叠，进一步展宽腿部，压缩高度。为了保证轧制的稳定性，不产生扭转和倾翻，孔型宽度仅比切分孔略宽，楔角为130°～180°，楔高度为0～55mm。

异形孔（或称成型孔）为开坯机的精轧孔。从平轧孔轧出的轧件翻90°后进入异形孔，轧出H型钢异形坯。异形孔一般采用开口孔型，以利于轧件脱槽和保证异形坯上下对称，但开口孔型易出耳子。为消除此缺陷，轧件每轧1～2道，要返回平轧孔中轧平侧边。异形孔主要是轧薄腰部，要防止腰对腿拉缩过大，保证成品腿宽，将坯料轧成腰厚为40～80mm，腿厚为120～180mm的异形坯即可。

板坯切分法轧制超大H型钢关键点是如何解决翼缘宽和腹板高变形不同步的问题，即开坯轧制后翼缘宽满足尺寸，而腹板高还未达到要求的尺寸。可以在平轧孔和异形孔之间增加一个新孔型来加大腹板部位的延伸，这样可使腹板高达到要求的尺寸。用1500×250×2000mm的连铸板坯轧制H900×400型钢，孔型如图1-14所示，孔型配置如图1-15所示。

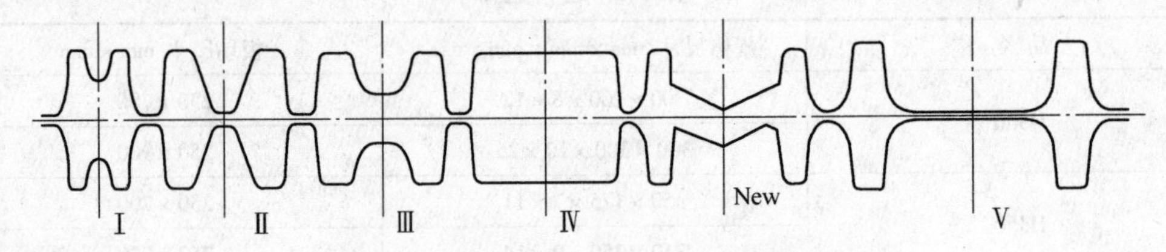

图1-14　板坯切分轧制H900×400孔型

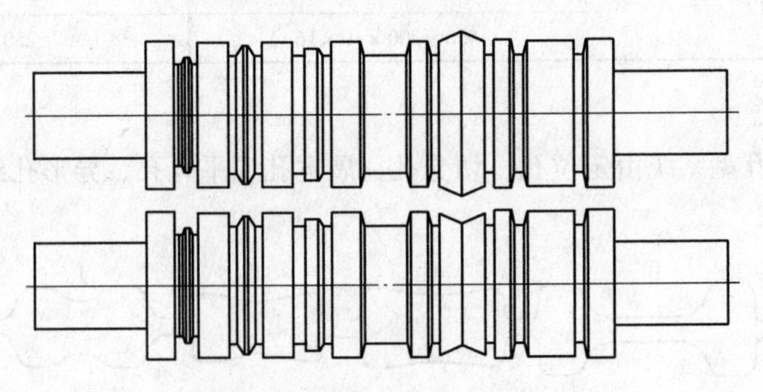

图1-15　H900×400配辊图

1.2.1.4　板坯切分法的优缺点

板坯切分法的优点主要有：

（1）货源广、价格低。由于板坯连铸有较高的生产率，所以其价格比轧制方坯、矩形坯价格低10%～20%左右。

（2）适用范围广、需要坯料的规格少。因板坯开坯孔型共用性好，通过调整切分孔的压下量和轧制道次，就可以实现一种坯料轧制多种规格的产品或用不同规格坯料轧出同一规格产品。

（3）轧制工艺可靠、生产准备简单。板坯切分法只是在开坯机上设计 2～4 组不同角度、不同高度的切楔将板坯切成要求深度，然后展开成型。无论是在设计上，还是在轧辊和导卫准备上，都比孔型法简单，而且可靠易行。

（4）经济效益好。由于连铸板坯成本低，一次成材，成材率高；孔型简单、轧辊消耗少、轧制费用低，所以经济效益好。

由于板坯法有上述优点，所以得到了迅速推广，很多过去采用孔型法轧制 H 型钢的企业，也相继改为用板坯切分法生产热轧 H 型钢。

板坯切分法的缺点为：用切分法将板坯轧制成异形坯，一般需要轧制 15～29 道，道次多，温降大。所以需强化开坯设备、减少轧制时间；同时要提高万能轧机的能力，确保生产顺利进行。

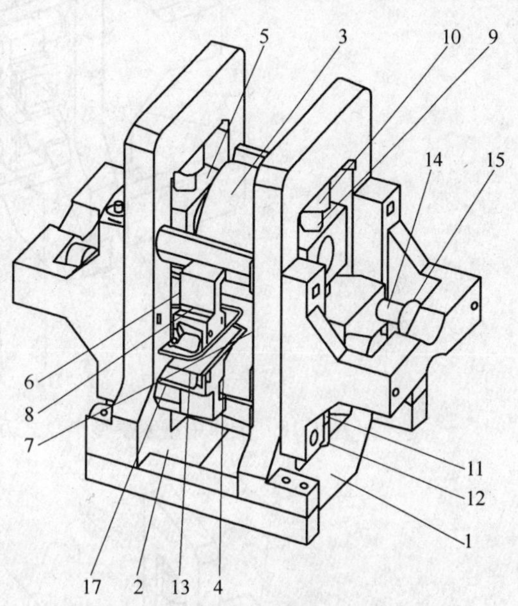

图 1-16　现有闭口机架式万能轧机在工作状态下的结构示意图

1.2.2　H 型钢轧制设备

1.2.2.1　万能轧机结构

图 1-16 是现有闭口机架式万能轧机在工作状态下的结构示意图。

图 1-17 是现有闭口机架式万能轧机在换辊状态下的结构示意图。

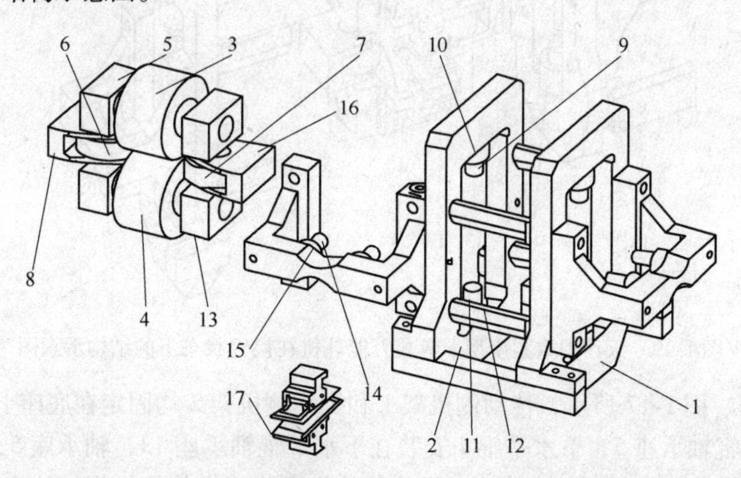

图 1-17　现有闭口机架式万能轧机在换辊状态下的结构示意图

图 1-18 是天津中重发明的紧凑型卡盘式万能轧机在工作状态下的结构示意图。

图 1-19 是天津中重发明的紧凑型卡盘式万能轧机在换辊状态下的结构示意图。

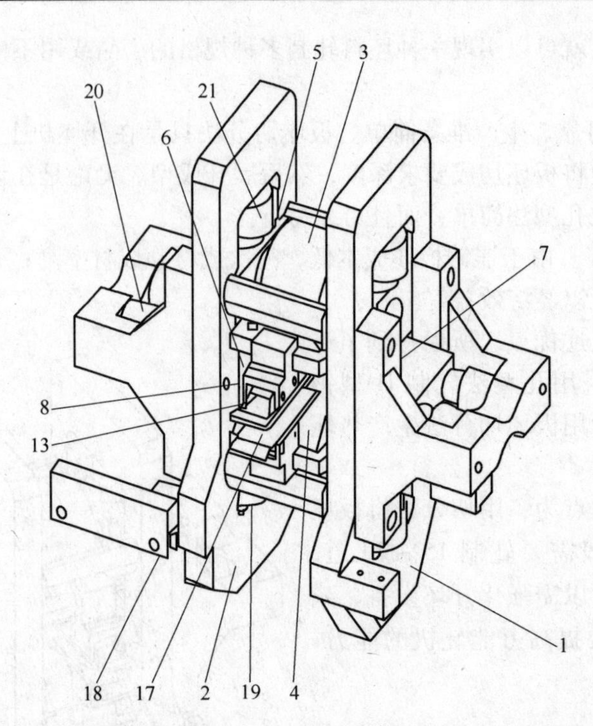

图1-18　天津中重紧凑型卡盘式万能轧机在工作状态下的结构示意图

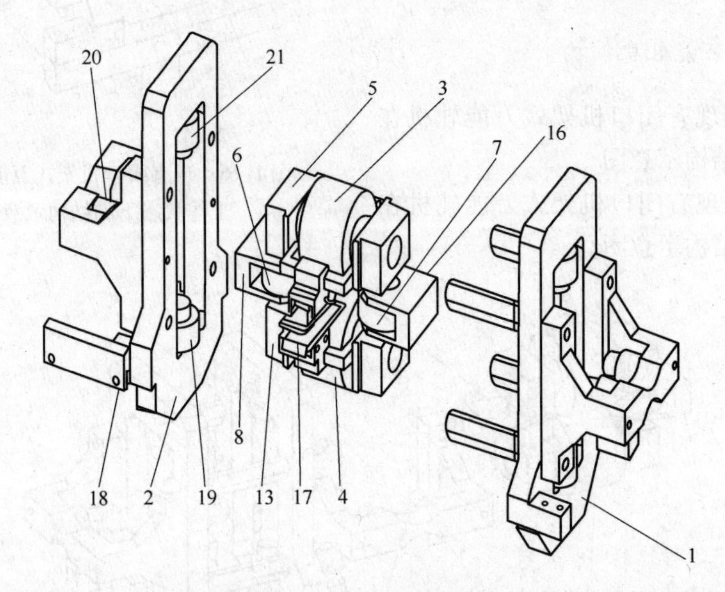

图1-19　天津中重紧凑型卡盘式万能轧机在换辊状态下的结构示意图

如图1-16、图1-17所示，传动侧机架1和操作侧机架2均固定在底座上，上水平辊3安装在上水平辊轴承座5，下水平辊4安装在下水平辊轴承座13，轴承座5、13镶嵌在传动侧机架1和操作侧机架2的窗口内，操作侧立辊6位于操作侧立辊箱体8内，传动侧立辊7位于传动侧立辊箱体16内，立辊箱体8、16位于上水平辊轴承座5与下水平轴承座13之间，操作侧立辊箱体8镶嵌在操作侧机架2的立辊滑道上，传动侧立辊箱体16镶嵌在传动侧机架1的立辊滑道上。上水平辊3的压下通过压下螺丝9和压下螺母10压下上水平辊轴承座 5 来实现的，下水平辊 4 的压上是通过压上螺丝 11 和压上螺母 12 压上下水平辊轴承座 13 实现的，操作侧立辊 6 的侧压是通过侧压螺丝 14 和侧压螺母 15 压动立辊箱体 8、16 来实现的。上述万能轧机存在的不足是由于传动侧机架 1 和操作侧机架 2 固定在底座上，所以更换辊系时，辊系必须从操作侧机架 2 的窗口中拉出，由于上水平辊 3 和下水平辊 4 的辊径较大，所以机架的窗口必须足够大，这就造成机架尺寸庞大，设备重量大，且导卫装置 17 不能与辊系放在一体上，否则会影响侧面换辊，只能单独设置导卫装置 17，而换辊时需先拆卸导卫机构 17。总之，上述万能轧机体积庞大，换辊不方便，影响轧机的作业率。

如图 1-18、图 1-19 所示的天津中重紧凑型卡盘式万能轧机，包括传动侧机架 1、2；辊系、导卫装置 17，其中辊系包括水平辊 3、4，轴承座 5、13，立辊 6、7，立辊箱体 8、16，压上伺服缸 19，侧压伺服缸 20，压下伺服缸 21。上水平辊 3 安装在上水平辊轴承座 5，下水平辊 4 安装在下水平辊轴承座 13，轴承座 5、13 镶嵌在传动侧机架 1 和操作侧机架 2 的窗口内，操作侧立辊 6 位于操作侧立辊箱体 8 内，传动侧立辊 7 位于传动侧立辊箱体 16 内，立辊箱体 8、16 位于上水平辊轴承座 5 与下水平轴承座 13 之间，操作侧立辊箱体 8 镶嵌在操作侧机架 2 的立辊滑道上，传动侧立辊箱体 16 镶嵌在传动侧机架 1 的立辊滑道上，机架 1、2 与上水平辊轴承座 5 之间设有压下装置，机架 1、2 与下水平辊轴承座 13 之间设有压上装置，操作侧立辊箱体 8 与操作侧机架 2 之间设有侧压装置，操作侧机架 2 底部设有滚轮 18，与滚轮 18 对应的底座上设有导轨。

操作侧机架 2 做成可移动式，因此更换辊系时，辊系不必从操作侧机架 2 的窗口中拉出，只需用液压缸将操作侧机架 2 拉开，将辊系完全露出来就可实现换辊，节约了换辊的时间，增加了轧机的作业效率。因机架 1、2 窗口的大小与轧辊的直径大小无关，机架 1、2 窗口尺寸就可以进行相应的减小，从而减小整台轧机的尺寸、减轻设备的重量，可以减少同规模轧机的投资水平并提高产品的质量。由于操作侧机架 2 可以横移，可方便地将万能轧机转换成二辊轧机使用。

立辊是组合、装配式轧辊。图 1-20 是立辊与立辊箱的装配结构的剖视图，图 1-21 是

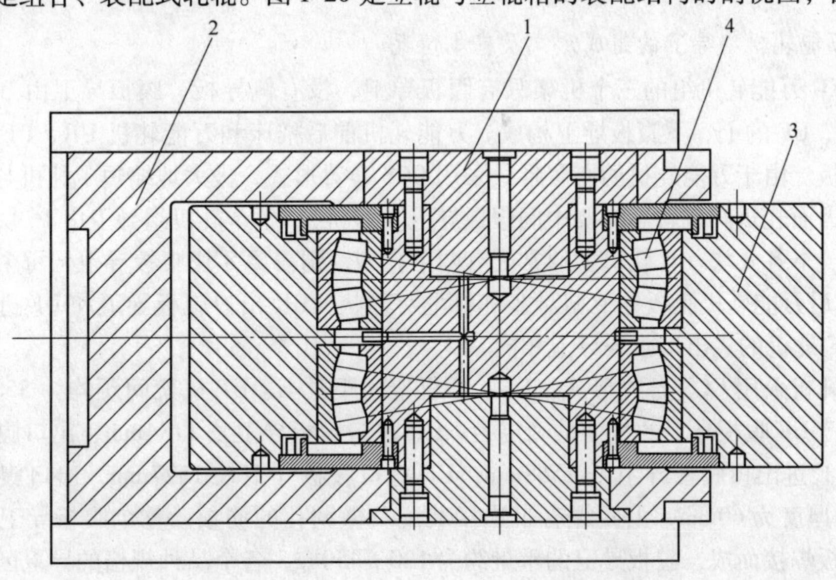

图 1-20　立辊与立辊箱的装配结构的剖视图

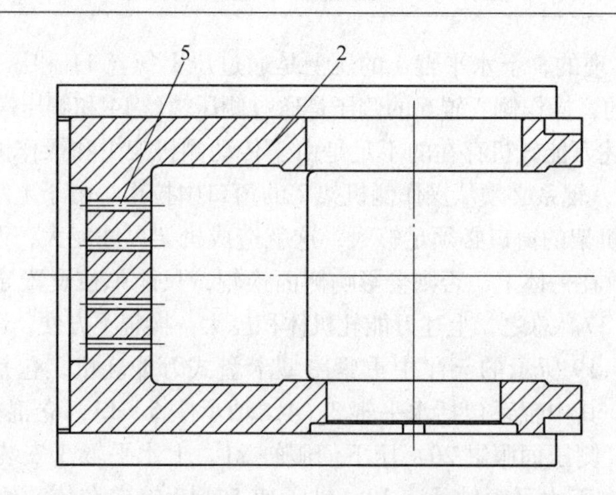

图 1-21　箱体侧壁为开口结构的立辊箱的剖视图

箱体侧壁为开口结构的立辊箱的剖视图。

在图 1-20 中，立辊箱上下两压盖 1 和中间的芯轴固定在立辊箱箱体 2 上，立辊 3 和芯轴之间由轴承 4 连接，来自立辊 3 径向的轧制力通过轴承 4 内外圈、芯轴，最后由两压盖 1 传递给立辊箱箱体 2，立辊箱箱体 2 要承受轧辊径向的全部轧制力，是轧机中受力较大的零件。工作中，在较大的轧制力作用下，立辊箱箱体 2 会产生形变，使轧辊受力不均，产生震动，影响轧机工作稳定性，降低轧件的尺寸精度。

在热轧 H 型钢过程中，由于轧件温度较高，从而使轧辊的温度也升高，轧辊刚性减小，产生热变形，也会影响轧件尺寸精度。为了达到降温效果，图 1-21 中除采用箱体后部通过冷却水孔 5 的喷水冷却方式外还将立辊箱箱体 2 设计为开口侧壁形式，以增大散热面积，提高散热效率。

1.2.2.2　万能轧机组导卫装置

A　万能轧机组导卫的组成形式及基本情况

某 UEU 万能轧机组的三个机架只有腹板导卫，没有侧导板，腹板导卫由万能轧机组的 UR、E、UF 的上、下腹板导卫构成。万能轧机前后推床和万能轧机 UR、UF 的立辊相当于侧导板。由于万能轧机的布置形式采用 CCS 布置形式，极大地缩短了轧机与轧机之间的距离，因而轧机间也就不需要中间腹板导卫（过桥），整个轧机组导卫由 16 块腹板导卫组成，上、下各 8 块（E 轧机上通常配有两个孔型，则需要 8 块腹板导卫，每个孔型上配 4 块）。前后万能轧机腹板导卫相对 E 轧机呈对称状，UR 出口腹板导卫和 UF 进口腹板导卫相同，E 轧机的进出口腹板导卫相同。

万能轧机采用 CCS 布置形式，UR、E 机架间距及 E、UF 机架间距均为 3500mm，因此 UR、E、UF 腹板导卫的长度是确定的。UR 进口腹板导卫长 1184mm，出口腹板导卫长 1527mm，E 进出口腹板导卫长 1568mm，UF 进口腹板导卫长 1527mm，出口腹板导卫长 1202mm，厚度为 60mm，上面焊有带连接装配及微调孔的筋板。整个腹板导卫由 Q345D 材质的钢板焊接而成，腹板导卫的重量约为 120 ~ 450kg，各个品种规格的导卫区别在于与腹板相对应的腹板导卫的宽度 B 及与 H 型钢圆角相对应的腹板导卫的边圆角 R 取值。如果腹板导卫的 B 小于 145 mm，则其上焊接一块筋板，反之，则其上焊接两块筋板。导卫形状如图 1-22 所示。

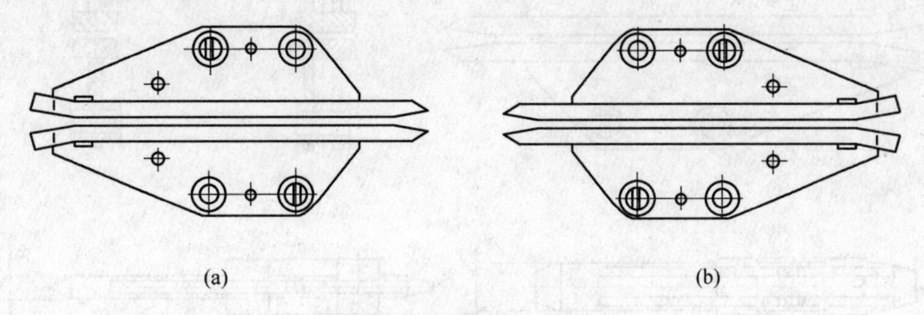

图 1-22　万能轧机孔型导卫

（a）进口导卫；（b）出口导卫

B　万能轧机组的腹板导卫的装配形式

轧件轧制时轧制线对正是由万能轧机的前后升降辊道、推床和机架上的腹板导卫共同作用来实现的。腹板导卫和前后升降辊道保证轧件正确进入轧机，同时防止轧件出孔后上弯、下弯，还对轧件咬入起对中作用。所有的腹板导卫通过导卫支架固定在导卫横梁上，导卫横梁通过托架与轧辊及轴承座固定在一起。在整个的轧制过程中，腹板导卫随着水平辊辊缝的调整而自动配合调整，不需要其他的调整与校对系统。导卫的安装与调整全部在准备间通过机架牌坊来完成的。传动侧的牌坊与操作侧的牌坊，由张力螺杆通过液压方式锁紧，腹板导卫随着辊系一起推出更换。装配时，UR 出口腹板导卫与 E 进口腹板导卫相距 50mm，E 出口腹板导卫与 UF 进口腹板导卫相距 50mm。导卫装配形式如图 1-23 所示。

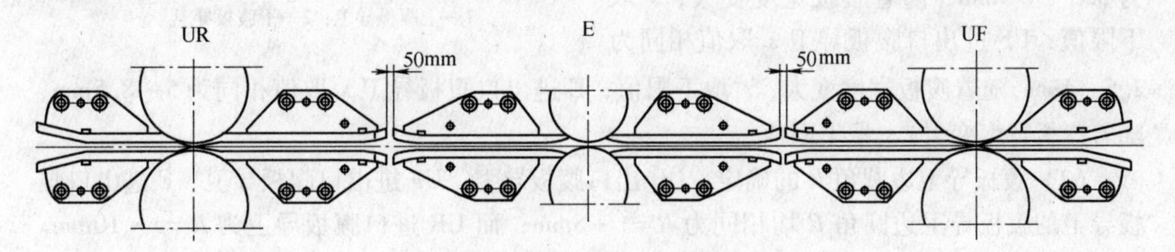

图 1-23　万能轧机组导卫装配示意图

C　万能轧机组导卫的设计原则

H 型钢生产过程中，腹板导卫系统是其重要组成部分，如果设计合理，可获得正确形状和良好表面质量的成品，并可避免腹板偏心、扭转等缺陷。与普通型钢轧机导卫相比，万能轧机腹板导卫系统有以下特点：（1）在整个轧制过程中，腹板导卫高度可根据需要进行无级调整；（2）对轧件咬入具有对中孔型作用。

（1）腹板导卫宽度 B 的确定。所有品种规格的腹板导卫的长度和厚度是确定的，万能轧机组导卫设计的主要参数是腹板导卫宽度 B、R，如图 1-24 所示。

通常情况下，在轧制时，轧件内腔与腹板导卫之间在宽度方向上存在一定的间隙值 s_1，如图 1-25 所示。

腹板导卫宽度 B 的设计公式如下：

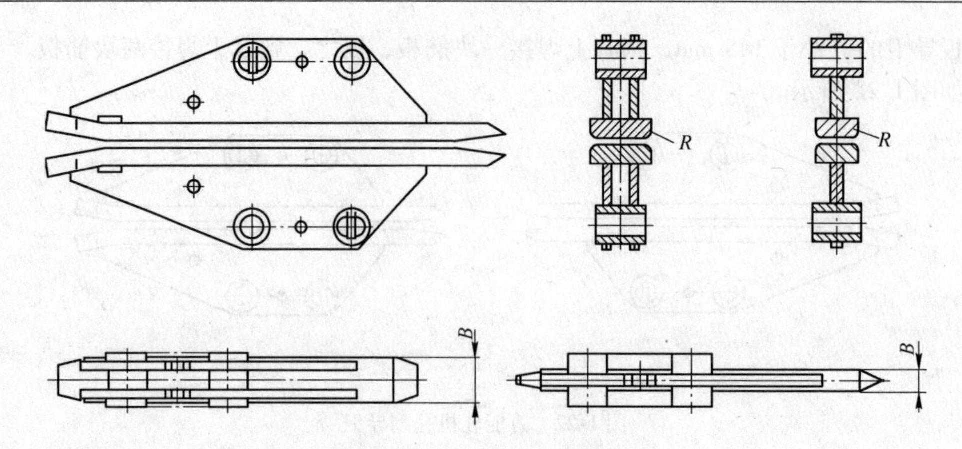

图 1-24　腹板导卫宽度、圆角半径

$$B = H_0 - 2t_2 - 2s_1$$

式中　B——腹板导卫的宽度；

H_0——成品 H 型钢的高度；

s_1——间隙值；

t_2——成品 H 型钢的翼缘厚度。

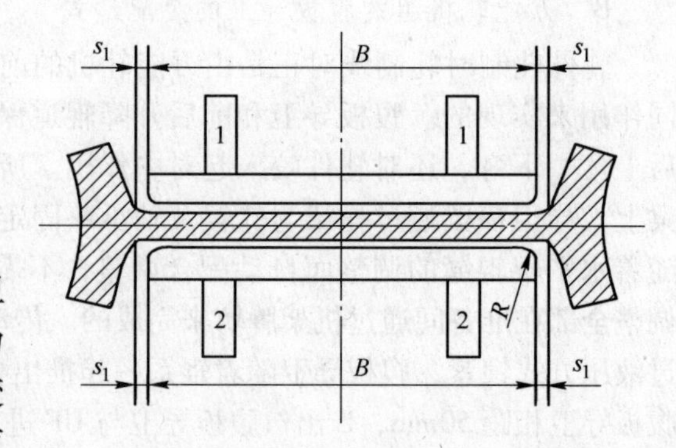

图 1-25　轧件内腔与腹板导卫之间间隙

1—上腹板导卫；2—下腹板导卫

对于 SMS 提供的 20 个品种规格的导卫中可得出，UR 进口腹板导卫 s_1 取值为 4.5 ~9.5mm，随着腹板宽度和翼缘厚度变大，s_1取上限值；UR 出口腹板导卫 s_1 取值为 3.5 ~4.5mm，随着腹板宽度变大，s_1 取下限值；UF 进出口腹板导卫 s_1 取值相同为 2.5 ~4mm，随着腹板宽度变大，s_1 取下限值；E 进出口腹板导卫 s_1 取值相同为 5 ~8.5mm，随着腹板宽度变大，s_1 取上限值。

（2）腹板导卫边圆角 R 的确定。UR 出口腹板导卫、UF 进出口腹板导卫、E 进出口腹板导卫的腹板导卫边圆角 R 均相同为 $R = r + 5$mm；而 UR 进口腹板导卫为 $R = r + 10$mm。在此公式中，r 为成品 H 型钢的圆角半径。

1.2.3　H 型钢轧法

1.2.3.1　开坯机轧法

老式的 H 型钢生产采用板坯为原料，板坯厚度 H_0为产品翼缘高度 H 的 1.20 ~1.25 倍；板坯宽度 B_0为产品腹高的 1.05 ~1.1 倍。因坯料又厚又宽，轧制道次多，能耗大，轧件温降大。随着连铸技术的进步，从 20 世纪 90 年代开始采用近终形异形坯，使 H 型钢生产发生质的变化。采用近终形异形坯，使产品规格范围扩大，且开坯机的轧制道次可以大大减少，轧制温度可以提高 100℃，轧制力降低 30%，综合能耗降低 20%，产量大幅度提高。

我国各大型 H 型钢厂所用的连铸异形坯规格见表 1-5。

表 1-5　我国大型 H 型钢厂采用的坯料规格

<table>
<tr><th rowspan="2">厂名</th><th rowspan="2">产品尺寸/mm</th><th colspan="3">坯料（宽×高×腹板厚度）/mm×mm×mm</th></tr>
<tr><th>异形坯</th><th>矩形坯</th><th>板　坯</th></tr>
<tr><td>马钢</td><td>HW：200～400
HM：200～600
HN：200～700</td><td>BB1：750×450×120
BB2：500×300×120</td><td>380×250</td><td>1250×220①
1400×220①</td></tr>
<tr><td>莱钢</td><td>HW：250～400
HM：350～600
HN：400～900</td><td>BB1：555×440×90
BB2：750×370×90
BB3：1000×380×100</td><td>—</td><td>—</td></tr>
<tr><td>津西</td><td>HW：250～400
HM：350～600
HN：400～900</td><td>BB1：555×440×90
BB2：750×370×90
BB3：1024×390×90</td><td>—</td><td>—</td></tr>
<tr><td>山西安泰</td><td>HW：250～400
HM：350～600
HN：400～1000</td><td>BB1：446×220×85
BB2：555×440×90
BB3：750×370×90
BB4：1024×390×90</td><td>—</td><td>—</td></tr>
</table>

①板坯只是在设计时预留，在以后的实际生产中并没有使用。

使用近终形连铸坯给大型 H 型钢生产带来了诸多好处，但形状过于近终会影响最终产品的性能，根据生产实践经验，从坯到材的压缩比要达到 5 左右才能保证产品质量（以连铸坯翼缘中间的厚度与成品翼缘厚度之比计算）。普通异形坯与近终形异形坯形状尺寸比较如图 1-26 所示。

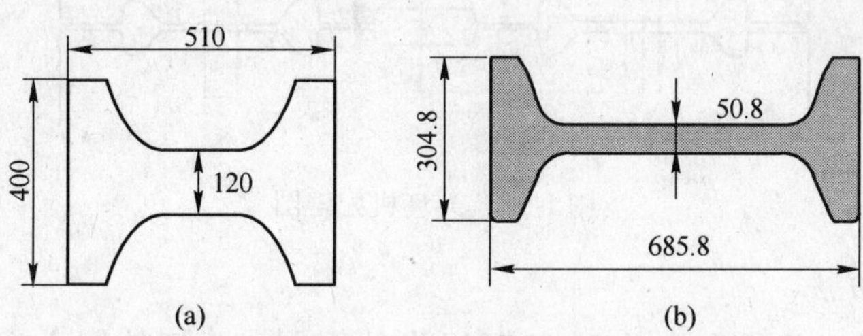

图 1-26　普通异形坯与近终形异形坯的比较

（a）连铸异形坯；（b）近终形连铸异形坯

同型号不同规格的 H 型钢腰部内高相同，按照腰部和腿部厚度的不同而细分成不同规格。但是，即使是同一型号，不同规格 H 型钢的成品腿部与腰部厚度的比值跨度较大，以腿部高度 200mm 的美标 W21 型号为例，该型号共有 7 个规格，厚度比值从 1.21 到 1.62。

马钢大型 H 型钢厂采用腰部内高一定的轧制工艺，即同型号产品共用一套开坯机孔型和万能轧机配辊方案，通过更换压下规程来生产该型号下不同规格的产品。

A　开坯机孔型

开坯机主要对连铸异形坯厚度进行减薄，并根据需要对异形坯的内宽进行拓展或压缩，以供给万能轧机合适的成品异形坯（中间坯）。坯料内宽的拓展由异形孔实现，而坯料内宽的压缩则由箱形孔立轧来实现。为了减小轧辊直径、降低轧辊储备资金的占用，选用开口孔型设计，并减少异形过渡孔，使一套开坯机轧辊配制了数个型号的异形孔。此外，在开坯机上还采用了矩形坯切分法、辊环/腰部压腿法、共轭轧槽配辊法、套孔法等特殊轧制工艺与方法，减少了轧辊占用量，拓宽了产品规格范围。

开坯机把连铸异形坯轧制成万能轧机第一道次需要的成品异形坯（见图1-27），其孔型设计需要兼顾连铸异形坯尺寸及H型钢成品规格的要求。

某二辊开坯机孔型系统由两个异形孔、一个箱形孔构成（见图1-28)。开坯机的主要作用是对异形坯厚度进行减薄，并根据需要对异形坯的内宽进行拓展或压缩，以供给万能轧机合适的中间坯料。坯料内宽的拓展由异形孔实现，而减少坯料外宽和内宽的压缩则由箱形孔立轧来实现。为了减小轧辊直径、降低轧辊储备，各厂多选用开口孔型设计，并减少异形过渡孔，使一套开坯机轧辊配置数个异形孔。

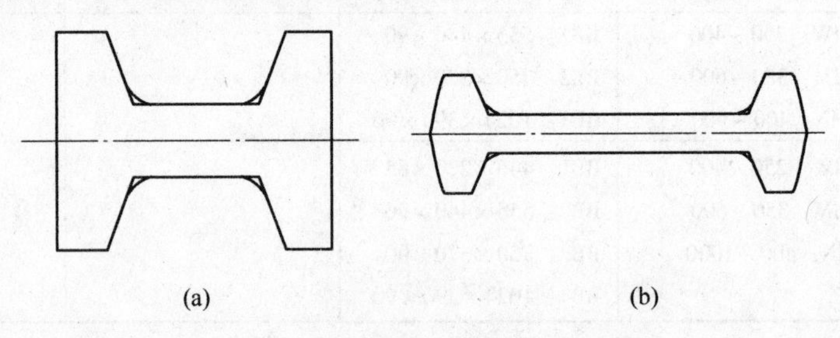

图1-27 连铸异形坯和成品异形坯形状

(a) 连铸异形坯；(b) 成品异形坯

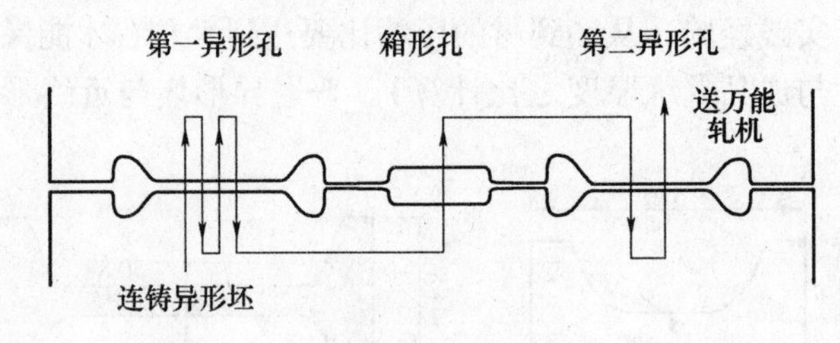

图1-28 开坯机配辊图

B 开坯轧制方法

根据连铸异形坯及所生产的H型钢规格的不同，开坯轧制方法有以下几种（图1-29)：

(1) 标准异形坯的轧制方法。轧制时只进行腰部压下和展宽变形即可得到所需的二辊开坯机的最终轧件，如图1-29 (a) 所示。

(2) 延长腹板高度的轧制方法。首先经若干道次工字形孔，延伸腰部内高和总高，使之达到所需工字形轧件，如图1-29 (b) 所示。

(3) 减小腰部高度轧制方法。首先将异形坯在箱形孔中立压，使腰部内宽减小，使之达到所需工字形轧件，如图1-29 (c) 所示。轧制中腰部厚度增加量按立轧压下量的20%~25%计。

(4) 减小异形坯腿部高度轧制方法。用异形坯轧制窄缘H型钢时，要对腿部高度进行大幅度压下，如图1-29 (d) 所示。开坯机承受较大变形量，以便异形坯达到供UEU机组轧制的工字形尺寸。

连铸异形坯750×450×120×11000生产H600mm×300mm×12mm×20mm (JIS 588×300×12×20) 所用的开坯机孔型如图1-30所示，压下规程见表1-6。

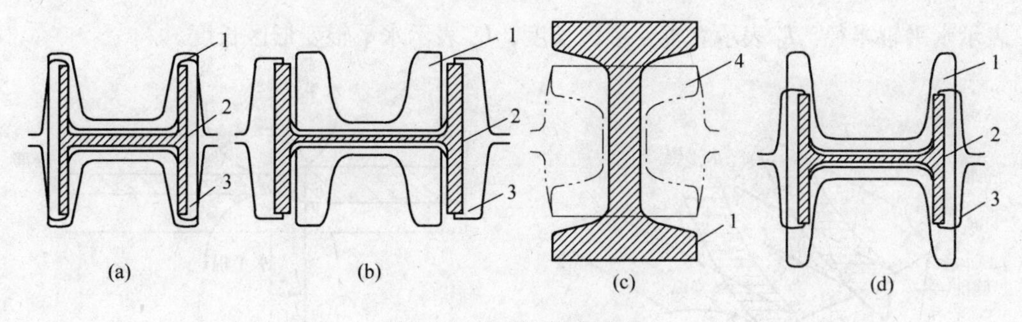

图 1-29　异形坯轧制方法

(a) 标准异形坯轧法；(b) 延长腹板高度轧法；(c) 减小腰部高度轧法；(d) 减小腿部高度轧法

1—连铸异形坯；2—H 型钢成品；3—成品异形坯；4—立轧后轧件

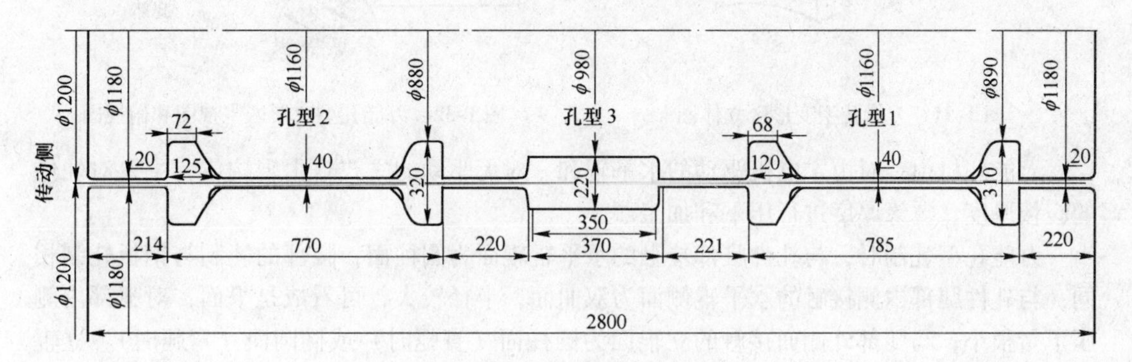

图 1-30　开坯机孔型及配辊图

表 1-6　开坯机压下规程

道次	孔型编号	翻钢编号	截面尺寸					辊缝 /mm	工作辊径 φ/mm	转速 /r·min^{-1}	轧制速度 /m·s^{-1}	咬入速度 /m·s^{-1}	轧件长度 /m
			腹板厚度 /mm	翼缘宽度 /mm	腹板高度 /mm	截面面积 /mm^2	面缩率 /%						
0			120	450	750	160800							11.0
1	2		140	420	770	150400	6.9	120	1005	34.2	2.0	2.0	11.7
2	2		100	380	770	135000	11.4	80	1025	33.5	2.0	2.0	13.0
3	2		85	365	770	123450	8.6	65	1040	36.7	2.5	2.0	14.2
4	2		70	350	770	111900	9.4	50	1055	36.2	2.5	2.0	15.7
5	3	1	70	350	750	111000	0.8	550	980	48.7	3.0	2.0	15.8
6	1	1	58	328	785	97000	12.6	38	1076	44.3	3.5	2.0	18.1
7	1		50	320	785	90650	6.5	30	1085	52.8	3.5	2.0	19.4

注：规格尺寸：JIS588mm×300mm×12mm×20mm，钢种 Q345，开轧温度：1200℃，坯料尺寸：750mm×450mm×120mm，长度 11.0m。

1.2.3.2　万能轧机轧法

A　万能孔型变形分析

万能孔型变形区立体图见图 1-31，主视图、俯视图见图 1-32。图上 R_f 表示立辊半径，

R_w 表示水平辊半径，L_f 表示立辊变形区长度，L_w 表示水平辊变形区长度。

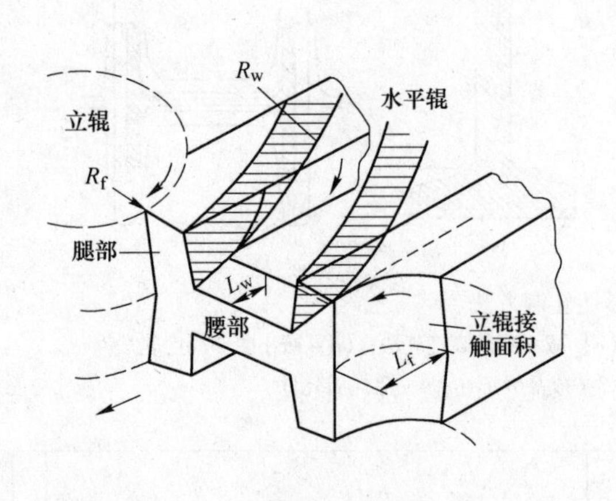

图 1-31　万能孔型变形区立体图

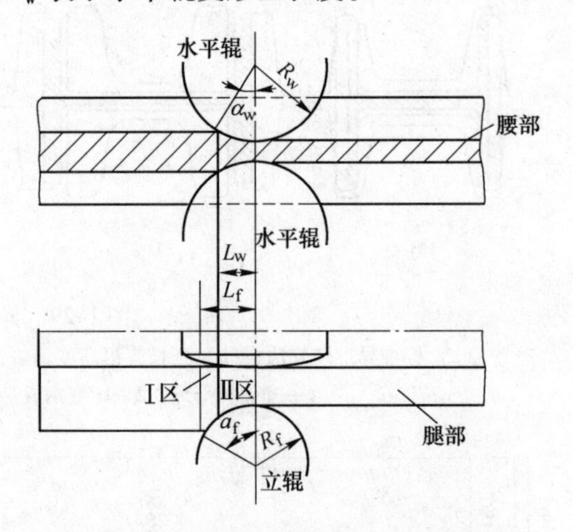

图 1-32　万能孔型变形区主视图和俯视图

万能轧机由一对由主电机驱动的水平辊和一对无驱动的立式自由辊构成，主要对轧件的腹板厚度、翼缘厚度进行压下和加工。

万能孔型轧制时，与轧件腰部接触的水平辊辊面为圆柱面，腰部的轧制与钢板轧制相同；与轧件腿部内侧接触的水平辊侧面为双曲面，半径较大，可看成是平面，对腿部内侧压下量很小；与腿部外侧面接触的立辊面为圆柱面（直腿时）或椭圆面（弯腿时），立辊对腿外侧的压下量较大；腿部总压下量近似为立辊的压下量。

万能轧制时，由电动机拖动的水平辊带着腰部从辊缝入口朝出口前进，由于辊缝从入口到出口开口度逐渐减小，因此腰部通过辊缝过程中受到垂直方向压缩量逐渐增加，腰部厚度逐渐减小，纵向长度逐渐增加，但由于受腿部限制，无法宽展，因此，腰部的变形为平面变形。

由于立辊为被动辊，腰部带着腿部前进，腿部靠摩擦力带动立辊转动，立辊对腿的阻力使整个 H 型钢的前进速度减慢。当立辊对腿的阻力足够大时，轧件出口速度就低于水平辊圆周速度，出现全后滑。轧件与轧辊的等速点不在辊面上，而在水平辊侧面的某一点上。腿部内外侧变形区比较复杂，存在前、后滑区，轧件出口速度总是大于立辊圆周速度，轧件对立辊是前滑。

在异形坯端部为平直面的条件下，水平辊和立辊接触轧件腰、腿是不同时的，水平辊和立辊接触腿内外侧也是不同时的。一般情况下腿外侧最先接触轧辊（立辊），存在轧件咬入困难的问题。轧件先接触水平辊将有利于轧件咬入辊缝。

由于腰部和腿部连成一体，腰部和腿部变形不同时和不相等，必然使两者内部产生性质相反、大小相等的附加应力，或者发生两者间金属转移。受压的腰部可能产生波浪形，受拉的腿宽可能减小，甚至腰腿分裂。

在正常轧制时，出口侧水平方向上腰部受压应力作用，而腿部受拉应力作用。腰部和腿部的相互作用，在腿部内引起水平拉应力，在腰部内引起水平压应力。由此可以预计到作用在立辊上的轧制力将比轧制板材时小，同样可以推断，水平辊的轧制力将比轧制板材时大。腿部的轧制主要是靠腰部的拉拔作用实现的。

同板材轧制完全相同的腰部轧制相比较，腿部的轧制有如下的特点：（1）异径辊轧制；（2）轧制主方向不同；（3）有一辊不传动。

由于腰部和腿部的各部分厚度有很大差别，同时为保证变形协调，腿部的压下量一般比腰部的压下量要大，故腿部的变形区（立辊侧）长度 L_f 通常比腰部的变形区 L_w 长度大，即 $L_f > L_w$（见图 1-32）。

由此可知，腰部和腿部与轧辊相接触的位置不同，故压下不是同时开始。腿部首先被压下，然后是腿部和腰部同时被压下。由此可以把变形区分为两个区域：Ⅰ区——仅腿部有压下，而腰部无压下的区域；Ⅱ区——腰部和翼缘同时被压下的区域。但腿部在宽度方向上变形完全没有约束，金属流动的自由度比在孔型中轧制时大。

在压下区域Ⅰ中，虽然水平轧辊对腰部没有压下，但由于其和腿部为一整体，必然受到翼缘压下的影响。而一般腰部的变形区宽度较长度大很多，故这种影响只发生在腰部与腿部的交界面附近。

在压下区域Ⅱ中，因为通常腰部的压下率大于翼缘的压下率，腰部的延伸受腿部的约束，轧后腰部的厚度要比水平辊辊缝大，即引起腰部的厚度复原。这一问题已为实验所证实。

在压下区域Ⅰ和压下区域Ⅱ中，腰部和腿部虽然压下率不一样，但它们是作为一个整体而被延伸的，这将使得压下率大的部分受有压力的作用，而压下率小的部分受拉力的作用。水平轧辊及立轧辊的轧制力由于受这种相互作用的影响，用普通计算板材轧制力的公式很难推断。

综上所述，腰部和腿部相互间有很强烈的牵连作用，只有把二者联系起来进行研究，才能搞清 H 型钢万能轧制的变形机构。

轧制 H 型钢不同于二辊轧机轧制工字钢，它采用两架（或）以上万能轧机。由四支轧辊组成的万能轧机与二辊轧边机相配合，可轧制钢梁翼缘内侧无斜度、翼缘端部为直角的平行宽缘工字钢。在轧制中轧件断面可获得比较均匀的延伸，翼缘孔型内外侧轧辊表面速度差小，大大减弱了成品上的内应力及外形上的缺陷。适当改变万能轧机的水平辊压下量、立辊压下量，便可获得不同规格的 H 型钢，轧辊孔型形状简单，寿命增长，轧辊消耗大大减少。

H 型钢、钢轨等型钢轧制变形比钢板轧制变形复杂多了，变形区内金属的流动、应力、温度情况很难进行理论上的解析。目前常用有限元分析软件进行分析，再结合少量的试验，为孔型设计、缺陷消除和工艺优化提供依据。

根据有限元分析和生产试验，得出以下 H 型钢万能孔型轧制的特点和规律：

（1）在万能孔型中，上下水平辊由主电机传动，带动轧件前进，分布于两边的立辊在轧件的带动下被动转动和轧制。轧制 H 型钢时，水平辊的前滑为负值，轧件出口速度比水平辊圆周速度低。轧制 H 型钢时，轧件与水平辊侧面的摩擦以及轧件波动影响较大，轧制所需的动力比一般的轧机要大得多。

（2）在万能孔型中，立辊的形状为圆柱形或腰鼓形，并且一般情况下，万能立辊的压下量比万能水平辊的压下量大，所以立辊接触轧件较早，而立辊是被动的，所以，第一个万能道次常存在咬入困难的问题，并形成中间轧废。当来料形状为图 1-33 所示的成品异形坯形状时，两侧的凸起使咬入条件进一步恶化。

(3) 轧件进万能孔型，翼缘与立辊先接触，腹板与水平辊后接触，翼缘接触弧比腹板接触弧长，容易产生腹板中心偏离。

(4) 在万能孔型中，腹板压下与翼缘的变形程度不同，使得腹板与翼缘的延伸变形不一致。翼缘端部不接触轧辊，翼缘变形较为自由，除了延伸变形，翼缘端部还有一定的宽展；腹板的延伸变形受到翼缘的限制，且由于立辊压下而无宽展变形。为避免万能轧制过程中可能出现的各种缺陷，翼缘的压下率应稍大于腹板的压下率，使二者的延伸趋于一致。

(5) 在万能孔型中，腹板出变形区后存在反弹增厚现象，即轧制后腹板厚度比水平辊辊缝大，当腹板的延伸变形大于翼缘时，就会出现腹板增厚和腹板波浪现象。

(6) 在UEU连轧过程中钢坯间歇性地进入轧机，异形坯的头、尾部会对轧机产生一定的冲击，轧制力在轧制阶段的咬入时刻和抛出时刻均出现尖锐的峰值，这种现象在轧机设计及工艺设计的初期阶段需要深入考虑。

(7) 在万能孔型中，轧制腿部端部不齐，外侧宽展大。造成这种想象的主要原因一是水平辊侧面对腿部内侧金属质点作用有向下的摩擦力；二是腿部内侧轧辊的线速度差大，轧件出辊时要保持一个整体，边端受到边跟的拉缩，类似于轧件闭口边的拉缩；三是腿部外侧立辊的压下量大，宽展也大。由于边端不齐，所以为了保证产品质量，轧边端孔型是必不可少的。

(8) 一般情况下，异形坯在万能轧机中尺寸变化规律是：腰厚减小、腿厚减小，腰高减小，腿宽增加，长度增加。

B　轧边孔变形分析

轧边机为二辊式轧机，可与前后2架万能轧机一起构成万能机组UEU对轧件实施可逆式连轧，主要压平腿端和控制轧件翼缘高度。

轧边孔变形区内轧件的断面形状是窄而高，腿根不能横向移动，腿端受到摩擦力的约束，压下量一旦过大，腿部会出现塑性失稳而弯曲，将达不到轧平腿端的目的。由于轧腿端时轧件与轧辊的接触面很窄，压小量小，接触面积很小，所以在万能一轧边端往复可逆轧制时存在着张力饱和现象，张力一旦加大，轧边端孔型中的轧件将被拉住或者拔出，可以自动调节张力。

腿端在轧边孔型中变形是典型的高轧件轧制，变形集中于腿端，使腿端厚度增加，如图1-33所示。局部增厚的腿部在后续的万能孔型中产生不均匀压下，一是造成强迫宽展，腿宽又得到恢复，二是造成水平辊和立辊的不均匀磨损，对应双鼓局部增厚处出现槽沟。因此，轧腿端的压下量应尽量小，只要轧平腿端即可。

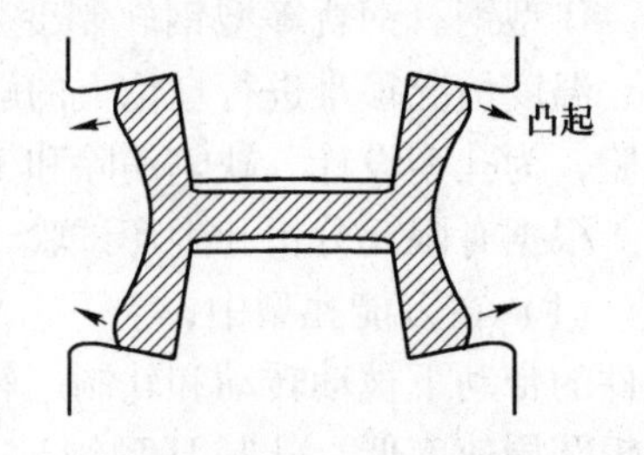

图1-33　轧边机轧后腿部顶端的变形

异形坯在轧边孔中尺寸变化规律是：腿宽减小，腿端变平直，腰部偏心减小，其他尺寸几乎不变。

C　X-X-H轧制法

如图1-34所示，传统轧制H型钢的方法以X孔为基本孔，在紧凑串列布置的UR-E或UR1-E-UR2机组中往复轧制，每个孔都是X形，每道轧后轧件断面也是X形，只在UF

轧机 H 形孔型中轧最后一道变成 H 形。

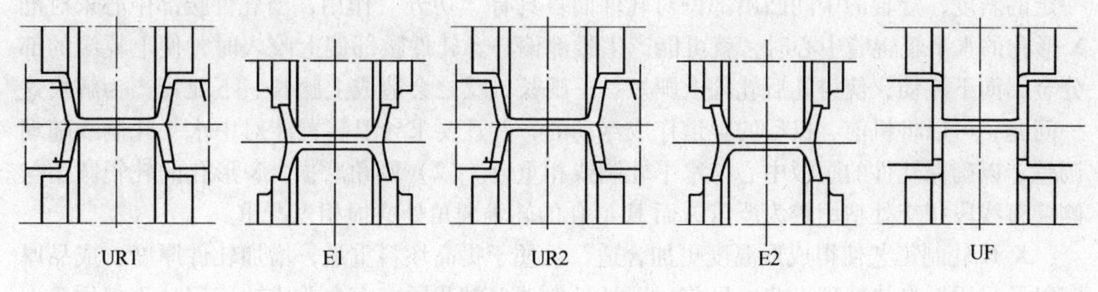

图 1-34 X-X-H 轧法

D X-H 轧制法

SMS 公司开发的 X-H 的轧制方法：可逆式开坯机多道轧制后的成品异形坯（Leader pass）进入串列式机组 UEU 中的 2 架万能轧机和 1 架轧边机同时轧制。第 1 架万能轧机 UR 为 X 形孔，X 形孔立辊带有一定的锥度，有利于轧件的延伸，可以使轧件很快减薄，且能耗比 H 形孔低。第 2 架万能轧机 UF 为 H 形孔，H 形孔的立辊是圆柱形。轧件在 UEU 万能机组往返轧制 5 ~ 7 道次（万能道次 10 ~ 14 道），交替在 X 形、H 形孔中轧制，最后一道精轧在 H 形孔型中轧成成品，如图 1-35 所示。X-H 轧法轧件形状改变如图 1-36 所示。

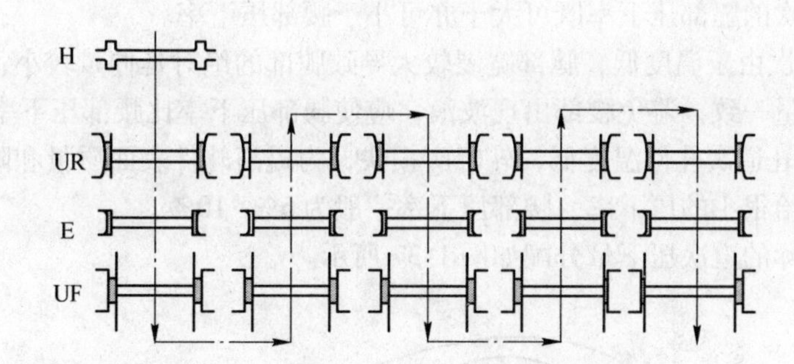

图 1-35 大型 H 型钢的 X-H 轧制法示意图

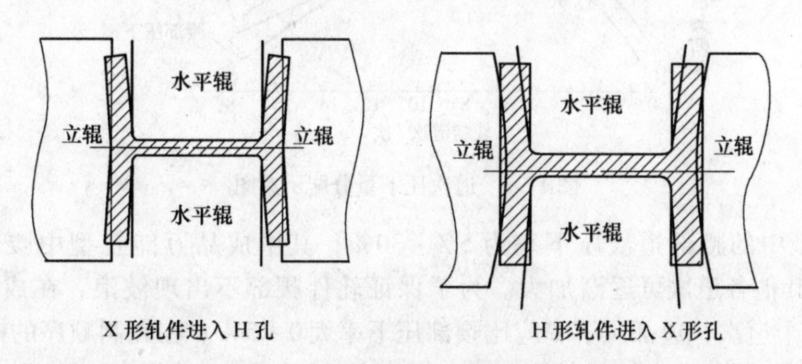

图 1-36 X-H 轧法轧件形状改变

X-H 轧法需要解决的问题：（1）腹板偏心。中心偏差 S 最大约 10mm，轧件的尾部偏心更大。产生腹板偏心的原因可能是 X 型和 H 型两机架的轧制线不在同一水平线上，造成H形轧件进入X形孔时腰部中心未对准水平辊辊缝中心。X形孔的立辊和水平辊均有一定的斜度，立辊的中间凸出部位对轧件而言具有“切分”作用，当轧件腰部中心未对准X形孔的水平辊辊缝中心时，就可能产生腰部偏心。轧件腰部偏上咬入时，使上翼缘的部分金属向下流动，使得轧后轧件上腿短、下腿长，反之会造成上腿长、下腿短。为解决这一问题，可以将机前、机后的辊道作成浮动的，并且要求导卫装置能对中水平轧制线随动调整，以确保轧件的腹板中心与水平轧制线相重合。(2) 圆角磨损。X形孔的轧辊圆角与侧壁直线段相交处粘钢较为严重，而H形孔的轧辊圆角处磨损相当严重。

X-H轧制工艺使得成形温度更加合适，且便于提高坯料重量，增加轧件厚度、成品厚度以及采用形变热处理工艺。目前，X-H轧制法已被我国多家企业成功应用，不仅用于H型钢轧制，还用于轨梁、工、槽、角钢等其他标准断面型钢的轧制。

1.2.4　万能轧机组压下规程设计

1.2.4.1　压下量分配原则

(1) 由于来料与万能轧机孔型形状不一致，腿部和腰部不均匀变形严重，因此万能轧机第一道次的腰部与腿部的压下量均不能过大。

(2) 为了使成品获得良好的表面质量和尺寸精度，并共用同一个开坯机成形孔，应在前续道次将轧件轧制成最适宜后续道次所需要的中间坯料，同时考虑到轧件厚度大、温度高，因此前续道次的腿部压下率既可大于亦可小于腰部压下率。

(3) 后续道次由于温度低，腿部宽展较大导致腿部的绝对延伸量较小，为保证腿部与腰部的绝对延伸量一致，避免腰部出现波浪，应使腿部压下率比腰部压下率大0~5%。

(4) 万能精轧道次轧件温度低，轧辊磨损快，为提高轧件表面质量和降低辊耗，万能精轧道次一般只给很小的压下率，腰部压下率一般为5%~10%。

万能轧机实际的道次压下量分配如图1-37所示。

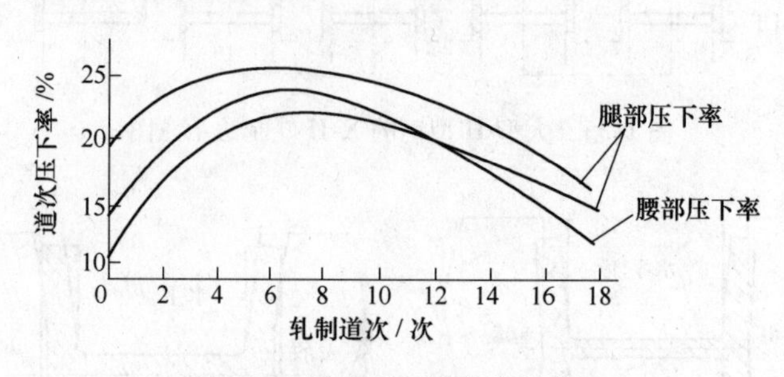

图1-37　道次压下量分配示意图

万能孔型中的腰部道次压下率为5%~30%，其中成品万能孔型中腰部压下率为5%~10%，其他各道次可逐渐加大。为了保证轧件腰部不出现波浪，在成品道次以及成品前1~3个道次，边部压下率应比腰部压下率大0~5%。在轧制顺序的前几个道次，由于轧件腰厚，同时由于轧制条件需要，可适当采用腿部压下率小于腰部压下率的设计方法。

连铸异形坯785×325×50×19400生产H600mm×300mm×12mm×20mm (JIS588×300×12×20)，万能轧机组按X-X-H轧法的压下规程见表1-7。

表1-7　万能轧机压下规程

道次	机架类型	腹板厚度/mm	腹板相对压下量/%	翼缘厚度/mm	腹板相对压下量/%	轧边机辊缝/mm	腹板高度/mm	截面面积/mm^2	工作辊直径ϕ/mm	轧制速度/$m \cdot s^{-1}$	咬入速度/$m \cdot s^{-1}$
1	U1	46.5	7.0	100.7	2.2		777	91613	1400	2.50	2.00
1	E					54.1	777	91613	670	2.56	2.05
2	U2	41.8	10.1	92.0	8.6		760	83511	1400	2.74	2.19
3	U2	36.9	11.7	79.9	13.2		736	73147	1400	4.20	2.00
3	E					45.0	736	73147	670	4.49	2.14
4	U1	32.4	12.2	69.1	13.5		714	63792	1400	4.83	2.30
5	U1	28.5	12.2	59.8	13.5		696	55752	1400	5.00	2.00
5	E					39.1	696	55752	670	5.35	2.14
6	U2	25.1	11.9	51.8	13.4		680	48001	140	5.80	2.32
7	U2	22.1	11.9	44.7	13.7		666	41957	1400	5.00	2.00
7	E					33.0	666	41957	670	5.35	2.14
8	U1	19.5	11.7	38.7	13.4		653	36157	1400	5.80	2.32
9	U1	17.3	11.3	33.6	13.2		643	31854	1400	5.00	2.00
9	E					27.5	643	31854	670	5.36	2.14
10	U2	15.4	11.0	29.3	12.8		634	27803	1400	5.73	2.29
11	U2	13.9	9.7	25.6	12.6		627	24703	1400	5.00	2.00
11	E					23.0	627	24703	670	5.28	2.11
12	U1	12.6	9.3	22.7	11.3		621	22257	1400	5.57	2.23
13	U1	11.9	5.6	20.7	8.8		617	20348	1400	5.0	2.0
13	E					18.0	617	20348	670	5.21	2.08
14	U2	13.2		21.7			617	20348	1400	5.26	2.10
15	UF	11.5	3.4	19.5	5.8		595	18952	1400	5.00	2.00

注：规格尺寸：JIS588mm×300mm×12mm×20mm，钢种：Q345，开轧温度：1050℃，坯料尺寸：785mm×325mm×50mm，长度19.4m。

1.2.4.2　H型钢孔型系统开发示例

连铸异形坯断面形状为工字钢，详细尺寸如图1-38所示。本次设计选取的矩形坯坯料尺寸为410mm×310mm，成品钢板桩断面面积为7299mm^2，矩形坯坯料断面面积为127100mm^2，异形坯坯料断面面积为78700mm^2。压缩比分别为17.4、10.78，均满足设计要求。

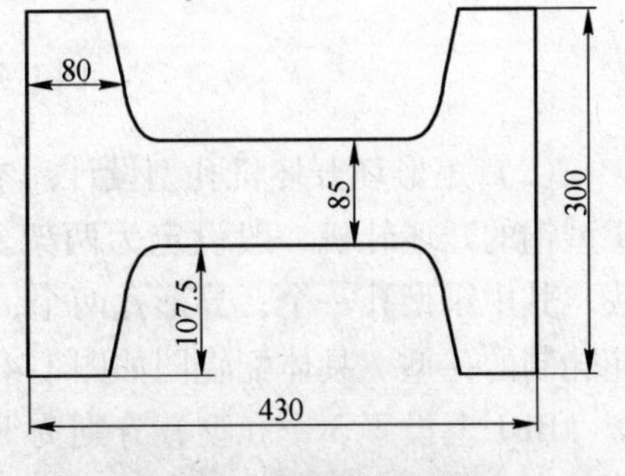

图1-38　异形坯断面尺寸

A　开坯孔型设计

结合国内先进H型钢的生产线，异形坯轧制H

型钢的开坯轧机一般设定为单机架。矩形坯轧制 H 型钢的开坯轧机一般为两机架。

（1）异形坯开坯机孔型设计。异形坯开坯轧制全部采用异形孔平轧的方法开坯机 BD 为二辊可逆式轧机，设置 3 个孔型分别是 C 孔、B 孔、A 孔，具体配辊图如图 1-39 所示。

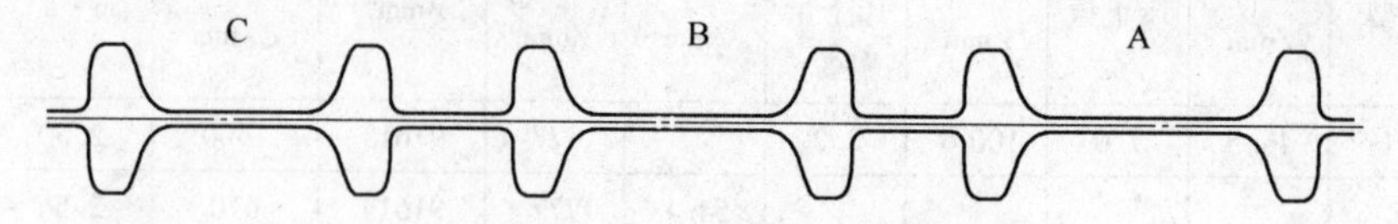

图 1-39　异形坯开坯机配辊图

依据某厂 H 型钢的生产工艺，开坯机上只设置 3 个孔型，即 C 孔、B 孔、A 孔，由于坯料采用近终型连铸异形坯，在孔型设计的时候开坯机 3 个孔型均采用异形孔轧制，其中坯料在 C 孔往复轧制两道次后由推钢机推到 B 孔进行两道次往复轧制，最后在 A 孔轧制一道次进入 CCS 轧制。异形坯开坯 C、B、A 孔型尺寸分别如图 1-40 ~ 图 1-42 所示。

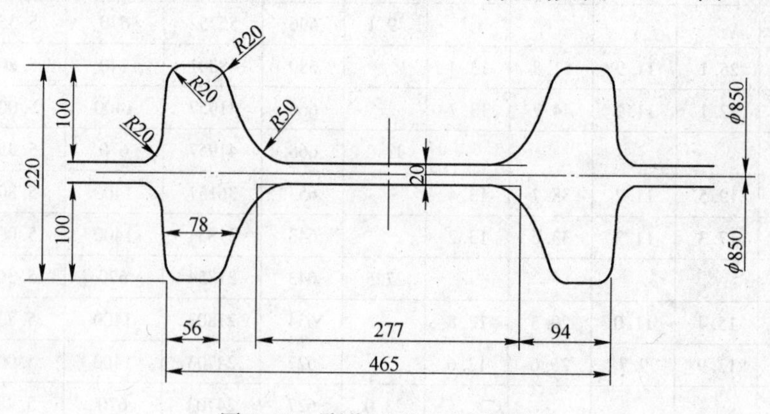

图 1-40　异形坯开坯 C 孔断面图

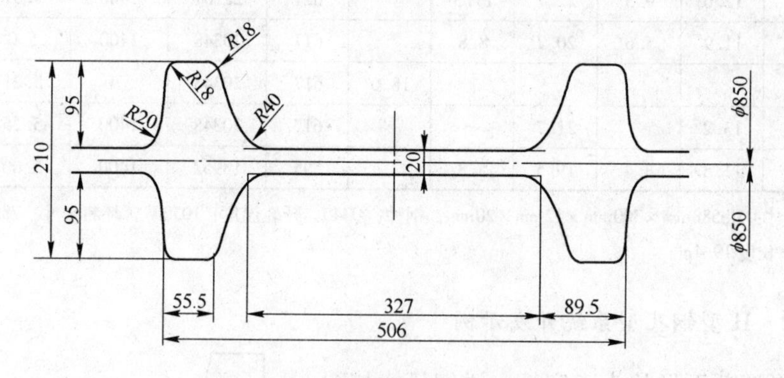

图 1-41　异形坯开坯 B 孔断面图

（2）矩形坯开坯机孔型设计。参照包钢轨梁厂现场轧机布置和生产工艺，矩形坯开坯 H 型钢的开坯轧机一般设定为两架。BD1 轧制采用异形孔平轧和箱型孔立轧相结合的方法，其中箱型孔一个，异形孔两个，分别为 F 孔、E 孔、D 孔。而 BD2 轧制采用异形坯开坯轧制的孔型。具体配辊图如图 1-43 所示。

BD1 上设置 3 个孔型，分别为 F 孔、E 孔、D 孔，其中 F 孔为箱型孔立轧 1 道次，E 孔为切分孔可逆轧制 3 道次，D 孔轧制出腹板的锥形轧制 1 道次。BD1 的作用是将轧件进

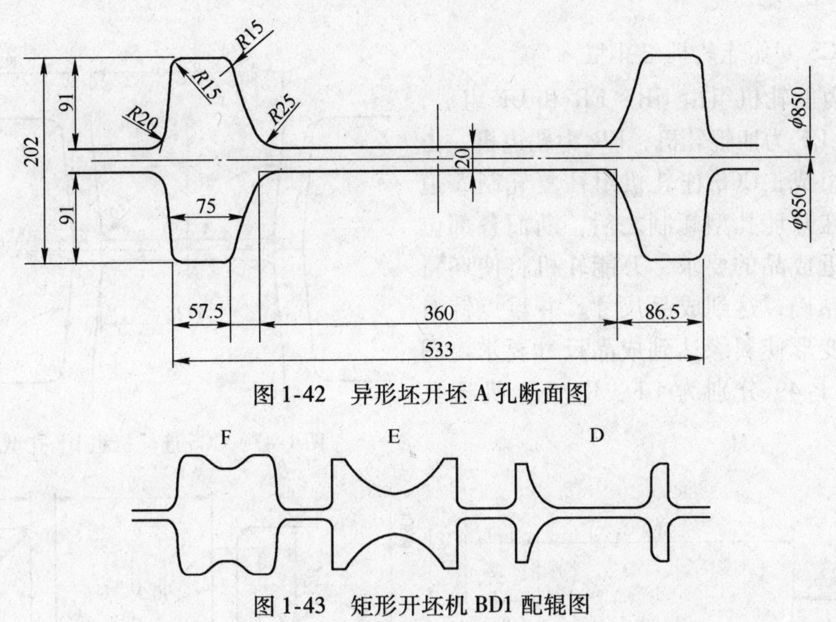

图 1-42　异形坯开坯 A 孔断面图

图 1-43　矩形开坯机 BD1 配辊图

行大变形，使轧件初步成形。BD2 同异形坯轧制开坯孔型一样设置了 3 个孔型，分别为 C、B、A，其中 C 孔轧 1 道次，B 孔可逆轧制 2 道次，A 孔轧制 1 道次之后进入 CCS。BD1 轧机 F、E、D 孔型尺寸分别如图 1-44 ~ 图 1-46 所示。

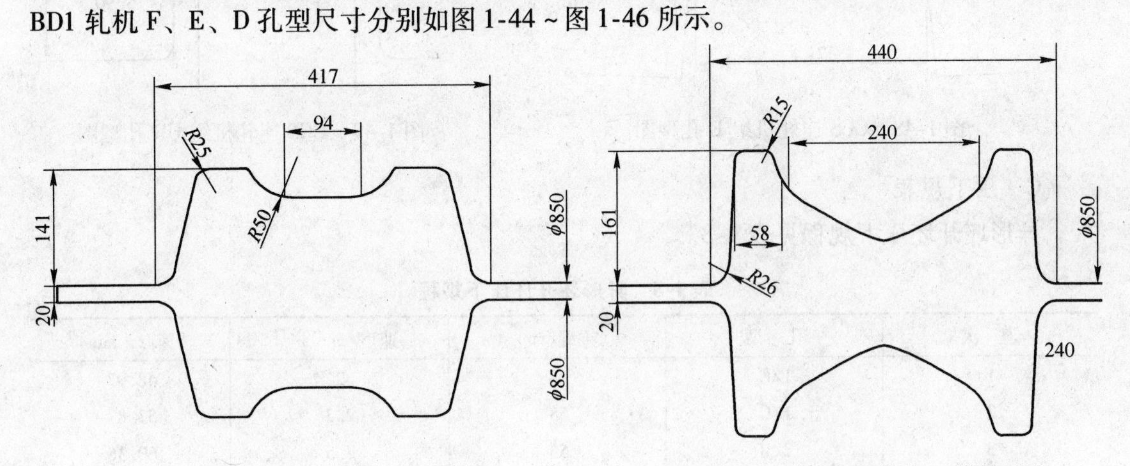

图 1-44　矩形坯 BD1 轧机 F 孔断面图　　图 1-45　矩形坯 BD1 轧机 E 孔断面图

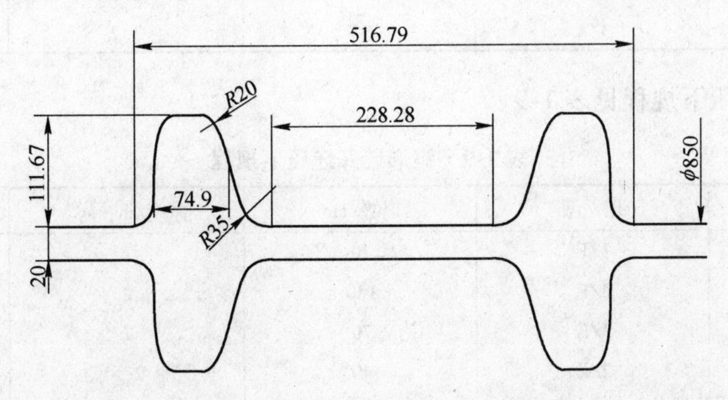

图 1-46　矩形坯 BD1 轧机 D 孔断面图

B　CCS万能连轧机组孔型

CCS万能轧机组由UR、ER和UF组成，其中UR、UF为四辊轧机，ER为轧边机，由上下两辊组成，CCS连轧机组往复轧制5道次。坯料在开坯孔型轧制之后，断面各部位已基本接近成品的要求，万能轧机将使坯料尺寸更加精确，达到成品尺寸。并重点针对翼缘轧制变形使翼缘达到成品尺寸要求。图1-47～图1-49分别为UF、E、UR机架孔型图。

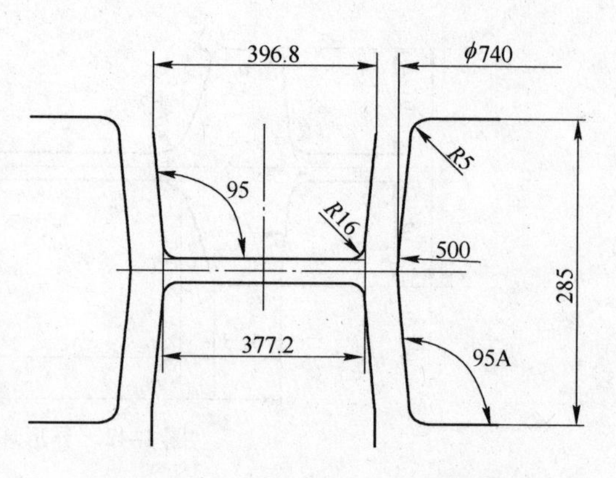

图1-47　CCS连轧机组UF孔型图

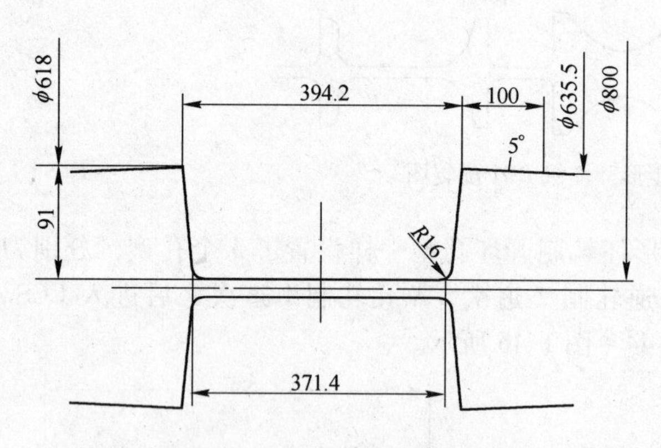

图1-48　CCS连轧机组E孔型图

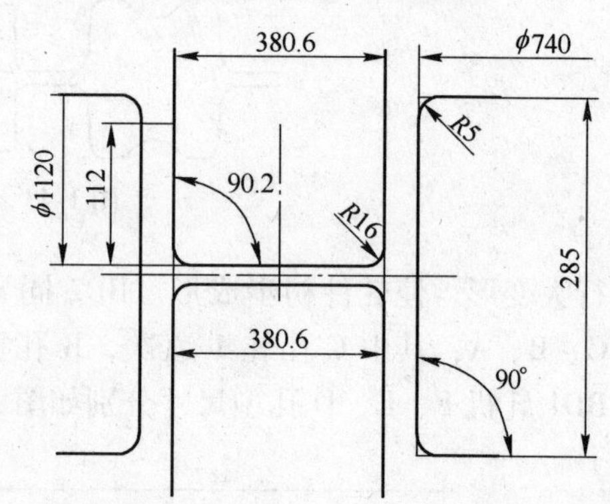

图1-49　CCS连轧机组UR孔型图

C　压下规程

异形坯开坯压下规程见表1-8。

表1-8　异形坯开坯压下规程

道　次	孔　型	辊缝/mm	速度/m·s^{-1}	转速/r·min^{-1}
1	1/C	78	2	48.97
2	1/C	58	2.2	53.87
3	2/B	53	2.5	60.36
4	2/B	38	2.8	67.61
5	3/A	33	3.2	76.68

矩形坯开坯压下规程见表1-9。

表1-9　矩形坯开坯压下规程

道　次	孔　型	辊缝/mm	速度/m·s^{-1}	转速/r·min^{-1}
1	1/F	70	2	48.97
2	2/E	130	2	48.97
3	2/E	70	2	48.97
4	2/E	40	2.5	60.36
5	3/D	80	2.5	60.36

续表 1-9

道　次	孔　型	辊缝/mm	速度/$m \cdot s^{-1}$	转速/$r \cdot min^{-1}$
6	4/C	46	2.5	60.36
7	5/B	41	2.8	67.61
8	5/B	28	2.8	67.61
9	6/A	20	3.2	76.68

CCS 连轧机组压下规程见表 1-10。

表 1-10　CCS 连轧机组压下规程

道　次	孔　型	辊缝/mm		速度/$m \cdot s^{-1}$	转速/$r \cdot min^{-1}$
		水平辊	立辊		
1	UR	31.6	65.6	2.94	53.16
	E	43.6		2.94	90.92
2	UF	26.7	53.8	3.50	63.40
3	UF	22.3	43.6	3.03	55.00
	E	34.3		3.03	93.62
4	UR	18.6	35.3	3.80	68.92
5	UR	15.5	28.6	3.18	57.76
	E	27.5		3.18	98.27
6	UF	12.9	23	4.00	72.51
7	UF	10.7	18.5	3.35	60.80
	E	22.7		3.35	103.54
8	UR	8.9	15	4.20	76.10
9	UR	7.5	12.2	4.08	73.96
	E	19.5		4.08	126.04
10	UF	7	11	4.50	81.47

针对上述压下规程，仿真结果表明：（1）H 型钢开坯轧制变形时，腹板变化量较为明显尤其是矩形坯开坯轧制，CCS 万能轧制时翼缘变形较为明显。异形坯开坯轧制等效应力值的范围为 108～196MPa，等效应变的范围为 0.358～0.883。矩形坯开坯轧制等效应力值的范围为 113～253MPa，等效应变的范围为 0.41～2.62。CCS 轧制等效应力值的范围为 205～405MPa，等效应变的范围为 0.24～2.94。（2）采用异形坯料轧制时，应力分布相对均匀，轧件应力明显钢的腰部其等效应力值为 161MPa。而矩形坯开坯轧制最大值出现在腹板和翼缘的连接处，其最大值为 214MPa。且异形坯开坯轧制的轧制力最大值比矩形坯开坯轧制力最大值小 2700kN 左右。（3）异形坯开坯最终翼缘总高度由 300mm 减少为 217mm，矩形坯开坯翼缘总高度也是由 300mm 减少到 217mm。异形坯开坯总宽度由 430mm 增加到 545mm，矩形坯开坯总宽度由 410mm 增加到 545mm。最终 CCS 万能轧制的总宽度轧为 402.4mm，翼缘宽度为 10.7mm，翼缘的总高度为 200.2mm，腹板最后轧制的厚度为 7.1mm。终轧道次的 H 型钢各部位的尺寸均已达到国家标准。（4）实际生产中采用异形坯孔型轧制，轧制为标准尺寸所耗费的道次异形坯比矩形坯少 5 道次，并且减少了一个轧辊，这样布置可以有效减小生产线的长度，提高生产效率，减少生产成本，另外异

形坯轧制还可以减小轧制力，降低轧辊磨损，实际应用中异形坯开坯孔型系统是可行的。

1.2.5 H型钢工厂基础自动化系统

根据工艺设备控制功能，自动化控制系统分成基础自动化、人机界面（HMI）两部分。

基础自动化由四套日本三菱公司的可编程序控制器Q系列和一套德国西门子公司的可编程序控制器S7系列产品组成，它们完成设备逻辑顺序控制、轧制控制、操作台控制与显示和事故报警与处理。其中四套三菱PLC通过MELSECNET/H、PROFIBUS-DP和CC-LINK通信网络与其他PLC、各自操作台及数字传动系统、现场传感器和变频器、远程站、操作箱进行数据交换。而西门子PLC则通过工业以太网TCP/IP、PROFIBUS-DP网络与其操作台及数字传动系统、Q系列PLC进行数据交换。

人机界面（HMI）包括工艺工作站和操作终端。

串列式轧机的工艺工作站由两台工艺控制微机组成，其工作站通过以太网通信网络与基础自动化控制系统PLC进行数据交换，它们完成串列轧机轧制的工艺参数设定、生产过程监控、事故报警信息的记录和工艺报表的打印等。

初轧、冷床、矫直及堆垛、打包和收集操作室的操作台上分别设有1~3个触摸式图形终端机（GOT），主要完成生产过程中操作、监控、事故报警信息等。

1.2.5.1 自动控制系统的控制对象

A PLC2

主要控制主轧线上的设备如下：

(1) 粗轧机前除鳞辊道、机前延伸辊道、机前工作辊道、机后工作辊道、机后延伸辊道、链式横移装置等；

(2) 粗轧机主传动、粗轧机压下；

(3) 1号液压站液压泵、1号高压水站高压泵；

(4) 粗轧机架换辊控制；

(5) CP1操作台和RM1/2、LDH1、LDO1、LDG1、LDW1现场操作台控制。

B PLC4

主要控制主轧线上的设备如下：

(1) 串列式轧机前/后延伸辊道、前/后升降辊道、辊系输送机；

(2) 2号液压站液压泵、2号高压水站高压泵；

(3) CP2/3操作台和LDH3、LDO2、LDG2现场操作台控制。

C MSC PLC

主要控制主轧线上的设备如下：

(1) 串列式轧机轧制过程和换辊控制；

(2) 液压辅助设备；

(3) CP2/1和CP2/2操作台、TM1、TM2现场操作台控制。

D PLC6

主要控制设备如下：

（1）冷床输入辊道、步进冷床、横移装置、输出辊道、冷床高压泵；

（2）入口水平调节、出口水平调节、矫直机、矫直辊道、链式输送机、放平辊道、横移辊道、定尺小车、固定冷锯和冷锯辊道；

（3）3 号、4 号液压站；

（4）CP3/1、CP3/2 操作台和 LDHS1/2、1LDRS1/2、LDH4、LDG3/4/6 现场操作台控制。

E　PLC8

主要控制设备如下：

（1）堆垛床输入辊道、链式移钢机、堆垛吊车、入口输送移钢机、出口输送移钢机、堆垛机输出辊道；

（2）收集台架输入辊道、链式输送机、收集辊道、打包辊道；

（3）CP4/1、CP4/2、CP5 操作台和 LDW2、LDG5、LDH2、LDCS2.1/2、LDQC1/2 现场操作台控制。

1.2.5.2　自动化系统功能

自动化系统由 PLC 控制系统和人机界面两个主要部分组成，各部分的主要控制功能如下。

A　PLC2

控制系统主要功能有：粗轧机速度给定；粗轧机前后变频辊道速度控制；粗轧机的换辊控制；粗轧机的逻辑顺序控制。

B　MSC PLC

控制系统主要功能有：串列式轧机前后变频辊道速度给定控制；串列式轧机前后变频辊道逻辑顺序控制；开/关条件和顺序；操作模式选择（维护/手册/轧辊更换/轧机机架标准刻度/轧制）；顺序控制和连锁；报警和事件生成；与其他基础自动控制的接口；对驱动值的总线控制接口；同步时钟；主驱动与轧制速度同步；在 UR/E/UF 机架间的微张力控制；用于在串列轧机前后的辊道控制同步的接口；有转速表传感器测量轧件的长度；对中装置控制；通过升降辊道控制腹板从中心离开；轧制模拟；机架辅助设备如压板、轧辊平衡、机架卡紧、张力杆锁闭和预加应力等。

C　PLC6

控制系统主要功能有：冷床矫直区变频辊道速度控制；冷床矫直区的逻辑顺序控制。

D　PLC8

控制系统主要功能有：堆垛打包区变频辊道速度控制；堆垛打包区的逻辑顺序控制。

E　人机界面（HMI）

其主要功能有：轧线过程中各设备的运行状况和电气参数的动态显示；轧制参数的设定；轧制表的输入、存储和修改；电气设备的启停操作及状态显示；故障报警与记录；过程状态观察和控制；生产报表的生成、存储及打印等。

1.2.5.3　操作室与操作点

操作室和机旁操作箱以及人机接口设备是自动控制系统与操作员的人机界面，其主要功能是控制方式选择、轧线的启动和停机、人工监控和手动干预轧线设备的运行。无论是手动方式或自动方式，轧线上的各工艺设备都是由PLC控制系统进行控制的。

H型钢车间电气自动控制系统共设有5个操作室（CP）和30多个操作点，即机旁操作箱（LD）。4台PLC对应的操作室和操作箱的主要说明如下：

操作方式定义及设备运行信息显示：操作方式都是根据工艺的要求进行定义。

在主操作室操作台上，一般都具有："操作室/本地"方式选择开关。"本地"：将"本地"开关按下，此时机旁操作箱"机旁允许"灯亮，该控制区的设备就由机旁操作箱操作控制。"操作室"：不按下"本地"开关，机旁操作箱"机旁允许"灯是灭的，该控制区的设备就由操作室操作台操作控制。

每个设备的运行大多配有启动、停止操作开关和状态指示灯。

当一个设备处于周期准备状态（初始位置、轧机的液压、润滑条件具备、传动装置就绪等），相应设备的"准备好"灯就会点亮。

若操作开关置于"正转"（或"反转"），该被选设备执行启动。

设备运行循环周期结束或操作开关置于中间位置时，电气设备停止运转，启动灯熄灭，停止灯点亮。

若按下该控制区的"紧急停车"按钮，该控制区的设备立即停止运行，其指示灯亮。

若该控制区的设备出现故障，则"故障状态"指示灯亮，且故障报警蜂鸣器发出鸣叫，当按下"复位"按钮或"紧急停车"按钮松开后，故障报警蜂鸣器停止鸣叫，只有当设备故障排除后，"故障状态"指示灯才会熄灭。

"灯测试"按钮：按钮按下时，该操作箱（或操作台）上所有的指示灯都应该亮，如果有不亮的灯，应检查电路或更换灯。

【任务实施】

1.2.6　开坯机区工艺制度

1.2.6.1　高压水除鳞制度

高压水除鳞制度为：

（1）根据原始坯料规格尺寸的不同，选择不同的喷鳞环尺寸、喷嘴数量及工作压力。具体情况见表1-11。

表1-11　喷嘴配置

坯料规格	喷嘴数量/个	流量/$dm^3 \cdot s^{-1}$	工作压力/MPa
292×205×85	12	16.83	18~19
430×300×85	16	22.4	

（2）当热金属检测器检测到钢坯后延迟一段时间，开始喷水除鳞。

（3）除鳞时坯料运行速度为1.4m/s。

（4）必须保证足够的工作压力和喷嘴的畅通。

1.2.6.2　开坯机轧制工艺制度

开坯机轧制工艺制度为：

(1) 出炉钢坯存在过热、过烧、黑印、严重弯曲等加热缺陷或因待轧而导致钢温降至开轧温度以下时，严禁送轧，应剔除下线。

(2) 钢坯的炉生氧化铁皮需经高压水除鳞清理干净，以提高轧件表面质量和便于开坯机的咬入。

(3) 离线进行 BD 辊系组装时，应根据轧辊直径变化调整垫片厚度，传动侧和工作侧所加垫片厚度应相同。

(4) 换辊后要进行轧辊的预负荷零调整，以消除辊缝设定值中的机械间隙。每次换辊轧制开始前首先进行模拟轧制确认。

(5) 轧制操作要按照轧制程序表进行，严禁超设定值大压下。

1.2.6.3　开坯机温度制度和速度制度

开坯机轧制碳素钢、低合金钢开轧温度为不低于 1180℃，开坯终轧温度不低于 1050℃。

开坯轧机速度制度为：

(1) 开坯机的轧制速度应符合低速咬入、高速轧制、低速抛出。

(2) 咬入速度：不大于 3.0m/s。

(3) 轧制速度：当轧件被开坯机咬入后，取三角形或梯形速度图，加速度 2.0m/s^2，轧制速度不大于 5m/s。

(4) 抛出速度：不大于 2.0m/s。其速度如图 1-50 所示。

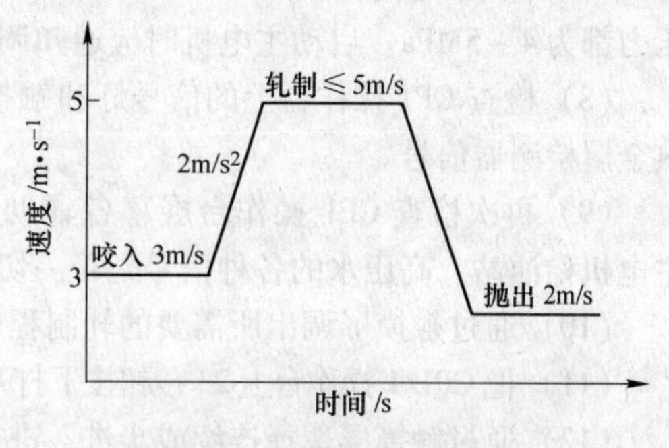

图 1-50　开坯轧机速度制度

1.2.7　开坯轧机操作程序

1.2.7.1　轧前检查

轧前检查的步骤为：(1) 轧机空转 10min 后，关停主电机及冷却水。(2) 检查轧辊孔型质量状况，如存在磨损严重、结瘤、环裂、掉肉等问题，应立即处理。(3) 检查导卫表面状况和安装质量是否符合轧制要求。(4) 检查对中装置、翻钢机等装置有无异常情况。(5) 检查各类水管、油管（液压、干油、稀油）、连接是否处于良好状态。(6) 检查前后辊道间及其表面有无障碍物。(7) 检查设备启动所需的联锁条件是否满足。(8) 检查微机画面上的各类参数是否设定并确认无误。

1.2.7.2　轧前操作

A　辅助系统操作

(1) 在监控画面中观察液压站和稀油站的油温，液压和稀油的工作温度都是大于 30℃，小于 60℃。

(2) 通过触摸屏启动液压站的循环泵，观察循环泵的压力，0.3 ~ 0.6MPa 左右。

(3) 通过触摸屏启动液压站 3 台液压泵，并观测它们的频率是否为 50Hz，压力是否在13MPa左右。

(4) 通过触摸屏启动轧机稀油泵，稀油泵的工作压力约为0.4MPa，流量为20～30L/min。

B 启动模拟轧制

(1) 把+CP1/2操作台上的36旋钮打到自动位置上。

(2) 把+CP1/2操作台上的49旋钮打到运行位置上。

(3) 通过触摸屏将辊道电机合闸。

(4) 通过触摸屏启动高压水除鳞，依次启动管道泵、水帘泵、两台高压泵。

(5) 把+CP1/1操作台上的16按钮按下使压下电机合闸。

(6) 把+CP1/1操作台上的30按钮按下使上辊平衡合闸。

(7) 经1号配电室确认后，把+CP1/1操作台上的8按钮按下主电机合闸。主电机合闸后，观察触摸屏辅助系统的主电机稀油站，油温须高于30℃，低压泵压力为0.3～0.4MPa，低压泵流量约为30L/min（必须不低于24L/min），1号高压泵压力、2号高压泵压力都为4～5MPa。启动主电机时应通知调度。

(8) 检查CP1操作台上的信号灯和触摸屏中各监控画面中的各种参数、信号，包括热金属检测器信号。

(9) 再次检查CP1操作台屏幕各辅助系统的监控画面，如液压站、齿轮箱稀油站、主电机稀油站、高压水的各种信号是否一切正常，能否满足启动条件。

(10) 通过触摸屏调出所需要的轧制程序表，并检查表中的参数是否正确。

(11) 把CP1/1操作台上23按钮按下打开轧辊冷却水、手动打开前后对中装置冷却水。

(12) 通过触摸屏选择连续或步进，进行自动或手动模拟轧制。

(13) 通过触摸屏选择模拟过钢。

(14) 模拟过钢完成后，取消模拟过钢，请求坯料进行轧制。

1.2.7.3 轧制操作

A 自动轧制

模拟轧制完成后，取消模拟轧制，通过触摸屏选择第一道次、连续模式，然后要坯料。当坯料出炉后，出炉辊道转动时，推动手柄转动一下除鳞辊道，自动轧制开始。每一根坯料出炉，都需要推动手柄转动一下除鳞辊道。

在轧制过程中，操作人员必须经常切换各种操作界面，如介质系统界面、压下界面、监控界面等等，以检查各种参数、信号是否正常。

B 手动轧制

手动轧制操作步骤如下：

(1) 模拟轧制完成后，取消模拟轧制，通过触摸屏选择步进模式，然后要坯料。

(2) 当坯料出炉后，出炉辊道转动时，推动一柄转动一下除鳞辊道。每一根坯料出炉，都需要推动手柄转动一下除鳞辊道。

(3) 每一道次开始前，都需手动选择触摸屏上的道次序号，开始轧制。

(4) 每一根坯料轧制完成、通过万能轧机机前摆臂之后，需要通过触摸屏选择复位，让设备恢复初始位置。

（5）在轧制过程中，操作人员必须经常切换各种操作界面，如介质系统界面、压下界面、监控界面等，以检查各种参数、信号是否正常。

1.2.8　串列万能轧机机组工艺制度

1.2.8.1　轧制工艺制度

（1）每次换辊后要输入相应辊系参数，根据辊系参数修改轧制程序表中工作辊径，然后保存并发送到 PLC，旁路冲洗后，启动 TCS 系统进行轧机校准，校准后进行模拟轧制。

（2）换辊或检修恢复生产时，开轧前首先进行模拟轧制确认。

（3）轧制中根据轧制条件的变化和取样尺寸、轧制温度、压力值、电流值、扭矩值的反馈信息，在界面 Trim Data 中及时调整和修改工艺参数，以保证轧制顺利、产品合格、各机架间负荷尽可能均匀。

（4）轧制中做到不轧低温钢、黑头钢，不允许超负荷大压下。

1.2.8.2　温度制度

对于碳钢和低合金钢（特殊钢种另定），串列轧机的开、终轧温度为：开轧温度不低于 950℃或第二道次轧制温度不低于 1020℃；终轧温度不低于 900℃。

1.2.8.3　速度制度

（1）咬入速度：不高于 3m/s（第一道次除外）。

（2）轧制速度：当轧件头部被连轧机组中最后机架咬入后，轧件加速到轧制设定速度，并开始进行张力控制，优化各机架的轧制速度，减小轧件张力，第一道次除外，第一道次没有张力控制。其加速度为 $2.0m/s^2$。最大轧制速度不大于 10m/s。

（3）抛钢速度：不高于 3.0m/s。其速度如图 1-51 所示。

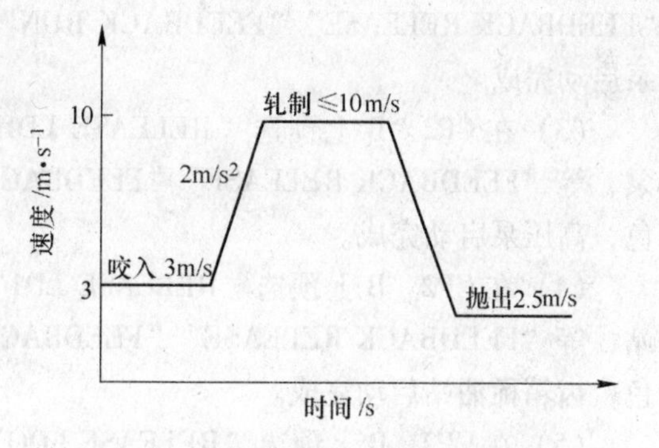

图 1-51　串列万能轧机机组速度制度

1.2.9　串列万能轧机机组操作

1.2.9.1　轧前检查

（1）检查万能机架中是否有轧件。

（2）对照轧制程序表，检查升降辊道高度、速度是否正确，移动对中装置开口度是否正确且对中良好，发现问题及时处理。

（3）万能轧机辊系与操作侧牌坊是否夹紧到位。

（4）检查导卫与孔型是否对正，连接是否牢固，高度及开口度是否合适，发现问题及时处理。

(5) 检查轧辊表面质量情况，检查有无裂纹、粘钢、掉块及局部异常磨损等，发现问题及时报告处理。

(6) 检查E机架是否处于正确的孔型位置且对中良好，发现问题及时处理。

(7) 检查轧机冷却水是否正常，有无堵塞现象，发现问题及时处理。

(8) 检查液压、稀油、干油、油气润滑、氮气、电机冷却水系统是否正常，有无报警，发现问题及时处理。

(9) 检查机械设备：机架夹紧、预应力杆、水平辊、立辊压下调整系统、平衡系统是否正常，发现问题及时处理。

(10) 检查接轴支撑高度是否正确，发现问题及时处理。

(11) 检查辅助设备设定值是否正确，设定值与实际值是否相符，发现问题及时处理。

(12) 检查信号检测元件：高温计、HMD等是否正常，发现问题及时处理。

(13) 检查计算机系统是否正常，发现问题及时处理。

(14) 检查轧制程序表和各项设定参数（轧制道次、升降辊道标高、对中装置开口度、咬入和轧制速度等）是否正常，发现问题及时处理。

(15) 轧机启动条件满足后按开车警报，在自动模式下启动轧机。

1.2.9.2 轧前准备

A 启动辅助系统

(1) 在CP2/3上“操作画面”预选“自动”。预选要启动的高压泵和低压泵，高压泵用5备1，低压泵用8备2。

(2) 在CP _ B预选“RELEASE LDH”并按“HY-DRAULIC ON”启动低压泵，等“FEEDBACK RELEASE”“FEEDBACK RUN”“AUTOMATIC OK”信号全变为绿色，低压泵启动完成。

(3) 在CP2 _ B上预选“RELEASE LDH2”并按下“HP-HYRAULIC ON”启动高压泵，等“FEEDBACK RELEASE”“FEEDBACK RUN”“AUTOMATIC OK”信号全部变为绿色，高压泵启动完成。

(4) 在CP2 _ B上预选“RELEASE LD1”并按下“OIL-SYSTEM ON”启动齿箱稀油站，等“FEEDBACK RELEASE”“FEEDBACK RUN”“AUTOMATIC OK”信号全部变为绿色，齿箱稀油站启动完成。

(5) 在CP2 _ B上预选“RELEASE LDO”并按下“OIL-AIR ON”启动油气供应系统。

(6) 在CP2 _ B上预选“RELEASE LDG”并按下“GREASE-SYSTEM ON”启动干油系统，等“FEEDBACK RELEASE”“FEEDBACK RUN”“AUTOMATIC OK”信号全部变为绿色，干油系统启动完成。

(7) 启动电动机稀油站。启动主电动机时，电动机稀油站自动启动。

(8) 启动冷却水。在CP _ A上按下cooling on，则打开冷却水。在CP _ A上按下cooling off则关闭冷却水。

B 启动其他PRECONDITION

(1) 在CP2/3将3BP1 ~3BP14全部合闸（3BP6和3BP8除外）。

(2) 在CP _ A上预选辊道。按下GR42 Extension Roller Table、GR43 Extension Roller

Table、GR44 Extension Roller Table、GR41/31 Liftable Roller Table、GR14/2l Liftable Roller Table、GR11 Extension Roller Table、GR123 Extension Roller Table。

（3）在 CP _ A 上预选对中装置和升降装置。按下：UF Centering Devices DS-KT、UF Centering Devices DS-Mill、UF Centering Devices OS-RT；UF Centering Devices OS-Mill、UR Centering Devices DS-RT、UR Centering Devices DS-Mill；UR Centering Devices OS-RT、UF Centering Devices OS-Mill；Lifting Device UF、Lifting Device UR。

（4）在 CP _ A 上预选操作模式。按下：Preselection Operation 和 Automatic。

（5）启动主电动机。预选 Auto Stand Selection UR、Auto Stand Selection E、Auto Stand Selection UF。按下 Main Drive E On、Main Drive E On、Main Drive E On。

（6）启动最小张力控制。按下：Tension Control Level 2。

（7）启动自动轧制程序。按下 Automatic Start 和 Drives Idle Speed。

（8）所有的预设条件都准备就绪后，PRECONDITION 界面除 MATERAL DET IN-FRONT UR、GHOST ROLLING 和 SYSTEM HEADY FOR NEXT RUN 为黄色，其余都为绿色。

1.2.9.3　轧制操作

A　模拟轧制

（1）模拟轧制开始之前，必须确认本区域相关辊道上没有轧件。

（2）PRECONDITION 界面上的信号全部正常。

（3）按下“GHOST ROLLINC”和“DRIVE START”启动模拟轧制。

（4）通过模拟轧制观察设备是否能正常运行，轧制表数据是否正常工作，程序是否有错误等。

B　自动轧制

在正常轧制期间，均采用自动轧制模式。

（1）外部轧制条件：

1）轧制线轧制区域已无人，在 LDTM1、LDTM2 操作台上确认钥匙选择开关已选择到无人位置。

2）区域送电已完成。

3）轧机换辊已完成。

4）轧机校准已完成。

5）在 LDTM1、LDTM2 本地操作台上选择开关已选至遥控位置。

（2）轧制准备工作：

1）进入 HMI 界面，启动传动设备、液压站、稀油站和干油站。

2）检查内部轧制条件。

3）进入 HMI 操作主画面确认各传动系统状态指示灯已为浅绿色，液压系统、稀油系统、干油系统已准备好，指示灯为浅绿色。

4）选择轧制条件界面，确认画面轧制条件已具备。

（3）检查轧制表数据：

1）轧制数据表由二级计算机传入。

2）在二级网络不正常，可以调用以前已存储的轧制表，在轧制表数据界面的轧制表名称中输入已存的轧制表名，按键盘回车键确认。

3）选择轧制表数据界面，检查轧制表数据是否符合轧制要求，确认后，接收数据。

（4）自动轧制操作：

1）轧制前，检查轧制线设备是否正常，HMI 画面的各数据是否正常，按钮选择是否到位。

2）在 HMI 画面上将相应按钮选择到位。

3）开始自动轧制。自动轧制时，操作者可根据主操作台 HMI 轧制画面监控轧制过程情况。

4）在自动轧制过程中，操作对中装置、辊道传动操作杆（延伸辊道、工作辊道）或者在轧制时设备动作没有满足预设条件都将产生中断信号（但是在轧件咬入轧机后操作传动操作杆将不会产生中断信号），在中断信号产生时，操作人员需要根据显示信息判断产生中断的原因，处理后，返回到自动模式继续轧制。

（5）轧制期间停机提示：

1）当轧制操作模式界面弹出故障消息并闪烁，此时表示设备有故障出现，点击进入消息界面可以看到故障消息，轧件会在本道次离开轧机后停止在辊道上，当消息消失后，判断轧件温度是否可以继续进行轧制，如可以，按下主操作台 CP2 故障消除确认按钮，轧制恢复到自动轧制，如不可以，轧件报废，按正常顺序停机。

2）当轧制操作模式界面弹出故障消息并闪烁，此时表示设备有故障出现，点击进入消息界面可以看到故障消息，轧件会继续轧制，直到此轧件轧制完成送入下一机架，本机架自动轧制停止，轧制按顺序启动按钮锁定在停止位置，在故障消失前不能进行自动轧制。

3）当轧制操作模式界面的停机指示块弹出故障消息并闪烁时，此时表示设备有故障出现，轧制无条件立即停止，按顺序启动按钮锁定在停止位置，点击进入消息界面可以看到故障消息，在故障消失前不能进行轧制。

1.2.10 轧机换辊操作

1.2.10.1 开坯机结构特点

开坯机采用两辊式轧机，轧件来回轧制，依靠轧辊的正反转来实现。在一台开坯轧机的几个孔型内，把尺寸不同的异形坯、方坯迅速轧成多规格的半成品，提供给万能轧机。

开坯机系统是可逆式模式，由开坯机架、对中横移装置、前后工作辊道、换辊装置平台、接轴托架和钳式翻钢机共同构成。BD 轧机的结构特点有：（1）由横梁将两片铸钢闭式连接而成。（2）牌坊窗口侧装有滑板，辊系能整体更换。（3）由轧机横梁上安装的平衡液压缸对上轧辊做平衡调节。（4）上轧辊通过电机、减速器及压下螺母进行压下调整。（5）两套液压缸安装于压下螺母和垫块间，该装置可防止卡钢并能测量轧辊两段压力。（6）下辊用垫片组调节其水平度。（7）上、下辊的轴向定位由操作侧的液压卡实现。（8）下轧辊的两套冷却喷头固定于轧机牌坊上，上轧辊的冷却喷头安装在平衡装置上。（9）横梁使喷嘴和辊身始终保持一定的距离。（10）四套导卫横梁安装于轧机轴承座上，导卫安装在横梁上，更换轧辊时，导卫及横梁随辊系整套从牌坊窗口中拖出。

1.2.10.2 串列式轧机组结构特点

UEU是串列式布置，由UR-E-UF组成，轧件来回轧制。通过前后升降辊道、对中装置、接轴托架和换辊装置平台共同构成串列式布置。万能轧机具有以下结构特点：(1) 传动、操作侧的牌坊，通过液压方式由张力螺杆锁定，即两片闭式铸钢牌坊由螺栓连接，由螺母锁紧，窗口设有滑板。(2) 机架充分考虑到了辊系及导卫的整体更换情况，即操作侧牌坊、辊系及导卫能有液压缸拉出，所以操作侧的牌坊为“可拉式”。(3) 上辊通过液压缸来平衡，平、立辊分别通过液压压下系统和垫片独立调整。(4) 轧件导卫固定在水平轧机的轴承座。(5) 整个辊系和导卫采用一起推出的设计，方便更换。(6) 在串列可逆机组的布置中，三架轧机的辊系和轴承座同步更换，更换平台在轧线外侧。

1.2.10.3 轧机换辊

A 开坯机快速换辊

为提高轧机生产率，减少换辊时间，本机组采用快速换辊技术，可在30min内完成换辊，换辊系统由脱辊装置、换辊装置、移辊装置、拨链装置等几部分组成，新辊系及导卫在换辊车间预先组装完成并由拨链驱动移至横移小车上，换辊时，机架上的液压锁紧油缸将锁紧装置松开，机架一端与传动侧牌坊相连的主轴托架设备利用两只液压缸将上下主轴托起，液压驱动的脱辊装置上的棘轮机构带动换辊小车移动8次约7.8m后移至横移小车上，由液压驱动的横移小车将该换辊小车移至一侧，预置于横移装置上的换辊小车由脱辊装置带动经8次移动进入牌坊内，并由锁紧装置轴向定位锁紧。主轴托架放松，完成换辊操作。

B 开坯机换辊后的调整

(1) 换辊完成后的调整步骤为：在模拟轧制之前，需要输入各种轧制参数，如工作辊径、平轧立轧、坯料来料位置、坯料宽度、坯料高度、咬钢速度、抛钢速度、停车调整时间、防卡缸瞬时压力、延时压力、延时时间等。除工作辊径外，其他参数都是在更换产品规格时才有可能需要更改。

(2) 在模拟轧制时，可以根据需要（如更换产品规格时）检测各个道次的对中装置的位置、对中装置的开口度、翻钢机的移动和翻转动作是否正确、辊缝值、上下辊是否对齐等。

(3) 交接班检查时，用内卡、直角板测量轧辊辊缝，看是否磨损，然后根据磨损量在轧制程序表修改辊缝值。

(4) 轧制过程中，记录每道次的轧制力变化情况，如超出设定的轧制力，修改辊缝值。

C CCS万能轧机组快速换辊过程

完整的、装配好的包括导卫的辊系，放置在换辊小车上面。在轧钢时，作为机架整体的一部分。换辊过程如下：

(1) 解除拉杆的张力，拉杆从操作侧的牌坊拉出。

（2）操作侧的牌坊向轧线外移动，包括整个辊系的导卫。

（3）解除操作侧的牌坊与水平辊系之间的连接（水平辊系移动到辊系/牌坊脱离的位置后）。

（4）操作侧的牌坊继续向外移动，直至到达最外端的位置。

（5）辊系切换：准备好的新辊系替换原来的旧辊系。

（6）操作侧的牌坊向内移动，直至到达辊系/牌坊相接的位置。

（7）与新辊系相连接后，一起向轧线移动。

（8）拉杆进入传动侧牌坊，通过张力拉紧，牌坊成为紧密连接的整体。

CCS轧机机架的特有设计，使得整个换辊时间在20min内能够完成。

1.2.11 TCS系统简介

1.2.11.1 轧机检测仪表及位移传感器、轧制线和辊缝校准

TCS自动控制系统采用了大量高精度的检测元件位移传感器，它能准确地检测辊缝的调整量，既提高了轧机控制精度，又满足了轧机控制需求。

A MTS位移传感器的校准

MTS位移传感器是运用磁致伸缩测量技术进行同步数据采集，被广泛地应用于型钢轧钢系统的伺服液压连续位置测量和反馈中。通常在更换位移传感器或液压缸后，要进行位移传感器的标定。在服务模式下，让液压缸完全缩回且不能再移动时，定为MTS位移传感器的参考零点。MTS位移传感器的校准步骤为：在ProHMI上，选择预标定机架的服务模式；选择对应的子系统；输入“12”，开始校准；当状态显示“55”时校准完成，退出服务模式。

B 轧制中心线的标定

由于轧件的机械磨损，使得成品腹板偏心，给产品质量带来了一定的影响。为保证产品的质量，需要定期对轧制中心线进行标定（一般6个月左右标定一次）。具体标定的步骤为：选择换辊位并在辊楔上放置垫片；以0.5mm/s的速度移动上辊10mm、下辊15mm，然后再移动立辊；以0.5mm/s的速度移出立辊50mm；以0.5mm/s的速度移动水平辊20mm，设定水平轧制力为0；以0.5mm/s的速度移动水平上辊，使其与立辊的轴承座接触，并产生150 kN的力；以0.5mm/s的速度移动水平下辊，使其与立辊的轴承座接触，并产生150kN的力；转换为压力控制，上辊的校准轧制力为400kN，下辊的校准轧制力为300kN；以1.3mm/s的速度打开机架，移动上辊10mm、下辊10mm，轧制线校准完成。

C 辊缝的标定（校准）

在轧钢过程中，由于轧机机架形变、轧辊磨损等原因，使得所需的轧件尺寸并不等同于轧制数据，而是发生了偏差。辊缝校准就是预测在不同轧制力下轧件的形变量，以此补偿在轧制过程中辊缝的变化，具体步骤为：在换辊模式下完全打开辊缝；以2.5mm/s的速度朝着轧制线方向移动上辊10mm、下辊15mm；以4mm/s的速度移动立辊，距离水平辊10mm处设置垂直轧制力，此轧制力为0；以2.5mm/s的速度移动上、下水平辊，距离轧制中心线5mm处设置水平轧制力，此轧制力为0；以0.8mm/s的速度移动驱动侧立辊，以0.6mm/s的速度移动操作侧立辊接触的水平辊，接触力为120 kN，继续接触，直到轧

制力为 220kN；以 0.8mm/s 的速度移动驱动侧立辊，以 0.5mm/s 的速度移动操作侧立辊，使其距水平辊 10mm；以 0.5mm/s 的速度移动下水平辊到轧制中心线处，同时移动上水平辊，使其距轧制中心线 2mm；以 0.5mm/s 的速度向下移动上水平辊，直至接触力达到校准力的 40%；再次以 0.2mm/s 的速度向下移动水平上辊，达到接触力后由位置控制转换为压力控制，此时校准力为 5kN/mm，最小校准力为 500kN，最大校准力为 1000kN，设置 H-HGC 轧辊辊缝为 0；存储辊缝为 0 后，打开水平辊辊缝 2mm；分别以 0.7mm/s 和 0.5mm/s 的速度移动驱动侧和操作侧立辊，使它们靠近水平辊，直至接触力达到 120kN 为止；如果达到接触力后就由位置控制转换为压力控制，达到校准力 500kN 后，设置 V-HGC 轧辊辊缝为 0，存储立辊辊缝为 0 后，打开立辊辊缝 5mm。

1.2.11.2　自动控制系统配置及其功能、通讯信息

TCS 自动控制系统硬件配置主要包括：6 块 APCI3120（模拟量输出/输入板）；3 块 APCI1710（SSI 计数板）；3 块 FOB-I/O（电子数据采集板）；1 块 SST 5136（Profibus 板）；1 块 DP/DP 连接器等。

主要功能：数据显示；错误和警告显示；建立数据；操作模式选择；从 TCS 中采集过程数据、轧件在机架中的信息、轧件厚度、轧制力、电机转矩等。

整套计算机系统包括 1 台 PDA 分析仪和 1 台主控过程机。

TCS 自动控制系统通过以太网与西门子 PLC 系统相连，MSC 数据系统把辊系数据和产品尺寸数据传到西马克自动控制系统（TCS），TCS 系统根据现场轧机实际情况把辊缝调整到位后进行轧制，而后由轧件分析记录系统（EDAS）负责现场实时记录，而程序画面开发系统（PROMHI）负责主控程序的开发与维护。西马克自动控制系统与轧件分析系统之间通过光纤进行连接。

1.2.11.3　液压辊缝控制（HGC）

轧制时，程序根据压下目标位置与实际位置的偏差，以 PID 调节方式，控制液压执行机构伺服系统，实现辊缝的自动调整，完成位置控制。

实际上 HGC 系统包括两部分，即液压位置自动控制（HAPC）和轧制力自动控制（AFC）。

A　液压位置自动控制（HAPC）

HAPC 是指调节伺服阀开口度，用于在最大轧制力允许范围内将液压缸位置保持在某一设定值，使控制后的位置与目标位置之差保持在允许的偏差范围内。在轧钢过程中，液压缸一般工作方式为 APC 方式。

轧制过程中，HGC 位置闭环控制系统将位置设定值、AGC 调节量、补偿量和干预量之和与液压缸实际位置相比较，然后将比较得出的偏差值与变增益系数相乘后所得的值送入 PI 位置调节器；通过伺服放大器后，输出给伺服阀进行调节，过到消除位置偏差的目的。

B　轧制力自动控制（AFC）

轧制力自动控制（AFC）是指调节伺服阀开口度，以便在液压缸工作行程内将轧制力

保持在某一设定值。轧制力限幅环节是在 APC 方式下进行的，是限制轧制力、保护液压缸和其他设备的一个环节。

在轧制过程中，将轧制力实际反馈值与轧制力给定限幅值进行比较，当实际轧制力小于轧制力限幅值时，系统处于位置闭环控制方式，输出到伺服放大器的值为位置控制器的输出值；当轧制力大于限幅值时，输出到伺服放大器的给定值为轧制力限幅控制器的输出值。这样，液压缸快速泄压，保护设备免遭损坏。

1.2.11.4 自动厚度控制（AGC）

在轧钢过程中，由于机架形变、辊系本身的扁平率等因素，使得产品的尺寸与目标要求有差别，为此，TCS 系统引入了自动厚度控制 AGC。此系统通过计算辊缝和机架的形变量来完成对实际辊缝值的调整，为每一架轧机提供不同的补偿量，轧制出合格的产品。

A 静态 AGC

在轧钢前，操作员在轧制程序表中输入参考轧制力，AGC 系统根据输入的值并结合机架校准时测得的形变量计算出相对变化量，也就是轧钢前的预补偿量。TCS 根据计算出的机架变化值进行调节辊缝，产品的尺寸就会与实际有偏差。

实践证明：每只钢坯的温度不同，实际轧制力就不一样，机架形变也会不同，而采用静态 AGC 控制，预补偿量是定值，无法消除产品尺寸与实际的偏差。

B 动态 AGC

动态 AGC 是在轧制之前，根据实际的轧制力计算出实际的形变量，通过参考形变量之间的偏差调节辊缝。

校准时，当轧制力达到规定的校准力时，把机架形变量设为 0。此时由位置控制转为压力控制，不断加大压靠力，记录下对应的形变量，找出相应的变化值，计算出斜率，并根据斜率算出不同轧制力下的机架形变量，把此形变量反馈到 HGC（液压控制）系统中，完成辊缝的调节。

任务 1.3 H 型钢缺陷及控制

【任务描述】

H 型钢成品不符合标准或合同要求之处成为缺陷。通过本节学习，能说出 H 型钢常见缺陷的特征、形成原因及控制措施，写出有关缺陷、事故处理的小论文。

【任务分析】

从人员、机器、原料、方法、环境各个方面分析缺陷产生原因，抓住主要原因，提出预防处理方法。

【相关知识】

1.3.1 H 型钢外形尺寸专用量具

依据国家标准《热轧 H 型钢和部分 T 型钢》（GB/T 11263—1998）中所列规格，确定专用量具的结构尺寸。在保证测量准确度的同时，尽可能减少专用量具的数量。该套量具共有 5 类 12 件，可测量 GB/T 11263—1998 中所列全部 74 个规格的 H 型钢外形尺寸。

1.3.1.1　专用量具测量外形尺寸的位置和方式

按照国家标准 GB/T 11263—1998 对宽、中、窄腿部 H 型钢尺寸、外形允许偏差的要求，腰部高度 H、腰部厚度 t_1、腿部厚度 t_2、腿部斜度 T、腰部中心偏差 S、腰部弯曲度 W、端面切斜 e 等 7 个参数的测量位置和方式见表 1-12。

表 1-12　测量位置和方式

参　数	位置和方式	参　数	位置和方式
$H\cdot t_1\cdot t_2$	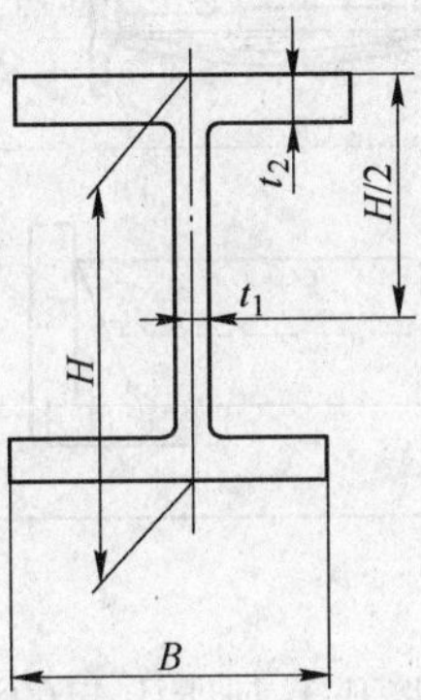	T	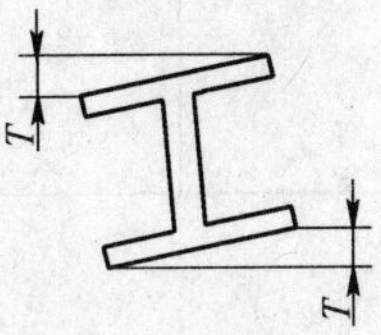
		S	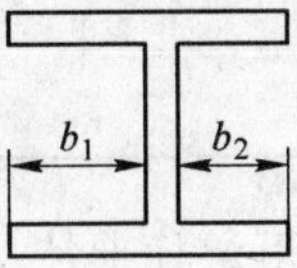 $S=\dfrac{b_1-b_2}{2}$
e	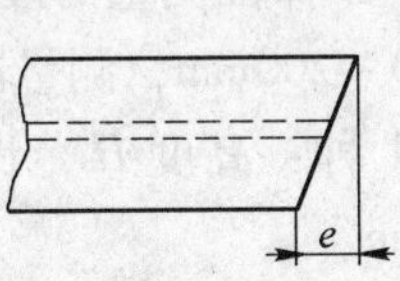	W	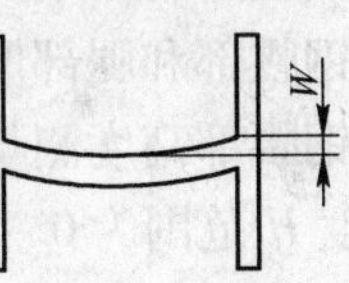

1.3.1.2　专用计量器具种类

专用计量器具结构简图见表 1-13。

表 1-13　专用量具简图

序号	量 具 名 称	量 具 简 图
1	专用游标卡尺	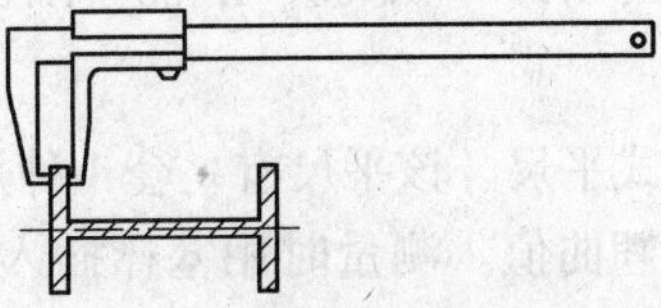
2	专用深度尺	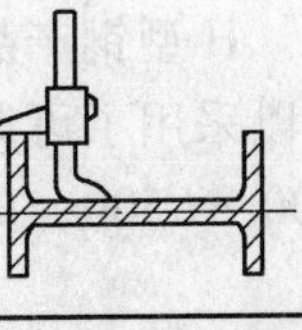

续表 1-13

序号	量具名称		量具简图
3	翼缘斜度卡板		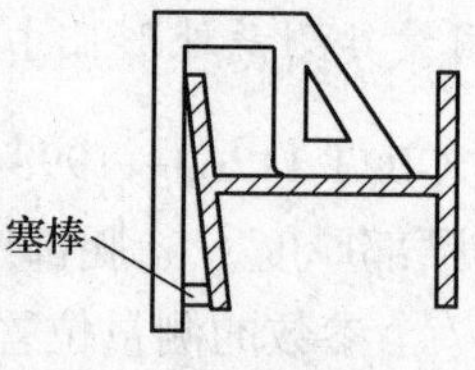 塞棒
4	平尺	固定	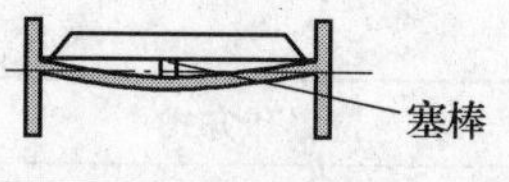 塞棒
		伸缩	 塞棒
5	专用角尺		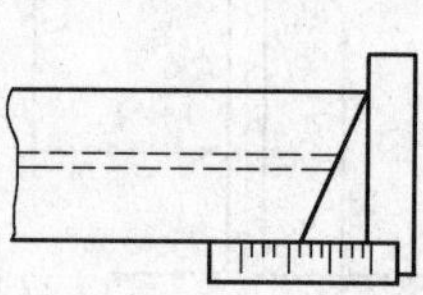

A　专用游标卡尺

在实际生产过程中，端部锯切存在毛刺现象。为避开毛刺所引起的测量不便，我们在游标卡尺测量爪的末端加了1个高度为10mm的凸台，以保证测量的准确性。

H型钢腰部和腿部厚度测量：该卡尺测量范围为0～200mm，测量准确度为0.1mm。

H型钢腰部高度测量：该卡尺一套2种规格。第1种：高度H范围为0～500mm；第2种：高度H范围为0～700mm。测量准确度为0.05mm。

B　专用深度尺

用于测量从H型钢腰部表面到腿部两端部的距离，计算出腰部中心偏差。该深度尺测量范围为0～240mm，测量准确度为0.1mm。公式为：$S=(b_1-b_2)/2$，b_1、b_2分别为从H型钢腰部上、下表面至腿部上、下端的距离。

C　腿部斜度卡板

为适应H型钢多种不同规格的需要，该卡板有一套3种规格。分别用于测量公称高度为H200～H250、H250～H400、H400～H700的H型钢腿部斜度。

D　平尺

（1）固定式平尺。该平尺有一套4种规格，分别用于测量H100、H125、H150、H175的H型钢腰部翘曲值。测量时用塞棒插入平尺与腰部之间的最大空隙处，从而得出测量结果。

（2）伸缩式平尺。H型钢产品规格很多，若每个规格做一个平尺，则数量太多，既不经济又不方便，所以采用了可调节长度的平尺。该平尺有一套3种规格，分别用于测量H200～H300、H300～H500、H500～H700的H型钢腰部翘曲值。测量方式同固定式平尺。

E　专用角尺

该角尺有一套两种规格（150×300、250×750），用于测量端面切斜。尺座上两面都标有刻度，可直接读出端面切斜数值。

1.3.2　H型钢缺陷

按照产生原因的不同，H型钢缺陷分为尺寸误差、几何尺寸问题、输出侧问题、轧制缺陷、表面痕迹、其他缺陷和坯料缺陷。

（1）尺寸误差主要包括腹板厚度、翼缘厚度、翼缘厚度不等（边对边）、翼缘厚度不等（角对角）、腹板斜度（一边厚一边薄）、腹板偏心（不在正中）、腹板成对角偏心。

（2）几何尺寸问题主要包括上部宽、下部宽、碟形（凹形）腹板、弓形（凸形）腹板、凹形翼缘、凸形翼缘。

（3）输出侧问题主要包括钩头（头部弯向侧面）、翘头和扎头（头部上翘或下弯）、整个断面成浪形（边对边）。

（4）轧制缺陷主要包括腹板中间浪、浪形翼缘、腹板过拉伸、热弯曲浪。

（5）表面痕迹主要包括表面导板划痕、轧辊缺陷（裂纹、掉肉）引起的痕迹、轧辊磨损引起的痕迹。

（6）其他缺陷主要包括折叠、压折（折叠或切压成片）、未充满、过充满。

（7）坯料缺陷主要包括裂纹、分层、轧漏、掉肉。

1.3.2.1　腹板裂纹

A　腹板纵向裂纹

腹板纵向裂纹如图1-52所示，其外观特征有：主要存在于腹板中部区域，沿腹板纵向分布，裂纹长短不一，位置分散，无规律性，从H型钢腹板表面看，裂纹总体较直，内表面不光滑，呈锯齿状，裂纹深度方向与H型钢腹板表面垂直，但由于轧制工艺，裂纹一般会与H型钢腹板表面有轻微倾斜，也会有轻微开口；经酸洗后，断面处裂纹垂直于H型钢腹板表面向下或轻微倾斜发展；从金相组织看，一般裂纹周围有脱碳现象。从能谱分析看，化学成分符合钢种熔炼成分范围，无外来金属元素存在，裂纹处会有大量非金属夹杂物。

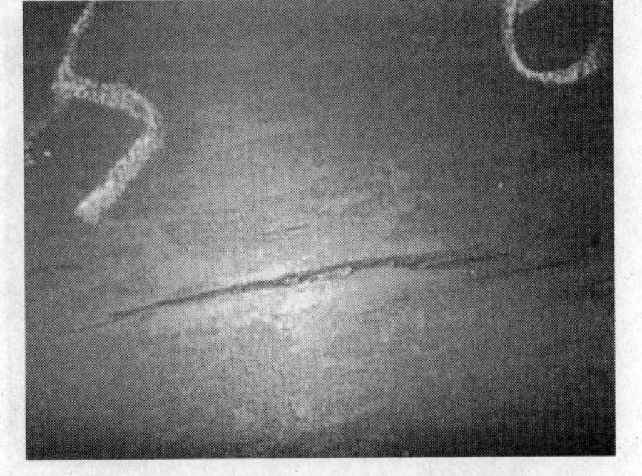

图1-52　腹板纵向裂纹（酸洗前）

产生原因有：异形坯表面存在由于浇铸或矫直工艺不合理产生的纵向裂纹；异形坯内外温差较大，在加热过程中，热应力超过该钢种的高温抗拉强度，也会在表面产生裂纹。

B　放射状裂纹

放射状裂纹的外观特征有：存在于腹板表面，呈放射状或称呈鸡爪状，无规律性。产生原因：异形坯中存在皮下气泡，或皮下裂纹，或边裂纹轧制时形成的放射状裂纹。

C　小断裂纹

小断裂纹如图1-53所示，其外观特征有：存在于腹板表面，无规律性，呈小断状，形状为长条状或仿锤状，类似于微观夹杂物中硫化物夹杂的形态，开口，内表面为氧化铁皮；经酸洗后，裂纹内氧化铁皮被洗掉，内表面光滑，深度为1mm左右。

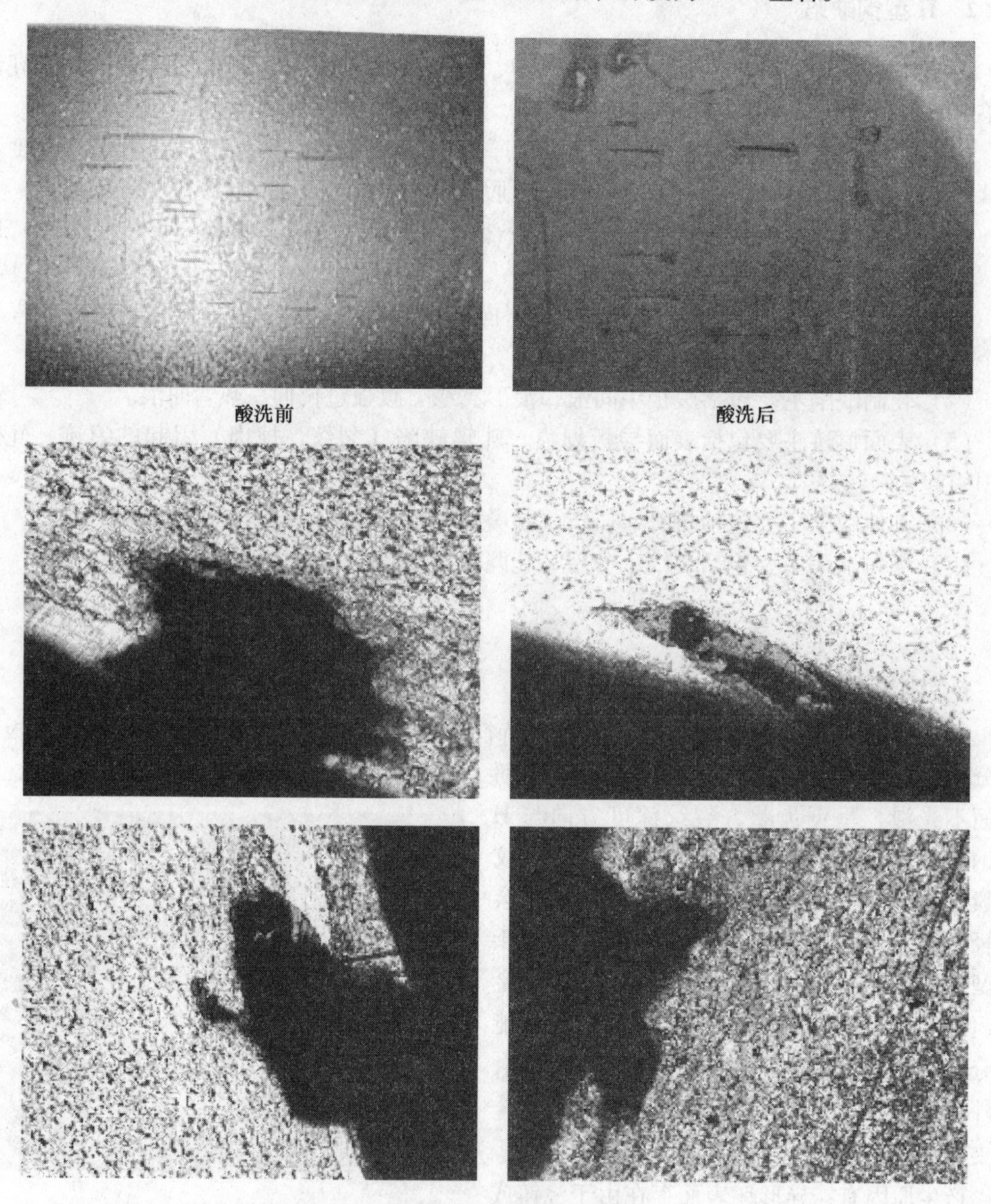

酸洗前　　酸洗后

图1-53　小断裂纹的形貌

产生原因：异形坯表面存在气泡，轧制时被拉长，形成类似裂纹的条状形态。

1.3.2.2　矫直裂纹

矫直裂纹如图1-54所示，其外观特征有：矫裂是矫直时产生的裂纹，主要存在于r角

酸洗后(翼缘与腹板分开)

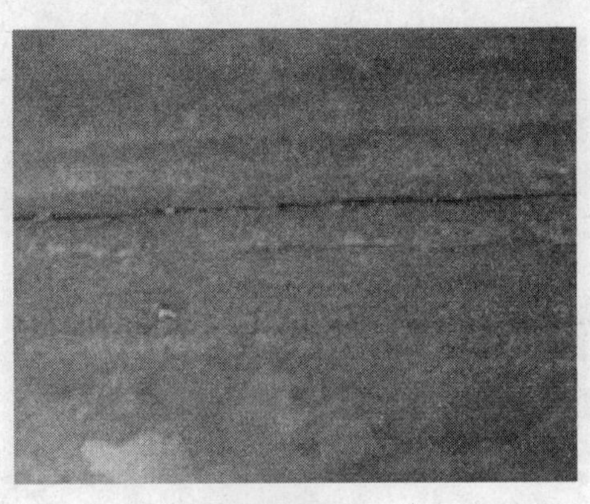

酸洗前矫直裂纹

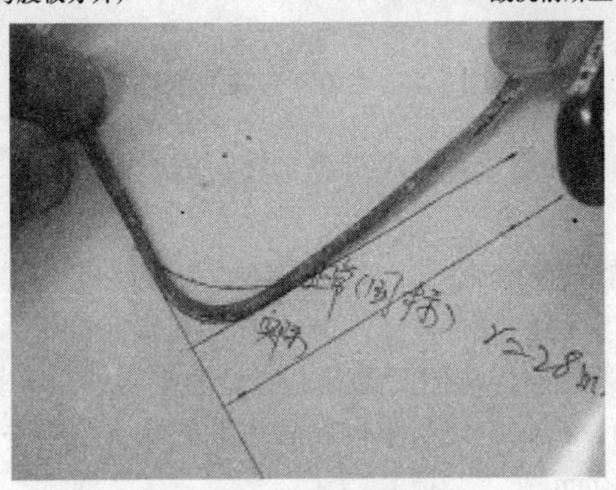

减小 r 角半径后出现折叠而矫裂

图 1-54　矫直裂纹

处，严重时翼缘与腹板完全分开。

产生原因：由于 r 角设计不合理，矫直时产生裂纹；由于 r 角处出现折叠，矫直时在折叠处形成应力集中，产生裂纹；由于连铸异形坯的疏松、夹杂、偏析等缺陷都集中在腹板与翼缘连接处，因此成品在此 r 角部位塑性最差，矫直变形量分配不当即会产生裂纹；在轧制腹板较薄而翼缘较厚且宽的 H 型钢时，r 角处矫直时承受的剪应力较大，因此变形量稍大即会造成矫直裂纹；在生产强度较大的钢种时，其塑性变形范围较小，这直接给矫直调整带来困难，容易出现矫直裂纹。

1.3.2.3　折叠

A　存在于腹板的单条折叠

存在于腹板的单条折叠如图 1-55 所示，其外观特征有：从表面看，形状较规则，曲线较流畅，呈通条状，内面光滑；经酸洗后，折叠断面处有与 H 型钢腹板表面较小夹角的裂纹，深度为 1 ~ 2mm；从金相分析看，折叠周围一般不会有脱碳层，夹杂于机体相比差别不大；从能谱分析看，Cr 元素含量较高，说明与轧辊有接触。

产生原因：根本原因在于轧制过程中导致金属在某处被折叠并随后又被轧制；孔型设计不当或轧机调整不当，在孔型开口处因过充满而形成耳子，再将耳子轧入轧件基体内形成；来自开始道次导板划痕再经以后轧制，将划痕轧合，但未能与基体结合在一起所形成

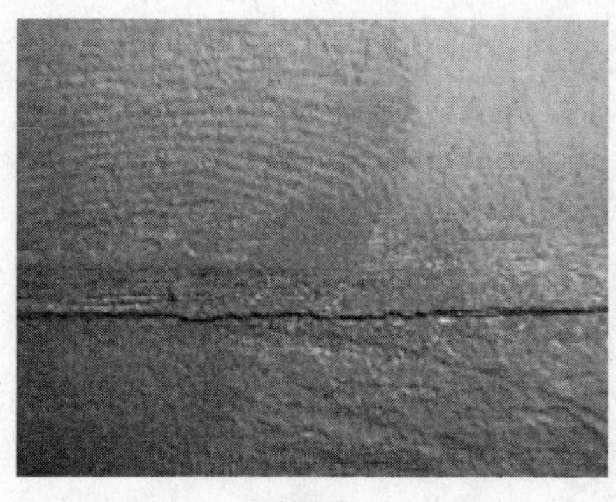

酸洗后

酸洗后断面

图1-55　存在于腹板的单条折叠

的缺陷；由于轧辊轴向窜动造成耳子和折叠，轧制后形成折叠；轧辊老化、磨损也会导致折叠。

B　存在于 *r* 角处的多重折叠

存在于 *r* 角处的多重折叠如图1-56所示，其外观特征有：一般出现在腹板与翼缘连接 *r* 角处，而且是出现多条折叠，从侧面能看出明显的夹层，呈通条状，有时夹层上表面可以脱落，露出原始表面，折叠走向与腹板表面几乎平行。经酸洗后，断面存在于表面夹角很小的裂纹，深度1~2mm。

形成原因有：根本原因在于材料被堆集，形成的折叠；*r* 角设计不合理，使材料在此产生堆集，轧制后形成折叠；异形坯本身 *r* 角处尺寸不合理，轧制后导致堆集，形成折叠；轧辊磨损严重，导致堆集，形成折叠。

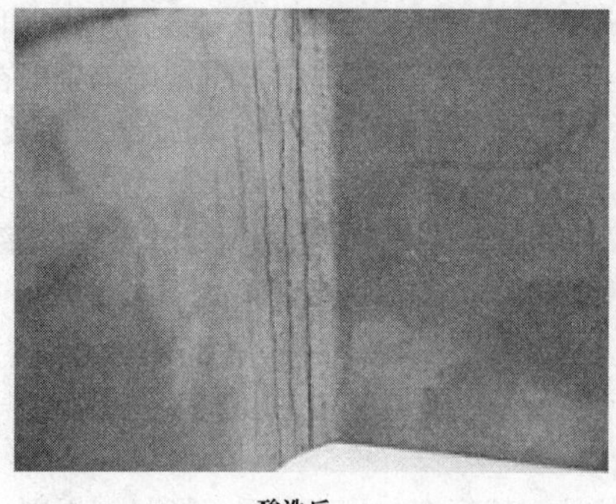

酸洗后

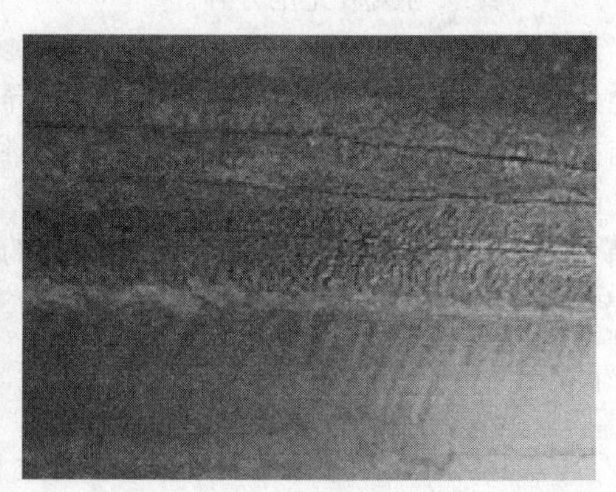

酸洗前

图1-56　存在于 *r* 角处的多重折叠

1.3.2.4　划伤

划伤如图1-57所示，其外观特征有：存在于腹板、翼缘表面，划痕较直，开口较宽，深度较浅；从金相组织看，划痕与表面没有夹角，周围没有脱碳现象。

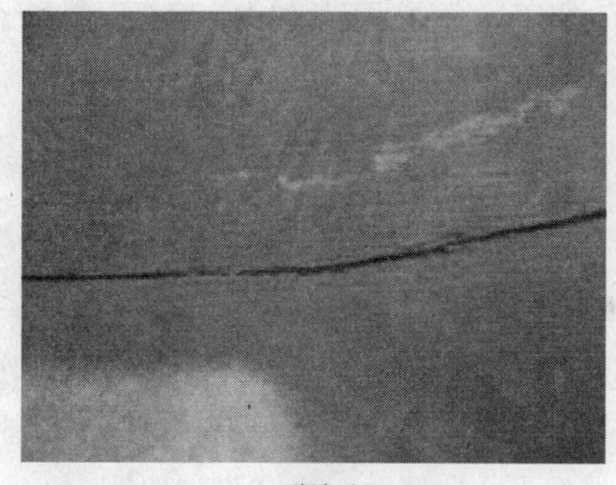

酸洗后

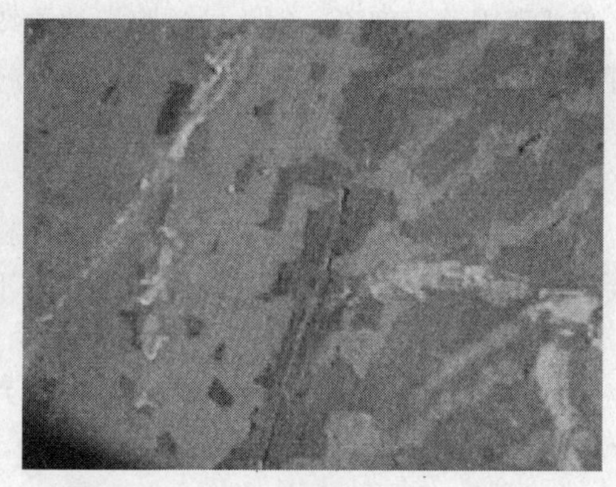

酸洗前

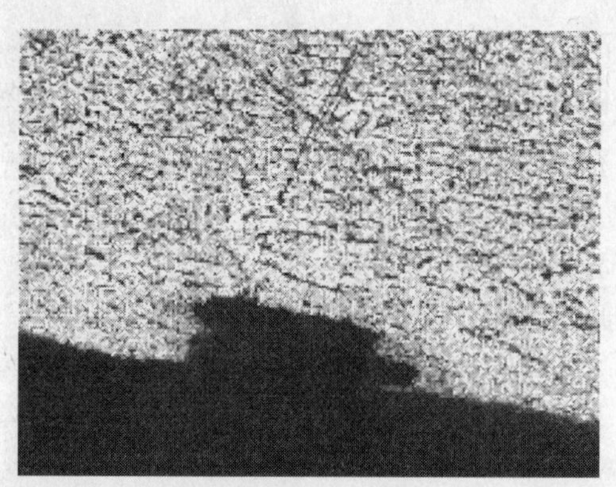

组织形貌

图 1-57　划伤

产生原因：一般由于导板安装不当或导板上异物所致。

1.3.2.5　拉裂

拉裂如图 1-58 所示，其外观特征有：一般裂口垂直于轧制方向，裂口两侧逐渐变薄，最后断开。

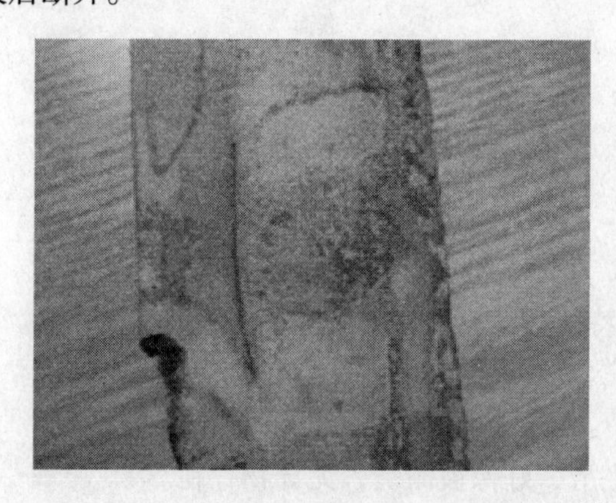

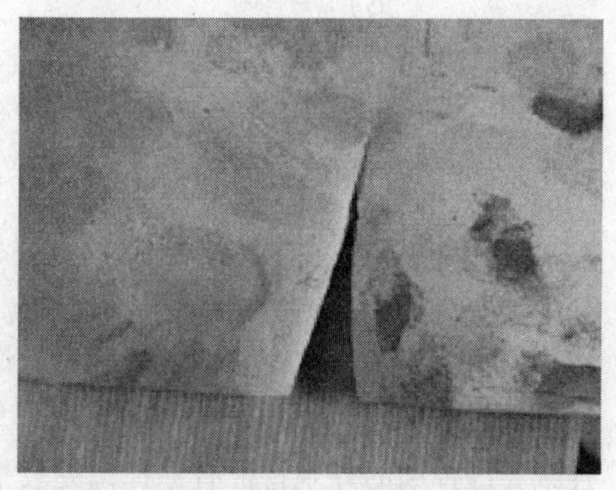

酸洗后

图 1-58　拉裂

形成原因：温度不一致，导致腹板被拉裂；由于翼缘的压下量偏大，腹板限制翼缘的延伸，超出腹板的延伸率，导致拉裂。

1.3.2.6　腹板空洞

腹板空洞如图 1-59 所示，其外观特征有：主要存在于腹板上，形状不规则，边缘参差不齐，空洞处存在夹层，夹层处有明显异物。

形成原因：主要是异形坯腹板上存在异物，轧制时轧漏，出现空洞。

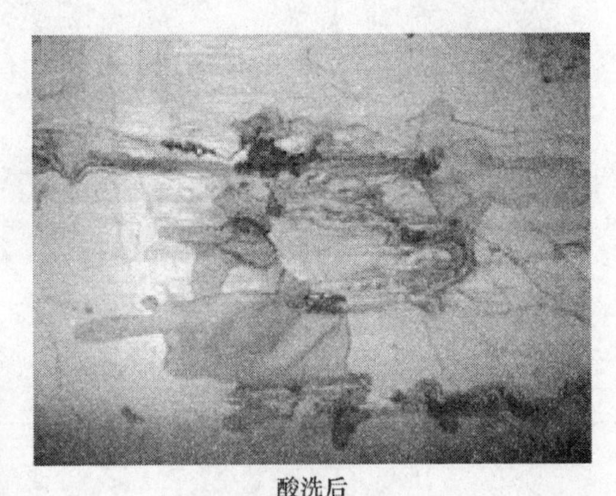

酸洗后

图 1-59　腹板空洞

1.3.2.7　分层

分层如图 1-60 所示，其外观特征有：通过拉伸试验后，断口处出现明显分层，分层处内面光滑，且分层较平直；存在部位为一根异形坯轧制出 H 型钢的头尾两支的头部。

形成原因：主要是由于异形坯翼缘角部裂纹较大，轧制时没能焊合，形成分层。

拉力试验后

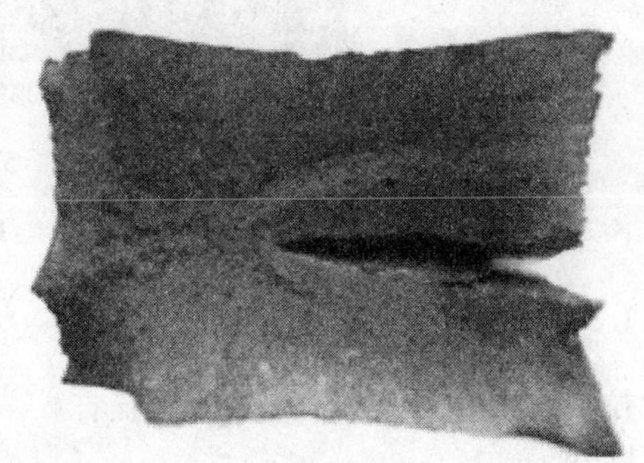

断面

图 1-60　分层

1.3.2.8　翼缘掉肉

A　偶发性翼缘掉肉

偶发性翼缘掉肉如图 1-61 所示，其外观特征有：掉肉处参差不齐，明显存在异物。

形成原因：翼缘处存在异物，轧制时轧烂，形成掉肉。

B　连续翼缘掉肉

连续翼缘掉肉的外观特征有：掉肉处较平滑，好像被撕裂，无异物存在。

形成原因：孔型尺寸、坯料尺寸、轧辊调整精度或轧辊轴向窜动造成的欠充满，导卫挂伤而导致掉肉（见图 1-62），过充满导致撕裂（见图 1-63）。

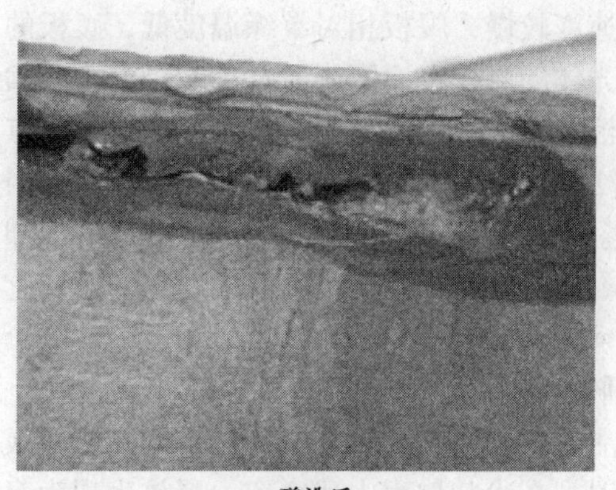

图 1-61　偶发性翼缘掉肉

图 1-62　欠充满而导致掉肉

1.3.2.9　波浪

A　腹板波浪

在轧制或在冷却过程中，型钢各部分的金属延伸或收缩不匹配所造成的宏观上腹板周期性弯曲成波浪形的现象，如图 1-64 所示。

其外观特征为：呈搓板状。

产生原因：

（1）轧制过程中，由于延伸不均匀、温度低或不均匀、材质不均匀、孔型设计等各种原因形成的残余应力，残余应力超过了金属的屈服强度，残余应力释放后，表现在宏观上即为腹板波浪。

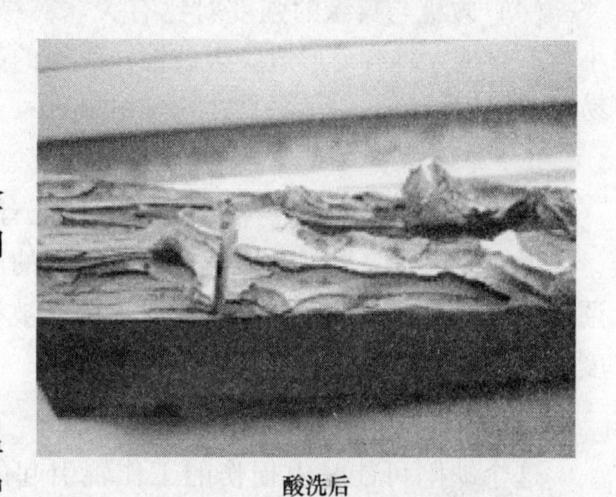

图 1-63　过充满导致撕裂

图 1-64　腹板波浪

（2）腹板与翼缘存在温差，造成腹板波浪。由于轧件冷却过程中，构成轧件断面的各部分由于冷却条件不同，造成冷却收缩量和相变膨胀的时间不同，从而产生残余应力，达到一定程度，残余应力释放即形成冷却腹板波浪。具体地说，H 型钢外形的特点使 H 型钢在冷却过程中，腹板冷却速度较快，而翼缘冷却速度较慢，腹板相对翼缘温度低，腹板的冷缩受到翼缘的限制，而当腹板达到奥氏体与珠光体的相变点而膨胀时，翼缘仍处于冷缩状态，产生的应力达到一定程度时，冷却腹板波浪开始出现了。而当翼缘温度到达相变点时，由于腹板温度太低，翼缘已不能将其拉伸，腹板波浪便残留下来。形成温差的原因为：1）翼缘、腹板厚度比，厚度比越大，温差越大；2）腹板的高厚比越大，腹板的冷却速度越快；3）轧制过程中由于冷却水的存在及翼缘、腹板散热面和散热程度不同，使它们温度场不同，终轧时它们的温度也不同，即H型钢冷却的起始条件不同，可通过腹板上的冷却水除去，同时增加翼缘部冷却水，减小它们的温差。

（3）轧后残余应力的存在造成腹板波浪。轧制中，腹板延伸大于翼缘延伸时，在腹板形成压应力，翼缘形成拉应力，当应力相差较大时，在冷却过程中残余应力释放表现为腹板波浪。

（4）腹板与翼缘的强度对比有关。翼缘、腹板厚度比较大，腹板相对于翼缘强度越小，差异越大越容易形成腹板波浪；腹板的高厚比越大，腹板的强度越低，差异越大越容易形成腹板波浪。

B　翼缘波浪

翼缘波浪如图1-65所示，其外观特征有：呈波峰、波谷形状。

形成原因有：翼缘的压下量远比腹板的压下量要大，缺陷出现可能有两种形式，即所谓的翼缘波浪和边浪，翼缘上的波浪可能被精轧辊矫直了，因此多余材料被强压进翼缘长度上延伸，就形成了边浪。

C　整个断面波浪

这个缺陷可能是由损伤的工作辊引起的，当一个翼缘或一个弯斜废品轧入万能轧机时，就会发生，辊子每转一转发生一次额外的压下，当轧件进入UF机架中轧制时会产生弹跳，导致轧件以轧辊每转的频率产生一个波浪（图1-66）。这个缺陷可以通过增加翼缘的精轧压下量来减轻或消除，在某些情形中，将某个水平辊转动180°，把可能发生在两个辊子上的缺陷分开，这样一来就可以减轻这一问题，否则，必须更换轧辊。

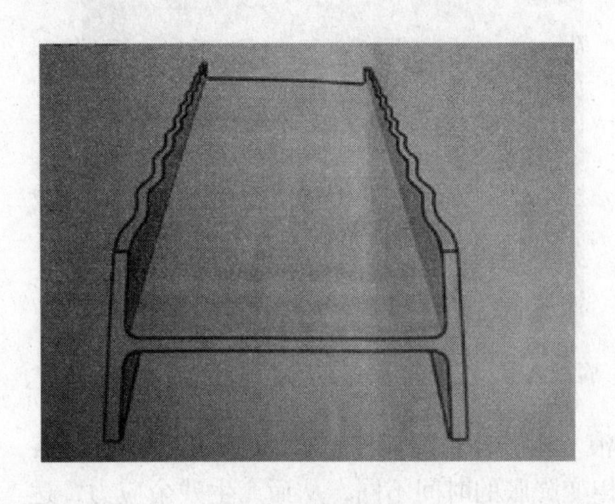

图1-65　翼缘波浪

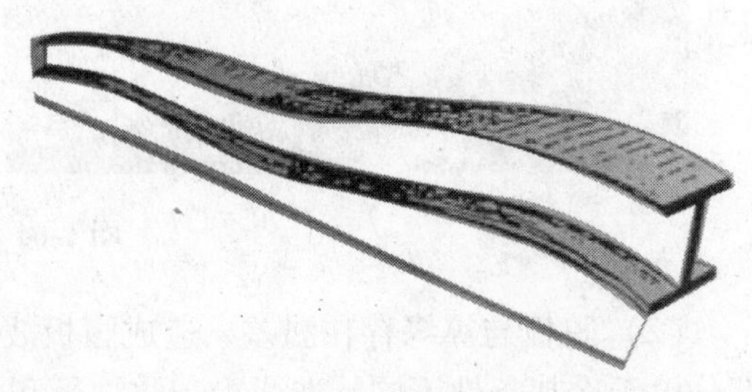

图1-66　整个断面波浪

1.3.2.10　结疤

A　鳞片状缺陷

外观特征：位于钢材表面，细小钢片，与钢本体连在一起或部分连在一起。

形成原因：浇铸过程中钢水飞溅在异形坯上形成结疤，轧制后形成类似不规则折叠。

B　钢材上的结疤

外观特征：一般出现在腹板表面，周期性轻微凸起缺陷。

形成原因：因轧辊掉肉所致。轧辊掉肉的原因有：（1）轧辊材质不能满足使用要求，硬度层较薄，轧辊使用表面大片剥落；（2）轧辊表面在交变热应力作用下呈细网状开裂，且裂纹在表面下连通，造成轧辊表面呈片剥落；（3）裂纹沿轧辊轴向贯穿轧辊表面，并沿轧辊径向向机体内发展，当相邻两条裂纹在轧辊径向相交造成轧辊掉肉；（4）轧辊有效直径变小，辊套在装配应力、热应力、轧制应力共同作用下开裂。导致轧辊爆裂的原因为轧辊缺水后再突然喷水、轧卡后辊子已产生裂纹、辊径已车削变小、轧辊受到轧制冲击，都会产生轧辊爆裂。

1.3.2.11　压痕

A　周期性压痕

外观特征：存在于腹板表面，周期性轻微凹坑。

形成原因：轧辊粘钢、轧辊缺陷（裂纹）（见图 1-67）、轧辊磨损（见图 1-68）。

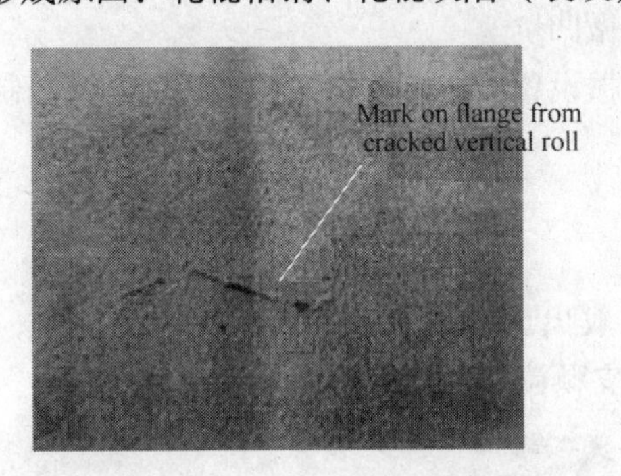

图 1-67　轧辊缺陷（裂纹）引起的痕迹

形成粘钢原因：（1）轧辊粘钢与轧辊 r 角大小及辊宽配置有关，r 角部位轧件变形的不均匀必造成 r 角金属与轧辊间的摩擦加剧，使得轧辊 r 角瞬间温度升高产生 r 角粘钢；（2）轧辊粘钢还与轧制产品的钢种、规格有关，生产硬钢种大规格产品尤其是厚规格时，由于轧件温度高，轧辊受热较多，轧辊 r 角热强度大且冷却条件差易造成粘钢现象；（3）由于轧型侧壁斜度不合理，造成中间坯内侧壁斜度过小，与水平辊侧壁斜度不匹配，造成轧件在水平辊产生切肉现象使辊粘钢，切离的金属落在腹板上即造成腹板压痕；（4）压下规程不合理造成中间坯头部 r 角处金属堆积，轧件在咬入轧机时在轧件头部产生切肉现象使轧辊粘钢，切离的金属落在腹板上即造成腹板压痕；（5）万能轧机侧导板对中不准确，造成轧件咬入时单侧切肉，导致成品压痕缺陷；（6）未能及时发现轧辊粘钢及轧件缺陷。

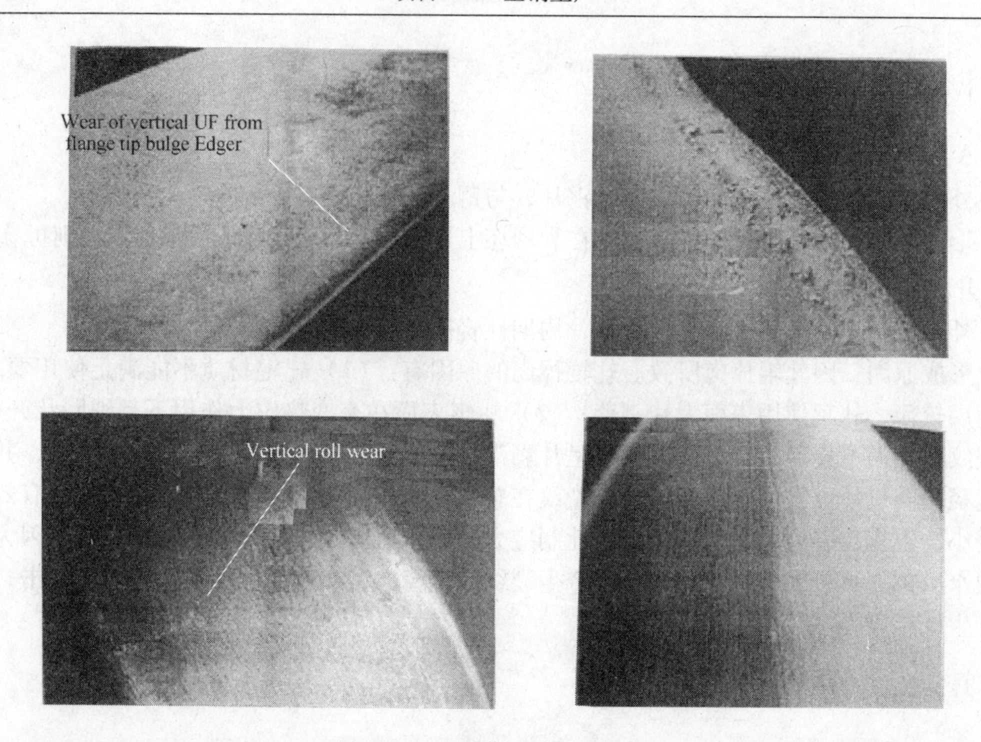

图1-68　轧辊磨损引起的压痕

B　非周期性压痕

外观特征：存在于腹板表面，非周期性轻微凹坑。

产生原因：导板装置磨损严重或辊道等机械设置碰撞造成的钢材刮伤后又经轧制而在钢材表面形成棱沟，大多沿轧制方向分布。

1.3.2.12　麻面

麻面如图1-69所示，其外观特征有：一般出现在腹板表面，无规律的凹坑，深度0.3～0.4mm，坑内为大小不等的棕红色氧化铁皮颗粒。

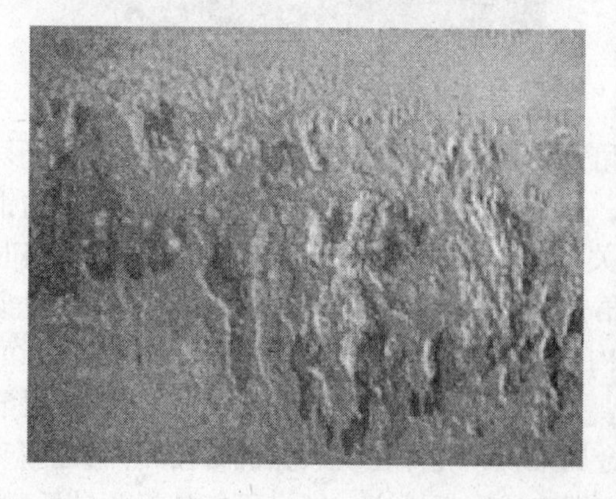

酸洗后

图1-69　麻面

形成原因有：(1) 轧件在高温状态下会形成含 SiO_2 的复合 Fe_2O_3 氧化铁皮，它的基本特性是呈红色，低熔点，形成铁皮后黏性较大难于去除。因此一旦形成这种氧化铁皮，一是难以除鳞，二是在较低温度下轧制时会压入轧件表面形成麻面。(2) 高压水除鳞装置压力不够，除鳞不彻底。

1.3.2.13　弯曲

A　水平方向弯曲（镰刀弯）

水平方向弯曲如图 1-70 所示，其形成原因有：两侧延伸不等造成。两侧压下量不一致；两侧硬度不一致；两侧温度不一致；异形坯本身厚度不一致。

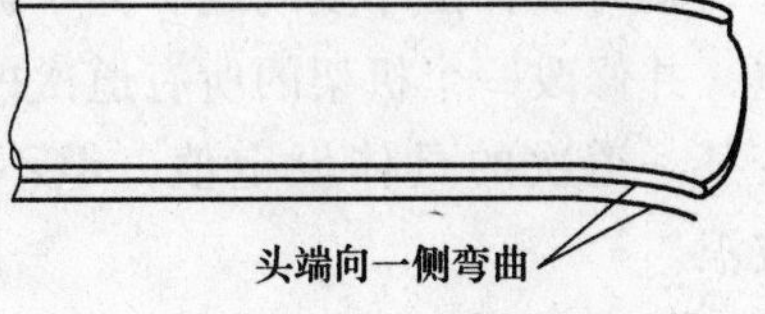

图 1-70　水平方向弯曲（镰刀弯）

B　垂直方向弯曲

垂直方向弯曲如图 1-71 所示，其形成原因有：(1) 轧机轧制线设定不正确，造成轧件上下翼缘延伸不一致，使轧件产生下弯或翘头；(2) 轧件的上腹板存有大量冷却水，且上表面辐射散热条件好散热速度快，而下腹板与辊道之间形成一个封闭区域，散热速度慢，这样就使轧件在终轧时上部温度低于下部温度，下部延伸大于上部延伸使轧件产生上翘；(3) 轧机前后的摆动辊道及腹板导板的高度设定不正确，造成轧件上或下弯曲；(4) 轧机水平辊轴向不正，造成轧件对角翼缘的延伸不一致，轧件产生扭转。

1.3.2.14　腹板偏心

腹板偏心如图 1-72 所示，其形成原因为：轧件腹板在轧前、轧中、轧后不在同一条直线上。

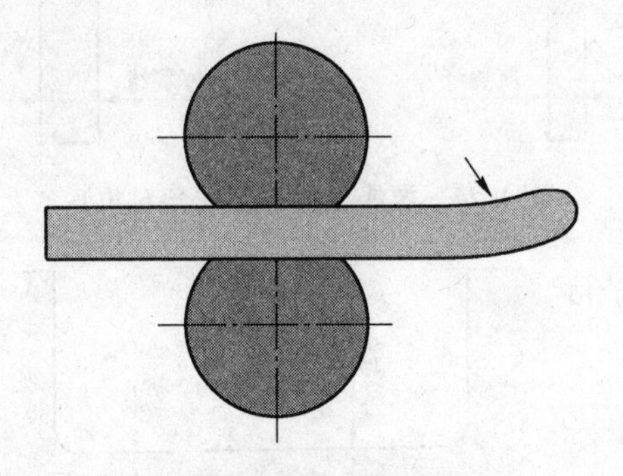

图 1-71　垂直方向的弯曲

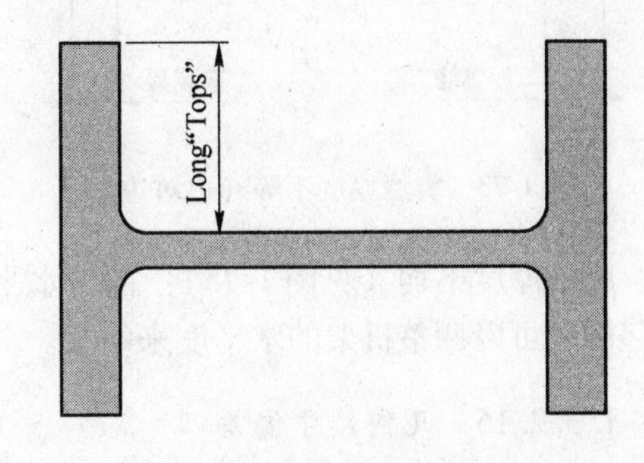

图 1-72　腹板偏心

造成这一现象的原因是：

(1) 万能轧机前后的摆动辊道及腹板导板高度设定不正确，造成轧件在轧制中上下翼缘的宽展不一样，从而产生腹板偏心。如上腿长，则提升摆动辊道；如下腿长，则降低摆动辊道。

(2) 万能轧机的轧制线不正确，立辊的鼓形尖顶不在水平辊辊缝的正中间，造成轧件翼缘上、下厚度不一致，精轧后便会出现上下翼缘长度不等而偏心。

（3）万能轧机水平辊轴向错位，造成轧件同侧翼缘厚度不一致，后续道次轧制后出现同侧宽展不等而腹板偏心，此时轧件特征是对角翼缘宽度相等。

（4）轧边机轴向错位，造成轧件对角翼缘长度相等而同侧翼缘不等，导致轧件对角偏心。

（5）轧边机二辊不水平，二侧翼缘压下不等，造成轧件单侧翼缘偏心。

1.3.2.15　尺寸问题

腹板和翼缘厚度的测量值和目标值不同，是辊缝不同的结果。对辊缝进行偏移或调整，就可以补偿厚度问题。为了调整辊缝，可以调整偏移量来补偿标定和磨损产生的误差，并修改一个机架的所有道次的设定值。另一个方法是改变实际轧制的设定值，即改变某一道次的具体设定值，但不能改变翼缘和腹板的关系，否则会导致翼缘或腹板波浪。

翼缘厚度不等（边对边）（见图1-73）：可以通过调节立辊偏移来进行补偿，压缩厚翼缘或放宽薄翼缘。

翼缘厚度不等（角对角）（见图1-74）：这一误差是在万能机架的上辊和下辊标定时对中不正引起的，可以适当进行机架调整即可避免。如果腿又厚又长，调整UR的轴向偏向腿厚的一方。如果腿又薄又长，调整UF的轴向偏向腿厚的一方。

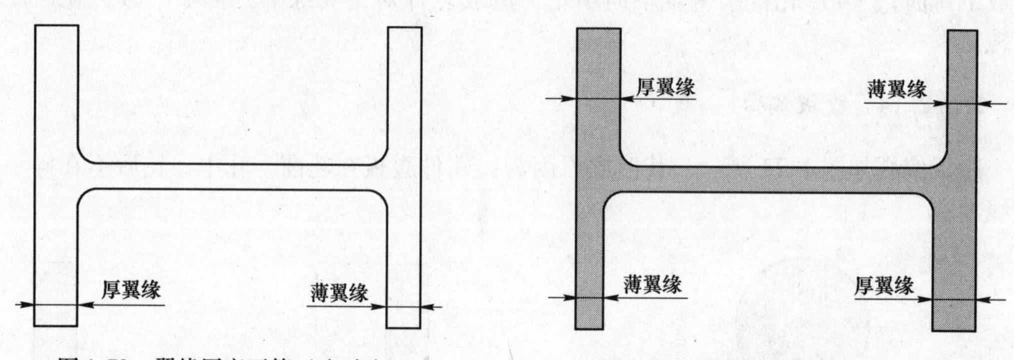

图1-73　翼缘厚度不等（边对边）　　图1-74　翼缘厚度不等（角对角）

腹板厚度不均（见图1-75）：由于水平辊不平行引起的，可以调整机架的水平度来纠正。

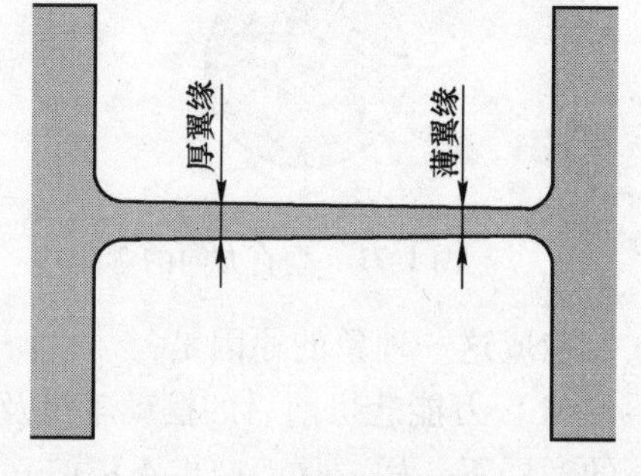

图1-75　腹板厚度不均

1.3.2.16　几何尺寸偏差

A　上部宽（下腿内并）

轧件的上下部存在冷却差别会引起上部宽，由于轧件在串列轧机内轧制，冷却水集中在腹板上，特别是在轧机机架之间再加上辊道是热的，就在轧件上下部之间产生一个不同的热断面，在轧件离开精轧机架之后，轧件的下部就比上部有更多的热要散发，所以，下部要发生更多的收缩，而产生上部宽，如图1-76所示。

B 下部宽（下腿外扩）

下部宽也是由于不同的温度断面引起的，轧制过程温度较低，而冷却水集中在上腹板上，导致上腹板收缩过大，形成下部宽，如图 1-77 所示。

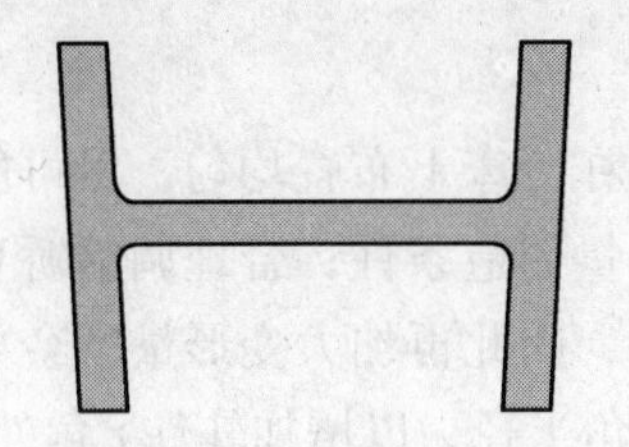

图 1-76 上部宽（内并）

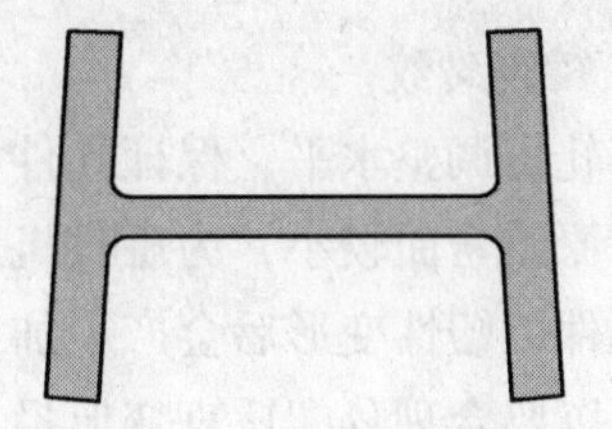

图 1-77 下部宽（外扩）

C 碟形（凹形）腹板

碟形腹板与上部宽相似，引起的原因不同，碟形腹板是在热锯处形成的，是由于锯条旋转带来向下的力引起的，仅仅存在于锯切部位，降低锯切的速度会减少缺陷。锯切时，锯子处的轧件温度越高，缺陷就越会出现，锯条状况不好，也会出现此问题，伴随有严重的锯切毛刺出现，如图 1-78 所示。

D 弓形（凸形）腹板

弓形（凸形）腹板如图 1-79 所示。与碟形腹板相似，都是在热锯引起的，并位于切口附近，切割时用了太多的水，导致腹板弯曲。保证在锯条处让尽量少的冷却水落到轧件上，就可解决此问题。

图 1-78 碟形（凹形）腹板

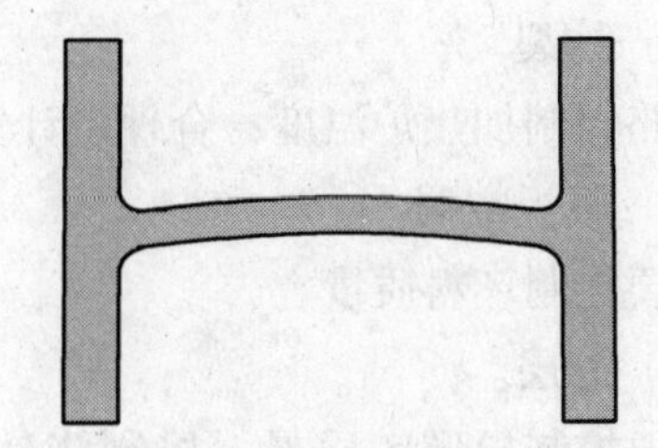

图 1-79 弓形（凸形）腹板

E 翼缘不平直

翼缘不平直如图 1-80 所示，凹形翼缘和凸形翼缘都与压下量有关，合理调整压下量就可解决此问题。

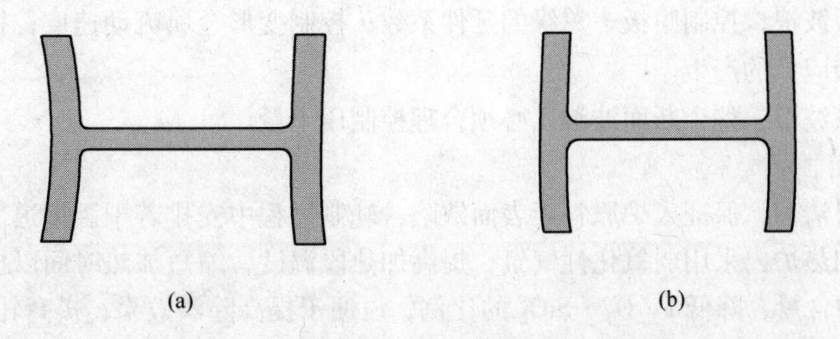

图 1-80 翼缘不平直

(a) 凹形翼缘；(b) 凸形翼缘

【任务实施】

1.3.3 H型钢缺陷处理措施

（1）矫直裂纹。

提高轧机调整水平，保证轧件在轧机时平直，轧件在冷床上布置均匀，尽可能使轧件在矫直前原始弯曲较小，为矫直机采用尽可能小的变形量创造条件；合理调整矫直变形工艺，因轧件以塑性变形后会产生加工硬化且塑性变形差，因此再加大变形量就会导致矫直缺陷，所以要合理分配矫直变形量；增加轧机水平辊 r 角半径，以增加轧件 r 角处金属量，提高矫直时的抗剪切能力，即提高轧件的可矫直性；对屈强比高的轧件及翼缘宽、厚的轧件，宜采用大矫直间隙矫直，以减小轧件 r 角处的缩颈现象及降低 r 角处的拉应力，改善轧件 r 角部位的应力状态，降低产生矫直的可能；当辊矫不能满足正常生产需要时，应及时投入压力矫。

（2）折叠。

严格控制异形坯尺寸；合理设计 r 角。对于存在于腹板表面形状不规则的折叠，严格控制加热炉温度；严格控制孔型和压下量等指标。

增加加热炉温度，有时可以消除折叠；调整和修改轧型设计可以彻底消除折叠。

（3）划伤。

合理安装导板，控制导板位置，及时清理异物。

（4）拉裂。

严格控制加热炉温度；合理设计翼缘和腹板的压下量。

（5）腹板空洞。

主要控制坯料质量。

（6）分层。

主要控制异形坯质量，控制浇铸环节；如果异形坯翼缘角部裂纹较大，可以进行焊补。

（7）翼缘掉肉。

对于偶发性翼缘掉肉，主要控制坯料质量。

（8）波浪。

对于腹板波浪，控制腹板、翼缘的延伸系数；控制变形金属流动速度；控制金属的温差；减少残余应力的产生。

对于翼缘波浪、整个断面波浪，必须合理控制压下量。

（9）麻面。

加强原料清理，保证入炉原料无表面缺陷，轧制过程中安排若干翻钢道次，以便氧化铁皮脱落；加热炉内采用弱氧化性气氛，提高加热段温度，缩短加热时间以提高炉生氧化铁皮 Fe_3O_4 的含量，降低 $Fe_2O_3 \cdot SiO_2$ 的比例，以便于提高除鳞效果；提高轧件终轧温度，利用 $Fe_2O_3 \cdot SiO_2$ 熔点低的特性，在氧化铁皮变硬之前完成轧制过程；维护好高压水除鳞机，保证除鳞高压水有足够的压力。

【发明示例】

1.3.4　H 型钢轧制设备及方法

随着连铸技术的发展，目前生产 H 型钢基本采用异形坯进行轧制，普通 H 型钢连铸坯一般分为 BB1、BB2、BB3 三种规格，三种规格连铸坯的结构基本类似，如图 1-81 所示。但是各个参数并不相同，例如长度 $L1$、$L2$ 和宽度 $L3$、$L4$ 并不相同。其中 BB1 连铸坯规格最小，BB2 连铸坯规格次之，BB3 连铸坯规格最大。例如，对于 BB2 连铸坯，长度 $L1$、$L2$ 分别大约为 750mm、510mm，宽度 $L3$、$L4$ 分别大约为 90mm、370mm；对于 BB3 连铸坯，长度 $L1$、$L2$ 分别大约为 1024mm、740mm，宽度 $L3$、$L4$ 分别大约为 90mm、390mm。除此以外，BB2 连铸坯的 $R1$、$R2$、$L8$、$L9$ 分别为 20mm、70mm、70mm、140mm，BB3 连铸坯的 $R1$、$R2$、$L8$、$L9$ 分别为 20mm、70mm、88.1mm、150mm。

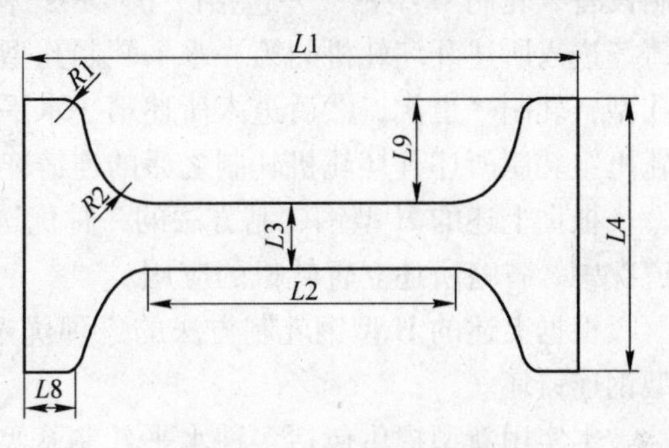

图 1-81　连铸坯的结构

目前，轧制 HN800mm × 300mm 规格的 H 型钢一般采用 BB3 连铸坯，由于该规格连铸坯最大，因此在轧制 HN800mm × 300mm 规格 H 型钢时，经由 BD 轧机粗轧，BD 轧机的孔型如图 1-82 所示，包括水平轧制孔型 10 和箱形孔型 20（或者说立轧孔型 20）。

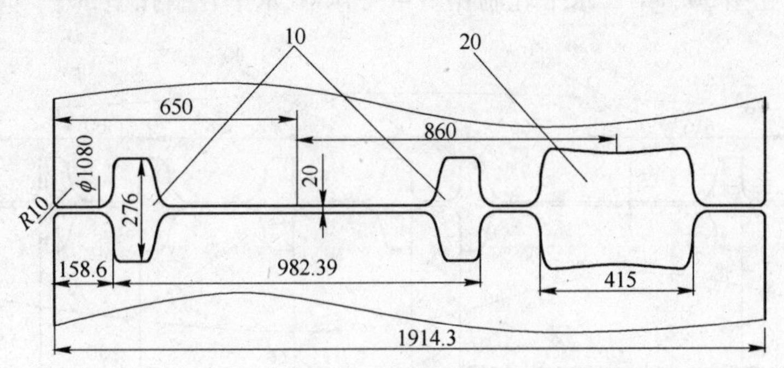

图 1-82　BD 轧机的孔型

另外，轧制 HN800mm × 300mm 规格 H 型钢时，轧制道次为 20，其中 BD 轧机轧制 11 道次，TM 轧机轧制 9 道次，显而易见，利用现有技术轧制 H 型钢时，存在着轧制成本高的缺陷。

为了解决上述问题，本实用新型提供一种 H 型钢轧制设备，其包括开坯轧机（简称 BD）和精轧机组，所述精轧机组（也称连轧机，简称 TM）包括依次设置的中间万能轧机（简称 UR）、立辊轧机（简称 E）、万能精轧机（简称 UF）。所述开坯轧机具有多种轧制孔型，包括：第一水平轧制孔型、第二水平轧制孔型和第三水平轧制孔型；所述第一水平轧制孔型、第二水平轧制孔型和第三水平轧制孔型的孔型外侧之间的长度依次增加。

根据上述的 H 型钢轧制设备的一种优选实施方式，其中，所述第一水平轧制孔型和第二水平轧制孔型交叉设置。

根据上述的 H 型钢轧制设备的一种优选实施方式，其中，所述第一水平轧制孔型的孔型外侧之间的长度为 830mm，所述第二水平轧制孔型的孔型外侧之间的长度为 916mm，所述第三水平轧制孔型的孔型外侧之间的长度为 934mm。

根据上述的 H 型钢轧制设备的一种优选实施方式，其中，所述 H 型钢的规格为 HN800mm × 300mm。

为了解决上述问题，本实用新型提供一种 H 型钢轧制方法，其利用上述任一所述的轧制设备来轧制 H 型钢，并包括以下步骤：利用所述开坯轧机对连铸坯进行开坯轧制，将连铸坯进入所述开坯轧机的第一水平轧制孔型轧制一道次，接着回轧进入所述第二水平轧制孔型，轧制一道次，然后进入所述第三水平轧制孔型，往复轧制 7 道次；接着利用所述精轧机组轧制所述开坯轧机轧制之后的连铸坯 5 道次。

根据上述的 H 型钢轧制方法的一种优选实施方式，其中，在所述精轧机组轧制的第二道次中，省略所述立辊轧机的应用。

根据上述的 H 型钢轧制方法的一种优选实施方式，其中，所述连铸坯为 BB2 规格 H 型钢连铸坯。

本实用新型提供包括多种水平轧制孔型的开坯轧机，可以减少开坯轧制道次，其次，还可以减少精轧机组的轧制道次，借此，本实用新型可以大幅减少轧制道次，降低成本。

本实用新型提供一种低成本的 H 型钢轧制设备，如同现有技术，该设备包括开坯轧机和精轧机组，精轧机组包括依次设置的中间万能轧机、立辊轧机、万能精轧机，开坯轧机具有多种轧制孔型。如图 1-83 所示，本实用新型实施例的开坯轧机的多种轧制孔型包括第一水平轧制孔型 30、第二水平轧制孔型 40 和第三水平轧制孔型 50。

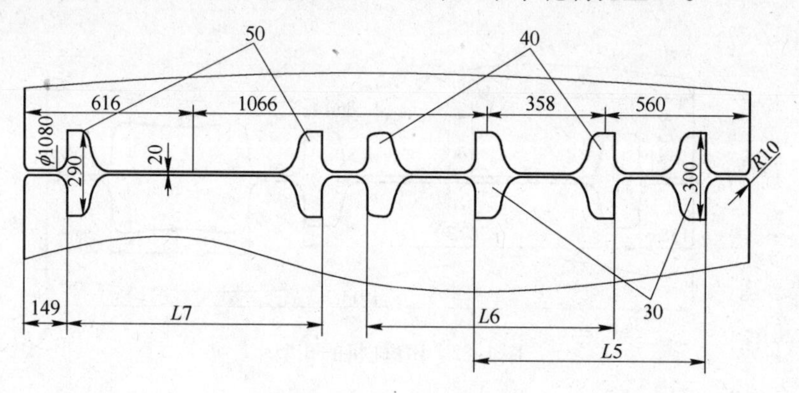

图 1-83　开坯机的孔型

第一水平轧制孔型 30、第二水平轧制孔型 40 和第三水平轧制孔型 50 的孔型外侧之间的长度依次增加，即长度 $L5$、$L6$、$L7$ 依次增大。另外，孔型 30、40、50 的孔型轧制中心线完全相同。

在本实施例中，第一水平轧制孔型 30 和第二水平轧制孔型 40 交叉设置，第一水平轧制孔型 30 的左轧槽位于第二水平轧制孔型 40 的左右轧槽之间。

交叉设计孔型的优点在于可以提高轧辊的利用率，在有限长度的轧辊上布置多个孔型，解决了受辊身长度限制而不能在同一个轧辊上布置多个孔型的技术难题。但是，辊身长度足够时，也可以不交叉设置孔型的轧槽。

另外，本实施例的第一水平轧制孔型 30 的孔型外侧（左右轧槽的外侧）之间的长度 *L5* 为 830mm，第二水平轧制孔型 40 的孔型外侧之间的长度 *L6* 为 916mm，第三水平轧制孔型 50 的孔型外侧之间的长度 *L7* 为 934mm，孔型 30 的宽度（或者说是深度）为 280mm，孔型 40 和孔型 50 的宽度为 270mm。宽度 280mm 和 270mm 是指轧槽在上下方向上的尺寸，图中标示需要减去辊缝值，该例中的辊缝值为 20mm。上述规格的孔型优选适用于轧制 HN800mm × 300mm 规格 H 型钢。

如图 1-83 所示，轧辊中的其他标注尺寸可根据轧辊本身的长度来确定，比如第三水平轧制孔型 50 的长度 *L7* 的中点到第一水平轧制孔型 30 的左轧槽中间点的距离为 1066mm，而第一水平轧制孔型 30 的左轧槽中间点到第一水平轧制孔型 40 的右轧槽内侧边缘点的距离为 358mm。

在实施本实用新型轧制 HN800mm × 300mm 规格 H 型钢时，为了节约成本，连铸坯为 BB2 规格。

利用具有图 1-83 所示孔型的开坯轧机对连铸坯进行开坯轧制，具体操作为：连铸坯出加热炉后，经过高压除鳞，如图 1-84 所示，连铸坯首先进入开坯轧机的第一水平轧制孔型 30 轧制 1 道次，接着回轧进入第二水平轧制孔型 40，轧制 1 道次，然后进入第三水平轧制孔型 50，往复轧制 7 道次。接着如图 1-85 所示，利用精轧机组轧制由开坯轧机轧制之后的连铸坯 5 道次。其中，在精轧机组轧制的第 2 道次时，省略立辊轧机（E）的应用。其中，精轧机组的排列顺序是 UR-E-UF，精轧机组一般都是可逆轧机，从 UR 轧过去之后，从 UF 出来，逆轧的时候正好相反，从 UF 轧进，从 UR 出来。

本实施例生产 HN800mm × 300mm 规格 H 型钢时，采用图 1-83 所示的孔型和图 1-84、图 1-85 所示的规程，整个轧制过程相比原来的生产工艺减少至 14 个轧制道次，而且由于 BB2 连铸坯规格比 BB3 连铸坯小，而最后都是轧制 HN800mm × 300mm，意味着采用 BB2 连铸坯压缩比较大，有利于提高轧件的组织性能。

30
40
50
50
50
50
50
50
50

图 1-84　开坯机规程

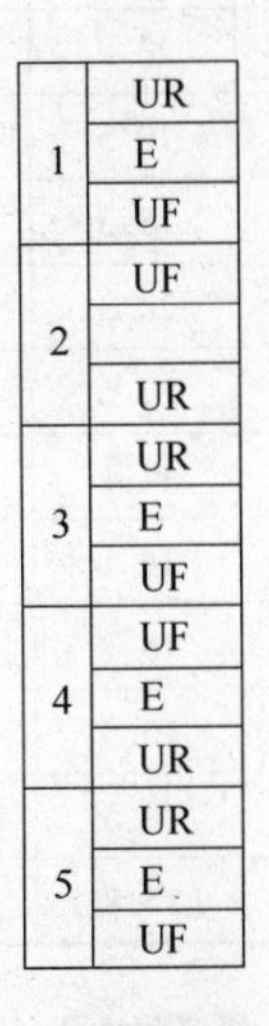

图 1-85　精轧机组规程

利用本实用新型的孔型，实用新型利用 BB2 连铸坯按照表 1-14、表 1-15 所示的轧制规程成功轧制了 HN800mm × 300mm 规格 H 型钢。

表 1-14 BD 轧制规程表

道次	孔型号[①]	辊间距 /mm	孔型总深度 /mm	轧制速度 /m·s^{-1}	抛钢速度 /m·s^{-1}	咬入系数 /%	正常轧制系数 /%	抛出系数 /%
0			375					
1	1/C	85	280	2.5	1.5	1.2	0.98	1.02
2	2/B	80	270	2.5	1.5	1.2	0.98	1.02
3	3/A	55	270	2.5	1.5	1.2	0.98	1.02
4	3/A	47	270	2.5	1.5	1.2	0.98	1.02
5	3/A	41	270	2.5	1.5	1.2	0.98	1.02
6	3/A	36	270	2.5	1.5	1.2	0.98	1.02
7	3/A	32	270	2.5	1.5	1.2	0.98	1.02
8	3/A	28	270	2.5	1.50	1.2	0.98	1.02
9	3/A	25	270	3.0	3.00	1.2	0.98	1.02

①其中1/C代表第1道次采用第一水平轧制孔型30，2/B代表第2道次采用第二水平轧制孔型40，3/A代表采用第三水平轧制孔型50往复轧制7道次。

表 1-15 精轧机轧制规程表

序号	机架	腹板厚度 /mm	翼缘厚度 /mm	工作辊直径 /mm	速度 /m·s^{-1}	轧制时间 /s	空辊时间 /s
	UR	26.7	55.9	1311.487252	3.749344432	0	0
1	E	28.7					
	UF	23.6	48.9	1309.91114	4.236490211	12.732597	5.25
	UF	21.2	41.9	1308.461745	4.206569061	0	0
2		23.2					
	UR	19.5	37.6	1307.612867	4.632842277	14.040634	5.25
	UR	18.3	33.4	1306.897302	4.666856623	0	0
3	E	20.3					
	UF	17.6	31.1	1306.561024	4.929838036	14.96894	5.25
	UF	17.1	28.6	1306.254926	5.136490635	0	0
4	E	19.1					
	UR	16.7	26.9	1306.053863	5.375805577	15.253509	5.25
	UR	16.3	25.6	1305.881543	5.599977833	0	0
5	E	18.3					
	UF	15.8	24.3	1306.01698	5.785564224	15.313455	5.25

本实用新型具有以下优点：（1）可以使用BB2连铸坯轧制HN800mm×300mm规格H型钢，扩大轧制材料的来源。（2）减少了HN800mm×300mm规格H型钢的轧制道次，由原来的20道次减少至14道次，大大降低了轧制成本。（3）采用BB2连铸坯轧制HN800mm×300mm规格H型钢，轧件的压缩比较大，有利于提高轧件的组

织性能。

【项目练习】

(1) **填空题**:

1) 按照GB/T 11263—2010规定，H型钢分四类：(   ) H型钢（代号（   ））、(   ) H型钢（代号（   ））、(   ) H型钢（代号（   ））和（   ）H型钢（代号（   ））。

2) 安装炉温度，连铸坯热送热装的类型有：连铸坯（   ）轧制、连铸坯（   ）轧制、连铸坯（   ）轧制和连铸坯（   ）轧制。

3) H型钢和剖分T型钢表面不允许有影响使用的（   ）、(   )、(   )、(）和夹杂。

4) H型钢生产的主要流程为：连铸方坯（或初轧方坯）→(   ) →开坯轧成异形坯→(   )→(   )→万能精轧→热锯切成定尺→(   )→(   )→冷锯或冷剪→(   )→堆垛打捆→入库。

(2) **解释题**:

工作辊缝；腹板波浪；腹板弯曲；上部宽；按炉送钢制度；X-X-H轧法；X-H轧法；惯性矩；惯性半径；截面模数；Q235B；SM490；SS400；Q345B；SS490；SN490；SM50A380；SM50A550；SPA-H；SPA-C；09CuPCrNiA；09CuPCrNiB；SMA400A；SMA400B；SMA400C；Q295GNHL；Q345GNH；Q345GNHL；StE355；15MnVNq；模拟轧制；TCS；HAPC；AFC；AGC；标定（校准）。

(3) **问答题**:

1) 简述大型、中型、小型H型钢生产工艺流程。

2) 用切分法形成H型钢异形坯，要用哪几种孔型？各个孔型作用是什么？

3) UEU导卫有16块腹板导卫，说明它们的安装位置和作用。

4) 简述TCS系统主要内容和原理。

5) H型钢开坯轧法有哪几种？各自的用途是什么？

6) H型钢万能孔型轧制的特点和规律是什么？

7) 异形坯开坯压下规程见表1-8，计算各道腹板厚度、翼缘宽度，画出开坯机配辊图。

8) 矩形坯开坯压下规程见表1-9，计算各道腹板厚度、翼缘宽度，画出开坯机配辊图。

9) CCS连轧机组压下规程见表1-10，计算各道腹板厚度、翼缘宽度。

10) 简述开坯机、万能轧机换辊过程。

11) 简述H型钢连轧机组微张力自动控制原理。

12) 简述H型钢裂纹、折叠、分层、腹板波浪、翼缘波浪、腹板偏心、弯曲、周期性压痕等缺陷特征、产生原因。

13) 计算HW200×200、HM550×300、HN700×300、HT175×90的理论重量、惯性矩、惯性半径、截面模数，结果是否与国标相同？

(4) 解读标准术语、条款，题目另给。

(5) 作图，用CAD画出H型钢开坯机孔型图或万能机组孔型图。

（6）写报告与论文，题目另给，论文格式符合技师专业论文格式。

（7）网上H型钢模拟轧制操作（Section Rolling Simulation），在规定时间内完成从加热到热锯的全过程。网址：http：//www. steeluniversity. org/learn/。

【项目评价】

项目成绩=上课出勤×10%+课上答问×10%+作业×10%+标准解读×10%+模拟轧制×10%+讲题×20%+作图×10%+论文写作×10%+其他×10%。此公式供成绩评定参考。

【课外学习】

（1）郭新文．中型H型钢生产工艺与电气控制［M］．北京：冶金工业出版社，2011.

（2）苏世怀．热轧H型钢［M］．北京：冶金工业出版社，2009.

（3）［日］中岛浩卫著；李效民译．型钢轧制技术：技术引进、研究到自主技术开发［M］．北京：冶金工业出版社，2004.

（4）李登超．现代轨梁生产技术［M］．北京：冶金工业出版社，2008.

（5）马钢集团，http：//www. magang. com. cn/index. xhtml.

（6）莱钢集团，http：//www. laigang. com/.

（7）轧钢技术论坛，http：//lengzhajishu. haotui. com/bbs. php.

（8）SMS group，http：//www. sms-group. com/index. html.

（9）西马克中国，http：//www. sms-demag. cn/homepage. asp.

（10）SMS Meer GmbH，http：//www. sms-meer. com/.

（11）中国一重，http：//www. cfhi. com/yzjt/channels/1034. aspx.

（12）维普网，http：//www. cqvip. com/.

（13）钢铁大学，http：//www. steeluniversity. org/.

项目2　钢　轨　生　产

【项目导言】

钢轨是铁路轨道的主要组成部件。它的功用是引导机车车辆的车轮前进，承受车轮的巨大压力，并传递到轨枕上。钢轨必须为车轮提供连续、平顺和阻力最小的滚动表面；在电气化铁道或自动闭塞区段，钢轨还可兼做轨道电路之用。钢轨的质量是决定列车运行安全的重要因素之一。近几年来，随着高速铁路快速发展，以攀钢为代表的钢轨生产企业依靠技术引进、消化、吸收和创新，钢轨生产品种规模扩大，质量效益提高，成为世界知名钢轨生产商。

【学习目标】

(1) 调研钢轨生产厂，了解钢轨生产厂产品、工艺、设备、作业岗位、基层管理和生产技术管理水平，写出调研报告。

(2) 查阅钢轨标准，了解铁路运输企业对钢轨的形状、尺寸、表面质量、内部质量、组织性能的要求，能口头或书面解读有关标准的术语和条款。

(3) 掌握钢轨分类、主要质量要求、孔型系统和生产工艺流程。

(4) 了解轧机、矫直机等主要生产设备，能解读有关视频。

(5) 了解钢轨生产过程自动化系统。

(6) 明确钢轨常见质量缺陷、产生原因和预防处理方法，能写出有关缺陷问题的小论文。

(7) 了解工厂安全操作规程。

(8) 通过理论和技能培训，能进行轧机、矫直机等设备的基本点检和基本操作，对常见故障、质量缺陷能进行处理。

任务2.1　认识钢轨生产厂

【任务描述】

走进典型的钢轨生产厂，了解工厂生产的产品品种规格、原料品种规格、设备布置、设备结构和性能参数，了解生产线岗位、各个岗位设备操作和自动控制，明确钢轨生产工艺流程及主要工序作用，进一步了解工厂的计划管理、生产管理、质量管理、设备管理和现场管理情况，写出不少于3000字的调研报告。

【任务分析】

调研报告应包括调研目的、调研要求、调研安排、调研单位介绍、调研小结等项内容，图文并茂。调研期间，在指导老师带领下，通过听、看、问、写、照，主动搜集生产厂产品、原料、设备、岗位职责和操作、管理各方面第一手资料。也可以通过网络、图书馆、电话、问卷、访谈等途径进行调研。

【相关知识】

2.1.1　钢轨类型

钢轨的类型是以每米钢轨的质量千克数表示的。我国铁路上使用的钢轨有75kg/m、60kg/m、50kg/m、43kg/m和38kg/m等几种。

钢轨的断面形状采用具有最佳抗弯性能的工字形断面，由轨头、轨腰以及轨底三部分组成，各尺寸各部位名称如图2-1所示。为使钢轨更好地承受来自各方面的力，保证必要强度条件，钢轨应有足够的高度，其头部和底部也应有足够的面积和高度，腰部和底部不宜太薄。

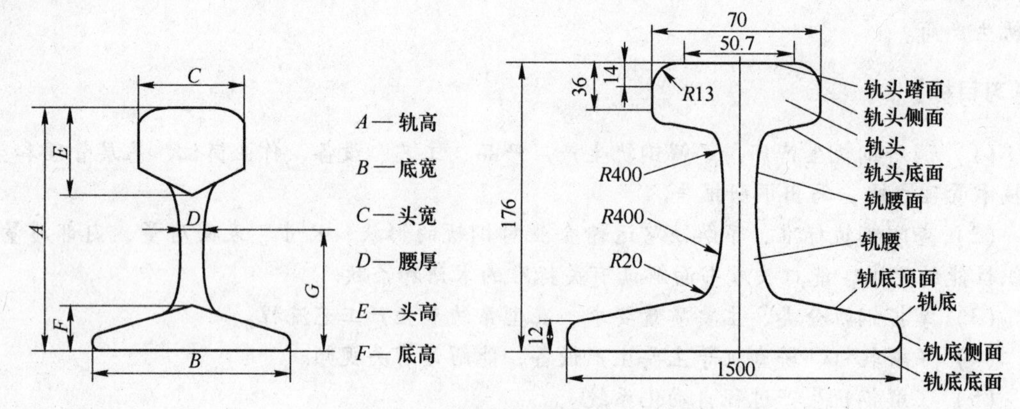

图2-1　钢轨断面部位和尺寸名称

2.1.2　钢轨分类

钢轨自1767年发明至今，已经历了230余年，随着铁路技术的发展，钢轨的断面也经历从平板形到T形又到U形的过程，直到1864年才最后固定为工字形。

按用途，钢轨分为供矿山铁路用的轻轨、供客货运铁路用的重轨和供工厂吊车用的吊车轨。我国轻轨主要有9kg/m、12kg/m、15kg/m、22kg/m、30kg/m五种。我国重轨主要有38kg/m、43kg/m、50kg/m、60kg/m、75kg/m五种。38kg/m钢轨现已停止生产，60kg/m、50kg/m钢轨在主要干线上铺设，站线及专用线一般铺设43kg/m钢轨。对于重载铁路和特别繁忙区段铁路，则铺设75kg/m钢轨。此外，为了适应道岔、特大桥和无缝线路等结构的需要，我国铁路还采用了特种断面（与中轴线不对称工字型）钢轨，现采用较多的为矮型特种断面钢轨，简称AT轨（道岔轨），我国有50At和60At两种。从国内铁道应用而言，50kg/m及以上钢轨均称之为重轨。我国吊车轨主要有70kg/m、80kg/m、100kg/m、120kg/m四种规格。

按化学成分，钢轨分为碳素钢轨（钢中锰含量小于1.30%，无其他合金元素加入，又称普通钢轨）、微合金钢轨（钢中加入微量合金元素如V、Nb、Ti等）和低合金钢轨

（如钢中加入 0.80%~1.20% Cr 的 EN320Cr）。

按交货状态，钢轨分为热轧钢轨和热处理钢轨（全长淬火轨）。不论钢轨强度多少，凡是以热轧状态交货，均称之为热轧钢轨。热处理钢轨按照其工艺条件又可分为离线热处理钢轨（钢轨轧制冷却后再重新加热）及在线热处理钢轨（利用轧制余热对其进行热处理，不再二次加热）。按化学成分的不同，热处理钢轨又分为碳素热处理钢轨、微合金热处理钢轨和低合金热处理钢轨。

按最低抗拉强度（从轨头部位取样），钢轨分为 680MPa 级（欧洲 EN200）、780MPa 级（如 U74 等）、880MPa 级（如 U71Mn）、980MPa 级（U75V、U76NbRE 热轧轨）、1080MPa 级（欧洲 320Cr 合金轨）、1180MPa 级热处理钢轨（U75V、U76NbRE 热处理钢轨等）。一般，强度等级为 1080MPa 及以上的钢轨被称为耐磨轨。

按使用温度下的金相组织，钢轨分为珠光体钢轨、贝氏体钢轨和马氏体钢轨三类。碳素钢轨生产成本最低，但其组织为较粗大的珠光体，因此强度和韧性不理想；合金钢轨钢添加了 Mn、Cr、Mo、V、Re 等元素，可以细化珠光体组织，提高钢的强度和韧性，其综合力学性能比碳素钢要好，但焊接性能不如碳素钢轨，而且成本也高；热处理钢轨主要是通过热处理工艺获得细小珠光体组织，是目前公认的综合性能最好的钢轨，但热处理设备投资较大。

为提高钢轨的性能，各国采用了不同的方法。美国采用提高碳含量的高碳钢轨，欧洲一些国家则采用低碳中锰钢轨。我国在碳素钢中加入 V、Nb、Re，以及增加 Si 含量来提高钢轨性能。

目前，国外已开发出钢轨用马氏体和贝氏体钢。由于贝氏体钢具有较高的强度，良好的韧性和耐磨性，被认为是 21 世纪最有希望的钢轨钢。鞍钢也开发出了贝氏体钢，但还未投入实际应用。包钢建成了专门的钢轨离线热处理生产线，攀钢具有最现代化的轨长 100m 级的在线热处理装置。在重载、道岔或隧道中不容易更换的地方采用热处理钢轨。

2.1.3 钢轨标准

《43kg/m~75kg/m 钢轨订货技术条件》（TB/T 2344—2012）适用于最高运行速度为 160km/h 铁路用 43~75kg/m 热轧和在线热处理钢轨。

2.1.3.1 长度及重量

标准轨定尺长度：（1）43kg/m 钢轨：12.5m、25m；（2）50kg/m、60kg/m 钢轨：12.5m、25m、100m；（3）75kg/m 钢轨：25m、75m、100m。

曲线缩短轨的长度：（1）12.5m 钢轨：12.46m、12.42m、12.38m；（2）25m 钢轨：24.96m、24.92m、24.84m。

短尺钢轨长度：（1）12.5m 钢轨：9m、9.5m、11m、11.5m、12m；（2）25m 钢轨：21m、22m、23m、24m、24.5m；（3）75m 钢轨：71m、72m、73m、74m；（4）100m 钢轨：95m、96m、97m 和 99m。

钢轨按理论质量交货，钢的密度为 7.85g/cm^3。

2.1.3.2　技术要求

A　制造方法

钢轨钢应采用碱性氧气转炉或电弧炉冶炼，并经炉外精炼和真空脱气处理。钢轨应采用连铸坯制造。钢轨在轧制过程中应采用多级高压喷射除鳞，以有效除去氧化皮。钢轨的轧制压缩比（连铸坯横断面与钢轨横断面的面积比）不得小于9:1。钢轨应采用二段辊式矫直机对其断面的水平轴 $X—X$ 和垂直轴 $Y—Y$ 方向分别进行矫直，只允许辊矫一次。端头或局部不平直可以用四面压力机补充矫直。对钻孔轨应先补矫，后钻孔。焊接轨不进行轨端热处理；U71Mn 热轧钻孔轨应进行轨端热处理，不需轨端热处理时，应在合同中注明；其他钢牌号的热轧钻孔轨不进行轨端热处理。

B　牌号和化学成分

钢的牌号和化学成分及残留元素（熔炼分析）应符合表2-1、表2-2 规定。若供方保证，可不做检验。

表 2-1　钢牌号及化学成分（熔炼分析）

钢牌号	化学成分（质量分数）/%							
	C	Si	Mn	P	S	Cr	V	Al
U71Mn	0.65~0.76	0.15~0.58	0.70~1.20	≤0.030	≤0.025	—	—	≤0.010
U75V①	0.71~0.80	0.50~0.80	0.75~1.05	≤0.030	≤0.025	—	0.04~0.12	≤0.010
U77MnCr	0.72~0.82	0.10~0.50	0.80~1.10	≤0.025	≤0.025	0.25~0.40	—	≤0.010
U78CrV②	0.72~0.82	0.50~0.80	0.70~1.05	≤0.025	≤0.025	0.30~0.50	0.04~0.12	≤0.010
U76CrRE③	0.71~0.81	0.50~0.80	0.80~1.10	≤0.025	≤0.025	0.25~0.35	0.04~0.08	≤0.010

①75kg/m 以及在线热处理钢轨要求 P≤0.025%。

②U78CrV 为原 PG4。

③U76CrRE 中的 RE 加入量大于0.02%。

表 2-2　残留元素上限

钢牌号	化学成分（质量分数）/%										
	Cr	Mo	Ni	Cu	Sn	Sb	Ti	Nb	V	Cu+10Sn	Cr+Mo+Ni+Cu	Ni+Cu
U71Mn	0.15	0.02	0.10	0.15	0.030	0.020	0.25	0.01	0.030	0.35	0.35	—
U75V	0.15	0.02	0.10	0.15	0.030	0.020	0.025	0.01	—	0.35	0.35	—
U77MnCr	—	0.02	0.10	0.15	0.030	0.020	0.025	0.01	0.030	0.35	—	0.20
U78CrV	—	0.02	0.10	0.15	0.030	0.020	0.025	0.01	—	0.35	—	0.20
U76CrRE	—	0.02	0.10	0.15	0.030	0.020	0.025	0.01	—	0.35	—	0.20

需方要求对钢轨化学成分和残留元素进行验证分析时，与表 2-1 规定成分范围的允许偏差为：$w(\mathrm{C}) = \pm 0.02\%$；$w(\mathrm{Si}) = \pm 0.02\%$；$w(\mathrm{Mn}) = \pm 0.05\%$；$w(\mathrm{P}) = +0.005\%$；$w(\mathrm{S}) = +0.005\%$；$w(\mathrm{V}) = \pm 0.01\%$；$w(\mathrm{Cr}) = \pm 0.03\%$；其他元素允许偏差应符合相关规定。

钢水氢含量（质量分数）不应大于0.00025%。当钢水氢含量（质量分数）大于0.00025%时，应进行连铸坯缓冷，并检验钢轨的氢含量，钢轨的氢含量（质量分数）不应大于0.00020%。

钢水或钢轨总含氧量（质量分数）不得大于0.0030%。钢水或钢轨氮含量（质量分数）不应大于0.0090%。

国外典型普通钢轨的化学成分及力学性能见表2-3和表2-4。

表2-3　国外典型普通钢轨的化学成分及力学性能

国别和地区	钢种	化学成分（质量分数）/%						力学性能		
		C	Si	Mn	P	S	其他	R_m/MPa	A/%	HB
美国	ARMEA	0.74~0.84	0.10~0.60	0.75~1.25	≤0.020	≤0.020	Cr≤0.25	≥980	≥9	≥300
俄国	M76(P65)	0.71~0.82	0.25~0.45	0.75~1.05	≤0.035	≤0.030		≥980	≥5	
日本	JIS60	0.63~0.75	0.15~0.30	0.70~1.10	<0.025	≤0.030		≥800	≥8	
英国	BS11A	0.45~0.60	0.05~0.35	0.95~1.25	<0.050	≤0.050		≥710		
欧洲	UIC700	0.40~0.60	0.05~0.35	0.80~1.25	<0.050	≤0.050		680~730		
	EN260	0.62~0.80	0.15~0.58	0.70~1.20	0.008~0.025	≤0.025		≥880	≥10	260~300
	EN260Mn	0.55~0.75	0.15~0.60	1.30~1.70	0.008~0.025	≤0.025		≥880	≥10	260~300

表2-4　欧洲典型合金钢轨的化学成分及力学性能

国家	钢种	化学成分（质量分数）/%							力学性能	
		C	Si	Mn	P	S	Cr	V	R_m/MPa	A/%
德国	Cr	0.65~0.80	0.30~0.90	0.80~1.30	<0.030	<0.020	0.70~1.20		≥1080	≥9.0
	Cr-V	0.55~0.75	≤0.70	0.80~1.30	<0.030	<0.020	0.80~1.20	<0.3	≥1080	≥9.0
英国	Cr-Mn	0.68~0.78	≤0.35	1.10~1.40	<0.030	<0.020	1.10~1.30		≥1080	≥11.0
EN标准	320Cr	0.60~0.80	0.50~1.10	0.80~1.20	<0.020	<0.025	0.80~1.20	<0.18	≥1080	≥9.0

C　拉伸性能

钢轨的抗拉强度、断后伸长率等应符合表2-5、表2-6的规定。

表2-5　热轧钢轨抗拉强度、断后伸长率和轨头顶面硬度

钢 牌 号	抗拉强度 R_m/MPa	断后伸长率 A/%	轨头顶面中心线硬度 HBW（HBW10/3000）
U71Mn	≥880	≥10	260~300
U75V	≥980	≥10	280~320
U77MnCr	≥980	≥9	290~330
U78CrV	≥1080	≥9	310~360
U76CrRE	≥1080	≥9	310~360

注：热锯取样检验时，允许断后伸长率比规定值降低1个百分点。

表 2-6　热处理钢轨抗拉强度、断后伸长率和轨头顶面硬度

代　号	钢 牌 号	抗拉强度 R_m/MPa	断后伸长率 A/%	轨头顶面中心线硬度 HBW（HBW10/3000）
H320	U71Mn	≥1080	≥10	320～380
H340	U75V	≥1180	≥10	340～400
H370	U87CrV	≥1280	≥10	370～420

D　硬度

钢轨轨头顶面中心线上的表面硬度值应符合表 2-5、表 2-6 的规定。在同一根钢轨上，其硬度变化范围不应大于 30HB。按图 2-2 测点位置示意图进行在线热处理钢轨横断面硬度检测，轨头横断面硬化层的硬度应符合表 2-7 的规定。

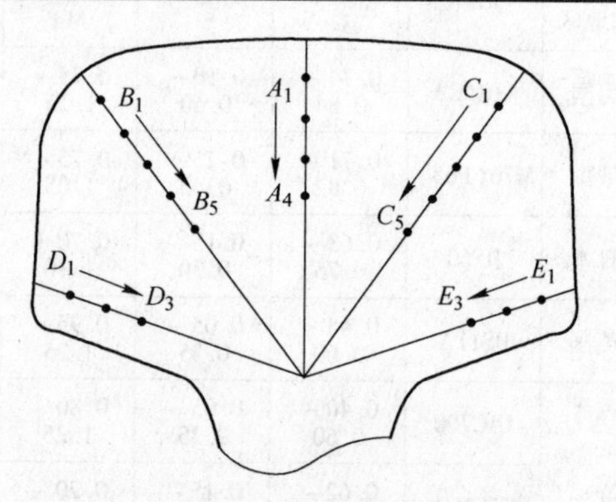

图 2-2　横断面硬度测点位置示意图
（第 1 点距表面 5mm，其余点间距均为 5mm；
D、E 线与下颚距离为 5mm；
B、C 线为 A、D 和 A、E 线的角平分线）

E　显微组织

钢轨全断面的显微组织应为珠光体组织，允许有少量的铁素体，不应有马氏体、贝氏体及晶界渗碳体。

表 2-7　轨头横断面硬化层硬度

代　号	牌　号	钢轨轨型/kg · m⁻¹	轨头横断面硬化层硬度 HRC	
			A_1，B_1，C_1，D_1，E_1	A_4，B_5，C_5，D_3，E_3
H320	U71Mn	43，50，60	34.0～40.0	≥32.0
H340	U75V	43，50，60，75	36.0～42.0	≥34.0
H370	U78CrV	60. 75	37.0～44.0	≥36.0

F　脱碳层

轨头表面脱碳层深度检验范围如图 2-3 所示。从表面至连续、封闭铁素体网处的深度不应超过 0.5mm，如图 2-4 所示。

G　非金属夹杂物

按 GB/T10561—2005 中 A 法对钢轨的非金属夹杂物进行评定，非金属夹杂物级别应符合表 2-8 规定。

H　低倍

钢轨横断面酸蚀试片的低倍应符合该标准附录 C 的规定。

I　落锤

钢轨应进行落锤试验，试样经锤击一次后不应有断裂现象。应在质量证明书内给出挠度值，以供参考。

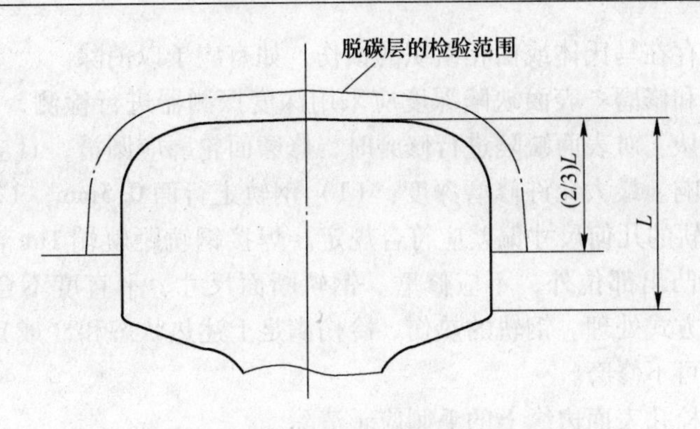

图 2-3 轨头表面脱碳层检验范围

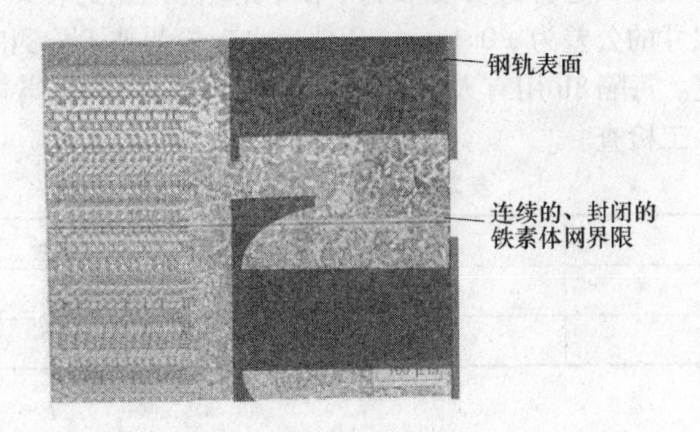

图 2-4 轨头表面允许的脱碳层深度金相图（100×）

表 2-8 非金属夹杂物级别

夹杂物类型	非金属夹杂物级别	
	粗 系	细 系
A（硫化物类）	≤2.5	≤2.5
B（氧化铝类）	≤1.5	≤1.5
C（硅酸盐类）	≤1.5	≤1.5
D（球状氧化物类）	≤1.5	≤1.5

J 表面质量

钢轨表面不应有裂纹。钢轨不应有 1m 以上的高空坠落。

钢轨走行面（即轨冠部位）、轨底下表面及距轨端 1m 内影响接头夹板安装的所有凸出部分（热轧标志除外）都应修磨掉。

在热状态下形成的钢轨磨痕、热刮伤、纵向线纹、折叠、氧化皮压入、轧痕等的最大允许深度：(1) 钢轨走行面 0.5mm；(2) 钢轨其他部位 0.6mm。在钢轨长度方向的钢轨走行面、轨底下表面，纵向导卫板刮伤最多只允许有 2 处，深度不应超过规定。沿同一轴线重复发生导卫板刮伤可作为 1 处认可。允许导卫板刮伤的最大宽度为 4mm，宽度与深度之比大于或等于 3:1。轧辊产生的周期性热轧痕可作为 1 处认可，并且可以修磨。

在冷状态下形成的钢轨纵向及横向划痕等缺陷最大允许深度：(1) 钢轨走行面和轨底下表面 0.4 mm（轨底下表面不应有横向划痕）；(2) 钢轨其他部位 0.5mm。

钢轨表面不应存在马氏体或白相组织的损伤，如有应予以消除。

表面缺陷检测和修磨：表面缺陷深度应采用深度探测器进行检测，深度无法测量时，应通过试验进行确认。对表面缺陷进行修磨时，修磨面轮廓应圆滑，且应保证修磨后钢轨的显微组织不受影响。最大允许修磨深度：（1）钢轨走行面0.5mm；（2）钢轨其他部位0.6mm。修磨后钢轨的几何尺寸偏差应符合规定。焊接钢轨距轨端1m范围内，钢轨走行面和轨头侧面，除凸出部位外，不应修磨。钢轨断面尺寸、平直度不合格，除凸出部位外，不应采用修磨方式处理。钢轨的热伤、冷伤满足上述热状态和（或）冷状态规定且对钢轨使用无害时，可不修磨。

钢轨端面和螺栓孔表面边缘上的毛刺应予清除。

应沿钢轨全长对轨底面进行自动检测。所用设备应能检测到表2-9所示大小的人工缺陷尺寸。人工缺陷尺寸的公差为±0.1mm。用轨底自动检测技术检测时，检测范围至少超过轨底中央60mm宽。每隔8h用有人工缺陷的测试轨标定一次。当自动检测设备不能正常使用时，应采用人工检查。

表2-9　人工缺陷的尺寸　（mm）

缺陷深度	缺陷长度	缺陷宽度
1.0	20	0.5
1.5	10	0.5

K　超声波探伤

钢轨全长应连续进行超声波探伤检查，不应有超过$\phi 2.0$mm人工缺陷当量的缺陷。

L　轨底残余应力

轨底的最大纵向残余拉应力应不大于250MPa。

M　断裂韧性

在温度−20℃下测得断裂韧性K_{IC}的最小值及平均值应符合表2-10规定。

表2-10　断裂韧性K_{IC}

K_{IC}单个最小值/MPa · $m^{1/2}$	K_{IC}最小平均值/MPa · $m^{1/2}$
26	29

注：在某些情况下，K_Q^*值可用于计算K_{IC}平均值。

N　疲劳裂纹扩展速率

疲劳裂纹扩展速率da/dN应符合表2-11的规定。

表2-11　疲劳裂纹扩展速率da/dN

应力强度因子范围ΔK	疲劳裂纹扩展速率da/dN
$\Delta K = 10$MPa · $m^{1/2}$	$da/dN \leqslant 17$m/Gc
$\Delta K = 13.5$MPa · $m^{1/2}$	$da/dN \leqslant 55$m/Gc

O　疲劳

总应变幅为1350$\mu\varepsilon$时，每个试样的疲劳寿命（即试样完全断裂时的循环次数）应大于5×10^6次。

P 轨端热处理

钢轨需进行轨端热处理时，其技术要求应符合 TB/T 2344—2012 中附录 E 的规定。

2.1.3.3 检验项目、检验频次、取样部位及试验方法

钢轨的检验项目有：化学成分、残留元素、含氢量、总含氧量、含氮量、拉伸、硬度、显微组织、脱碳层、非金属夹杂物、低倍、落锤、超声波探伤、尺寸、平直度和扭曲、表面质量、轨底残余应力、断裂韧性、疲劳裂纹扩展速率、疲劳。检验频次、取样部位、试验方法见有关标准。

2.1.3.4 检验规则

A 监督

需方有权监督钢轨生产的各个工序和各种检验，并有权检查这些检验结果。

B 型式检验

在下列条件下供方应做型式检验：（1）新品种铺设上道前；（2）生产工艺、生产设备等发生重大变化；（3）正常生产每隔 5 年；（4）停产 6 个月以上。

所有检验均应在有资质的试验室中进行。

供方应提供给需方型式检验最终结果所依据的所有检验记录、标定和计算值。

型式检验包括 TB/T 2344—2012 表 12 中的所有项目，序号 12 ~ 序号 20 项检验的试样应从经过矫直的钢轨中切取，并且不再对这些试样做任何机械或热的处理。断裂韧性、疲劳裂纹扩展速率和疲劳试验所用试样应从 3 个样轨上切取，样轨应分别取自不同的炉号和不同的连铸流号。残余应力试验应选取 6 根样轨。各项检验的取样部位和试验方法见 TB/T 2344—2012 中表 12。

C 出厂检验

组批规则：每批由同一牌号、同一轨型的若干炉钢水连续浇铸的钢坯轧制的钢轨组成。

钢轨的出厂检验由供方质量检验部门进行。必要时需方有权进行抽检，具体项目由供需双方在订货时另行商定。

出厂检验包括化学成分、残留元素、含氢量、总含氧量、含氮量、拉伸、硬度、显微组织、脱碳层、非金属夹杂物、低倍、落锤、超声波探伤、尺寸、平直度和扭曲、表面质量。

D 复验与判定

（1）化学成分。化学成分及钢轨成品氢不合格时不允许复验。钢中氧、氮含量检验不合格时，应对该批每炉（包括不合格炉）钢轨进行检验，不合格炉的钢轨不应验收。

（2）拉伸及硬度。当初验结果不合格时，应在同一炉另两支钢轨上各取一块复验试样进行复验。其中一块复验试样应取自与初验试样同一铸流轧制的钢轨，另一块复验试样在其他铸流轧制的钢轨上制取。两块复验试样的检验结果均符合本标准规定时，该炉钢轨应予验收。

如两块复验试样的检验结果均不符合本标准规定，则应取样再验。同一铸流钢轨两次

检验结果均不合格时，则该铸流钢轨不得验收。如果一块复验试样检验不合格时，则应对不合格钢轨所在铸流和其他铸流钢轨继续取样检验，直到合格为止。

（3）非金属夹杂物。当初验结果不合格时，应在同一批另两支钢轨上各取一块复验试样进行复验。其中一块复验试样应在同一铸流轧制的钢轨上制取，另一块复验试样应在同一批的其他铸流轧制的钢轨上制取。两块复验试样的检验结果均符合本标准规定时，该批钢轨应予验收。

如果其中一块复验试样的检验结果不符合本标准规定，则应对不合格铸流和其他铸流轧制的钢轨继续取样再验，直到合格为止。同一铸流钢轨两次检验结果均不合格时，则该铸流钢轨不得验收。

（4）低倍。钢轨白点不允许复验。

当低倍初验不符合本标准规定时，应在同一铸流初验取样部位的前后两侧，各取一个试样进行复验。这两个复验试样中，至少有一个取自与初验样同一铸坯的钢轨上，两个复验试样之间的钢轨不得验收。如果两个复验试样的复验结果都符合要求，则该批其余的钢轨可以验收。如果有一个复验试样不合格，可继续取样再验，直至合格为止。

当低倍缺陷难以辨认时，可在更高的放大倍率下作进一步检查。

（5）落锤。当落锤检验结果不符合本标准规定时，应对同一连浇的其他所有炉次取一个试样进行检验。对于初验不合格所在炉，应在同一铸流初验取样部位的前后两侧，各取一个试样进行复验。这两个复验试样中，至少有一个取自与初验试样同一铸坯的钢轨上，两个复验试样之间的钢轨不得验收。如果两个复验试样结果都符合要求，该炉其余的钢轨可以验收。如果仍有一个复验样不合格，可继续取样再验，直到合格为止。

（6）脱碳层。当初验结果不合格时，应在同一批相邻的两支钢轨上取样复验。如果两个复验样的复验结果都符合要求，则该批其余的钢轨可以验收。如果复验试样不合格，可继续在相邻侧钢轨上取样再验，直至合格为止。两个复验试样之间的钢轨不应验收。

（7）显微组织。当初验结果不合格时，应在同一批相邻的两支钢轨上取样复验。如果两个复验样的复验结果都符合要求，则该批其余的钢轨可以验收。如果复验试样不合格，可继续在相邻侧钢轨上取样再验，直至合格为止。两个复验试样之间的钢轨不应验收。

E　数值修约

除在合同或订单中另有规定外，当需要评定试验结果是否符合规定值时，所给的试验结果应修约到与规定值本位数字所标志的数位，其修约方法应按 YB/T081 的规定进行。

2.1.3.5　标志、质量证明书

A　标志

在每根钢轨一侧的轨腰上，每 4m 间隔内应轧制出下列清晰、凸起的标志：（1）制造厂标志；（2）轨型；（3）钢牌号；（4）制造年（轧制年份末两位数）、月。字符高 20～28mm，凸起 0.5～1.5mm。

在每根钢轨的轨腰上，距轨端不小于 0.6m、间隔不大于 15m，采用热压印机（不允许冷压印）按顺序压上下列清晰的标志：（1）炉号；（2）连铸流号；（3）连铸坯号；（4）钢轨顺序号。压印的字符应具有平直或圆弧形表面，字符高 10～16mm，深 0.5～

1.5mm，宽 1～1.5mm，侧面应倾斜，字母和数字应与竖直方向成 10°角且具有圆弧拐角。

若热打印的标记漏打或有变动，则应在轨腰上重新热打印或喷标，每支钢轨至少 2 处。

钢轨精整后，在钢轨一个端面头部贴上标签，标签中所填写的内容应包括钢轨标准号、轨型、钢牌号、炉号、长度等。标签条码应包含钢轨热压印标志的完整信息。

无标志或标志不清无法辨认时，不允许出厂。

在线热处理钢轨应采用热轧标志进行标识。标志至少应包含以下内容：生产厂家名称或标志、轨型、钢牌号、热处理钢轨特征符 H、制造年月等。

B　质量证明书

交货钢轨应附有制造厂质量检验部门开具的质量证明书，内容包括：(1) 制造厂名称；(2) 需方名称；(3) 轨型（包括钻孔轨或焊接轨）；(4) 合同号；(5) 标准号；(6) 钢牌号，交货状态或热处理钢轨代号；(7) 数量和长度（定尺、短尺）；(8) 炉号；(9) 本标准前 16 项检验结果；(10) 出厂日期。

2.1.3.6　质量保证

A　质量保证体系

供方应具备经过独立机构认证并符合 GB/T19001 规定的质量管理体系。需方认为有必要时，可以对质量保证体系作进一步审核。

B　质量保证期限

从制造年度 N 生效起至 $N+5$ 年度的 12 月 31 日止，供方应保证钢轨没有超过本标准规定的制造上的任何有害缺陷。

若在质量保证期内，钢轨由于断裂或其他缺陷不能使用时，由供需双方人员进行实物检查，必要时进行试验室检验。如确认缺陷属制造上的原因，由供方负责赔偿。

供需双方经协商不能达成一致意见，可由双方公认的仲裁机构裁决。

60kg/m 钢轨型式尺寸如图 2-5 所示，60kg/m 钢轨断面过渡尺寸如图 2-6 所示。

2.1.4　高速铁路用钢轨

关于高速铁路的定义，国际铁路联盟（UIC）提供的建议是：新建高速铁路的设计速度达到 250km/h 以上，经升级改造（直线化、轨距标准化）的高速铁路，其设计速度达到 200km/h，甚至达到 220km/h。

高速铁路用钢轨应具备安全使用性能好、几何尺寸精度高、平直度好的特点，同时要求钢轨的实物质量达到高纯净、高平直、高精度、长定尺，这就要求钢轨钢质洁净、韧塑性高、焊接性能优良、表面基本无原始缺陷。高速铁路钢轨的质量应符合 200km/h、250km/h、350km/h 客运专线 60kg/m 钢轨暂行技术条件。

2.1.4.1　使用规定

高速铁路正线、到发线应采用 60kg/m 无螺栓孔新钢轨；其他站线宜铺设 50kg/m 钢轨。200km/h 及以上高速客运铁路应选用 U71MnG、强度等级为 880MPa 热轧钢轨；200～

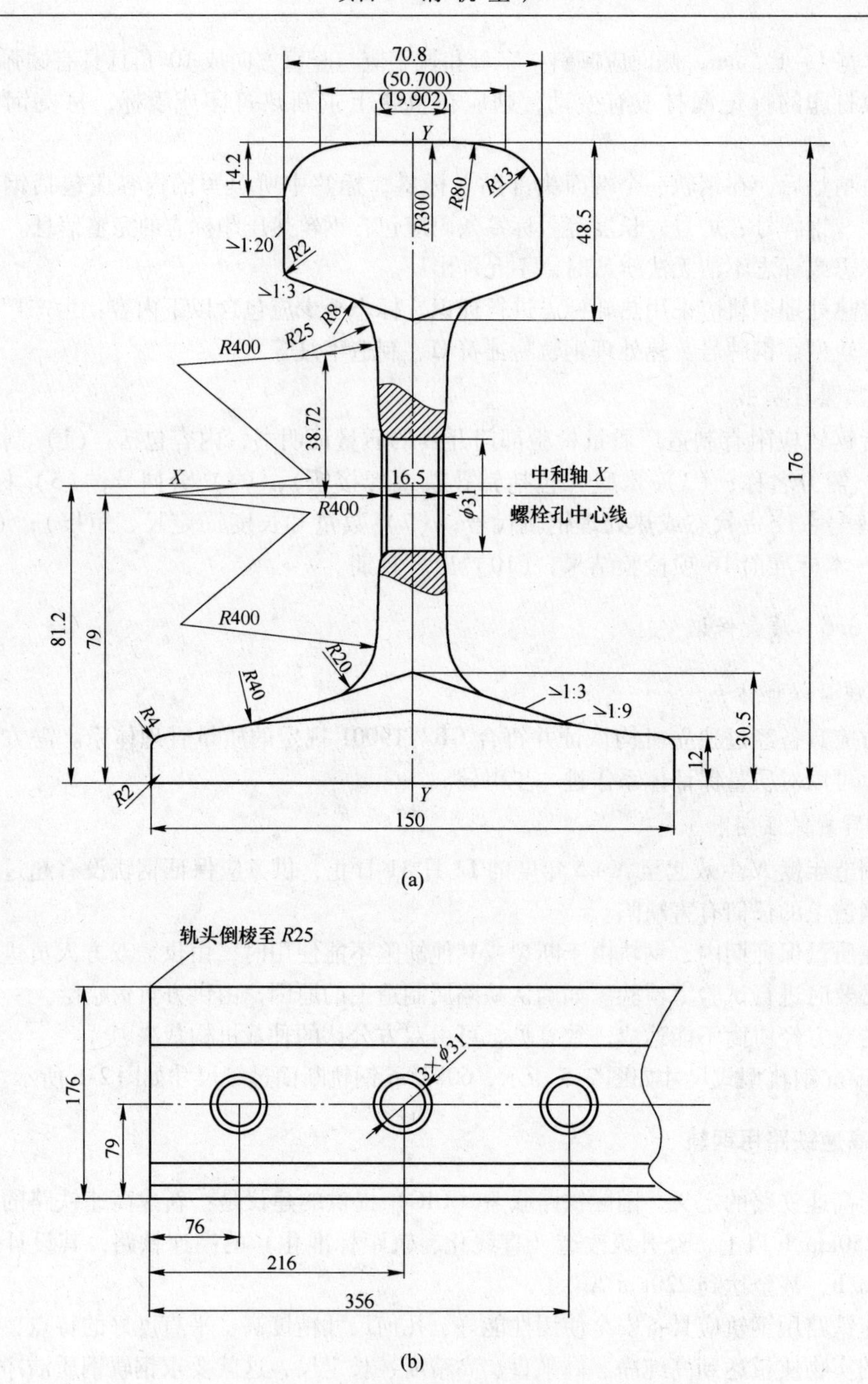

图 2-5 60kg/m 钢轨型式尺寸

（a）60kg/m 钢轨断面图；（b）60kg/m 钢轨螺栓孔布置图

250km/h 高速客货混运铁路应选用 U75VG、强度等级为 980MPa 热轧钢轨。其中，U 代表钢轨钢，71、75 代表化学成分中碳平均含量为 0.71%、0.75%，V 代表钒元素，Mn 代表锰元素，G 代表高速铁路。

按 TB/T 3276—2011，250km/h 以上高速铁路用钢轨非金属夹杂物应采用 A 级；200～

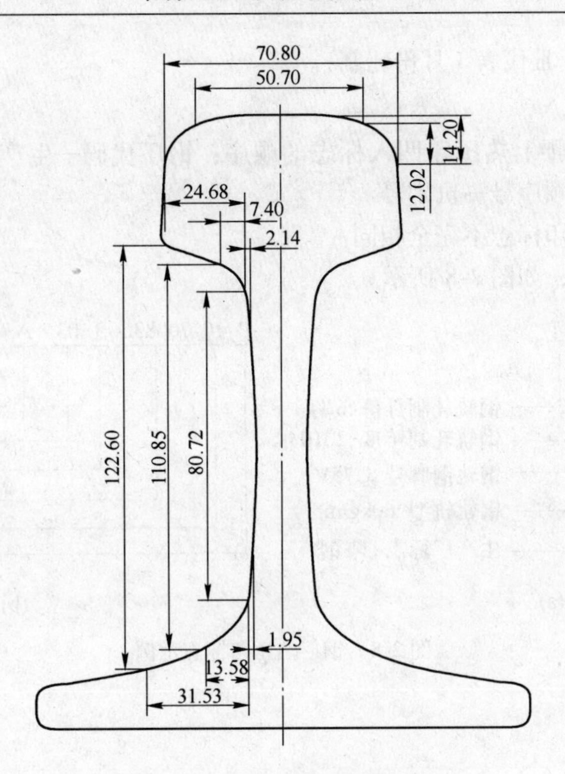

图 2-6　60kg/m 钢轨断面过渡尺寸

250km/h 高速铁路用钢轨非金属夹杂物应采用 B 级。

2.1.4.2　长度及断面尺寸

高速铁路正线应采用符合相应技术标准的 100m 定尺轨，短尺轨长度为 95m、96m、97m 和 99m 四种。

2.1.4.3　标志

钢轨生产厂家主要有攀钢、包钢、鞍钢和武钢四家，各厂家标志如图 2-7 所示。

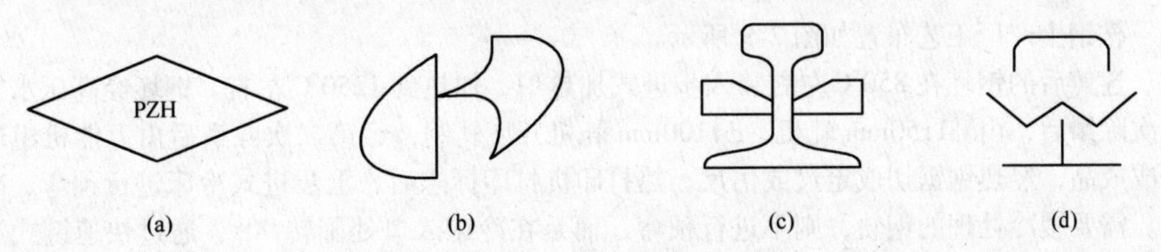

图 2-7　钢厂标志

（a）攀钢标志；（b）包钢标志；（c）鞍钢标志；（d）武钢标志

钢轨标准规定，在钢轨轨腰部位需要采用两种标记，即轧制标志和热压印标志，同时还规定了其他标志，如在轨端刷漆以及粘贴标签。

A　凸出标志

钢轨一侧轨腰上轧制的凸出标志顺序：生产厂标志—钢轨轨型（如 60 代表 60kg/m）—钢轨钢牌号（如 U75VG、U71MnG）—制造年（轧制年度末两位）、月（如 04 代表轧制年度为2004年，Ⅲ代表3月份轧制）。

B　凹入标志

钢轨另一侧的轨腰上热压印凹入标志的顺序：钢厂代码—生产年份—炉号—连铸流号—连铸坯号—钢轨顺序号—班别号。

各个钢厂的热压印标志不完全相同。

以攀钢为例说明，如图2-8所示。

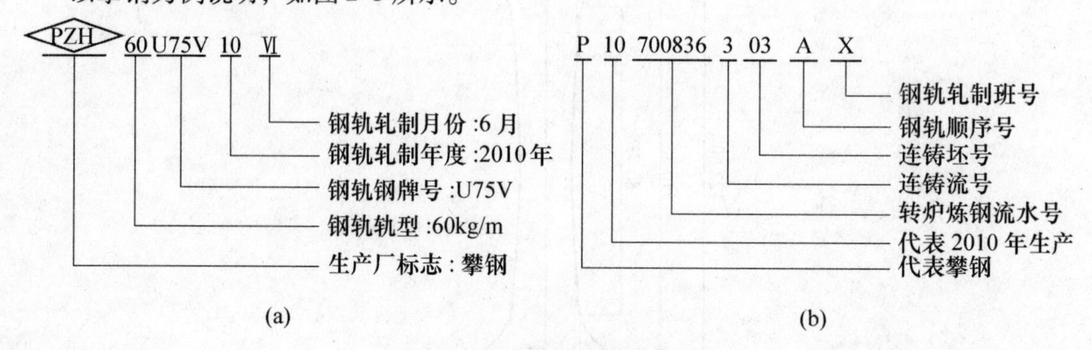

图2-8　钢厂热压印标志示例

【任务实施】

2.1.5　鞍钢大型厂

生产线年设计规模75万吨，其中轨类钢55万吨，大型材10万吨，H型钢10万吨。原料是由四流连铸机直接供料热装，铸坯断面为280×380、320×410两种，长度为5～8m。主要产品品种有以下几种：（1）轨类钢。国标43～75kg/m重轨UIC50、UIC60、BS90A、BS100A重轨以及80～100号吊车轨，50AT、60AT道岔轨，DU48、DU52导电轨等。（2）大型材。25～40号工字钢、25～40号槽钢、14～20号角钢以及球扁钢等。（3）H型钢。H150×150～H400×200等。

2.1.5.1　钢轨生产工艺流程及工艺布置

鞍钢生产厂工艺布置如图2-9所示。

连铸后的钢坯在850℃左右装入步进式加热炉，加热到1250℃左右。钢坯经高压水第一次除鳞后，由ϕ1150mm轧机、ϕ1100mm轧机开坯轧制，经第二次除鳞后由万能机组轧制成成品，经热锯锯切成定尺或倍尺，热打印机打印标志后，上步进式冷床进行预弯、冷却。需要缓冷处理的钢轨，则不进行预弯，而是在冷床入口处翻转90°，通过快速链式运输小车运送到收集台架，集中编组后再由吊车装入缓冷坑缓冷。冷却后的钢轨，经平立复合矫直机矫直后，通过检测中心对平直度、表面质量等进行检测，之后送入加工线加工，经检查合格后入库、发货。生产工艺流程如图2-10所示。

2.1.5.2　短流程钢轨生产线的工艺特点

鞍钢短流程钢轨生产线是我国首次依靠国内的技术力量研制和集成的、国际首创的钢轨短流程连铸连轧生产线，其轧制工艺为国际领先，多项工艺技术为国内首创。

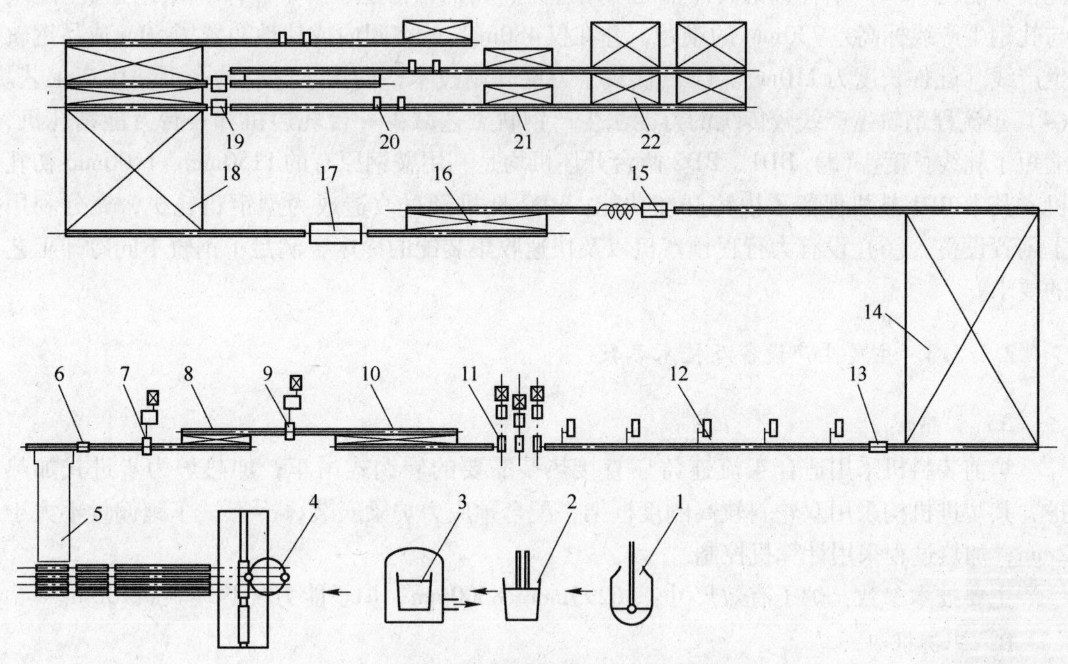

图 2-9　鞍钢大型厂万能轧机工艺布置示意图

1—转炉；2—LF 炉；3—VD 炉；4—方坯连铸机；5—步进式加热炉；6—高压水除鳞装置；7—BDI 轧机；8—1 号横移台架；9—BD2 轧机；10—2 号横移台架；11—万能轧机组；12—热锯（5 台）；13—打印机；14—冷床；15—平立复合矫直机；16—矫后横移台架；17—检测中心；18—过跨横移台架；19—压力矫直机；20—锯钻组合机床；21—成品收集台架；22—重轨检查台架

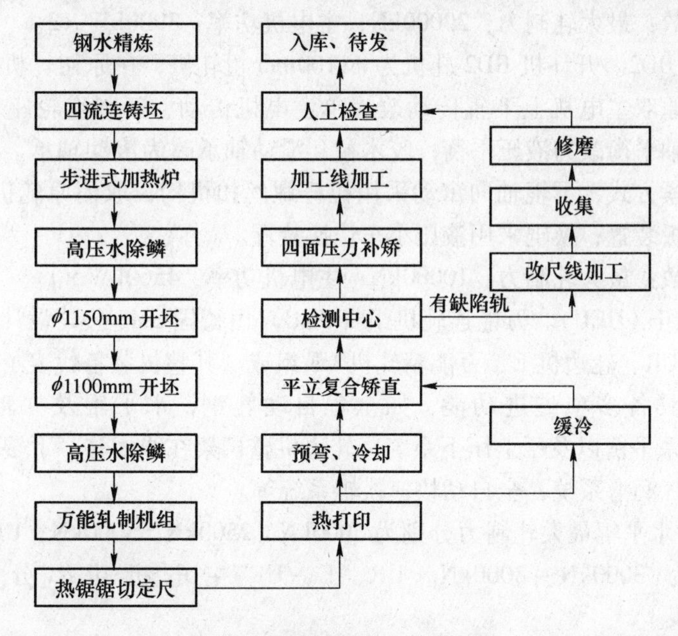

图 2-10　鞍钢钢轨工艺流程图

短流程钢轨生产线的工艺特点是：（1）采用铸坯热装工艺生产高速铁路用轨，铸机与加热炉布置紧凑，使铸坯能以最短的流程和时间、最高的温度直接装入加热炉加热，降低烧损和能耗。(2) 结合鞍钢具体情况采用连铸、轧钢、精整迂回布置，解决了连铸生产线与轧钢生产线标高差730mm 的难题，并在仅480m 长的空间内成功地布置了50m 成品钢轨生产线（轧件长度为110m）。(3) 实现了万能轧制技术，淘汰了落后的孔型法生产工艺。(4) 短流程钢轨生产线较传统的万能法生产钢轨工艺减少一台轧边机和一台万能精轧机，缩短了轧线长度。(5) BD1、BD2 两台开坯机均是利用鞍钢原有的1150mm、1100mm 初轧机，其中 BD1 轧机保留了模铸开坯功能；BD2 轧机经过改造成为型钢粗轧机，充分利用了闲置设备。(6) 设有大行程预弯机以及快速收集装配的冷床，满足了钢轨不同冷却工艺的要求。

2.1.5.3　主要生产设备及技术参数

A　加热炉

炉前装料机采用适合4 流连铸坯直接热装需要的硬钩式吊车；加热炉为步进式加热护，其步进机构采用双轮斜轨高刚度框架，配合预应力炉梁安装，冷态试车跑偏量不大于2mm，加热过程采用计算机控制。

主要技术参数：炉子有效尺寸：36295mm×8600mm；炉子能力（热坯）：170t/h。

B　轧钢机组

(1) 开坯机 BD1。开坯机 BD1 为 ϕ1150mm 二辊可逆式轧机，电动压下，两台立式电动机通过圆柱齿轮箱传动带动压下螺丝运动。辊系轴承为开式胶木衬瓦的滑动轴承，采用净环水冷却及润滑，上轧辊为重锤平衡，传动部分为两台直流电动机通过滑块式万向接轴分别驱动上、下轧辊，换辊系统为电动链式换辊装置。

主要技术参数：最大轧制力：20000kN；主电机功率：3900kW×2。

(2) 开坯机 BD2。开坯机 BD2 轧机为 ϕ1100mm 粗轧机，在原初轧机的基础上进行了全面改造。其中原双主电机上下辊传动改为单主电机传动，新制齿轮座和十字轴万向接轴；原重锤式接轴平衡改为液压平衡；胶木衬瓦滑动轴承改为滚动轴承。原轧辊轴向手动锁紧改为液压锁紧方式，下辊轴向窜动采用拉杆螺丝扣机构；取消原轧机的前后机架辊，增设横梁及导卫板装置；换辊采用液压小车快换装置。

主要技术参数：最大轧制力：10000kN；主电机功率：4560kW×1。

(3) 万能机组（UEU）。万能连轧机组（UEU）由德国 SMS 公司设计制造，由三架轧机即万能粗轧机 UR、轧边机 E、万能精轧机 UF 组成。其整机装备代表了当今世界型钢轧机的最高水平，具备多项先进功能，如全程自动轧钢，水平辊及立辊辊缝自动调整（AGC），液压辊系平衡以及压上压下系统，轧边机整机架在线横移，下辊轴向液压自动调整，轧辊轴承油气润滑系统，全自动快速换辊系统等。

UR、E、UF 水平辊最大轧制力分别为5000kN、2500kN、5000kN；UR、UF 立辊最大轧制力分别为 3000kN、3000kN。UR、E、UF 主电机功率分别为 3500kW、1500kW、2500kW。

钢轨孔型系统为“箱形孔＋帽形孔＋轨形孔＋万能孔＋轧边孔”。其中 BD1 轧机配置箱型孔，BD2 轧机配置帽形孔＋轨形孔，UF 轧机配置半万能孔型，孔型布置如图 2-11 所示。

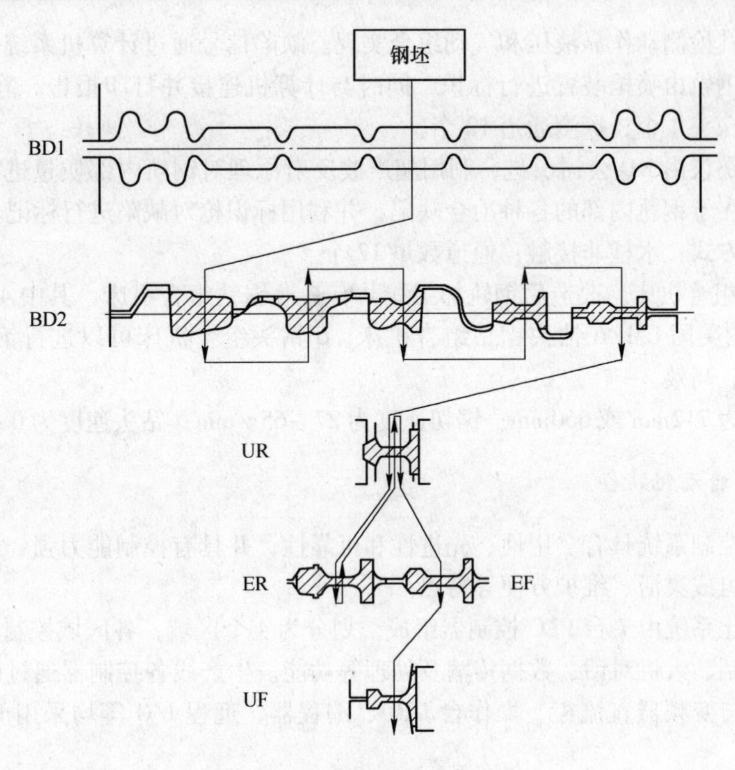

图2-11　万能生产线孔型布置

（4）冷床。步进式冷床结构，冷床前设有链传动大行程预弯机。为满足钢轨缓冷工艺需要，在冷床前端设置一套快速运输装置（含翻钢装置），冷床中间设有收集台架，使该冷床具备多种功能，以满足钢轨生产的不同工艺需求。在冷床区域预留了钢轨余热淬火机组位置。

冷床台面尺寸：75m×53m；冷床本体尺寸：45m×52m；冷床步距：300mm；冷床步距周期：20s。

（5）平立复合矫直机和四面压力矫直机。平立复合矫直机采用水平辊在前的布置形式，入口设有翻钢机，出口设两台四面压力矫直机作为平立复合矫直机的补充矫直手段，解决了钢轨两端部的不平度问题。

主要技术参数：

水平辊矫直机：8+1辊悬臂式，驱动辊数量8个。

立辊矫直机：7+1辊立式，驱动辊数量4个。

四面压力矫直机：液压式压力机；垂直方向矫直力为2×350kN，水平矫直力为2×2000kN。

（6）检测系统。检测系统由平直度仪、涡流探伤仪、超声波探伤仪三部分组成。钢轨通过检测系统在线自动检测，可以判断平直度、表面质量以及内部质量是否达到高速铁路用钢轨标准，减少人工检测产生的误差。

平直度仪引进加拿大NDT公司生产的激光平直度仪，共14个检侧激光器，分别测量扭转、平度、平直度，精度为0.1mm。

涡流表面质量探伤仪由加拿大NDT公司引进。该涡流探伤仪带有静态探头和动态高速旋转探头，其检侧动作靠液压和气动组合实现。缺陷信号通过计算机系统自动识别并分类、有缺陷的钢轨由喷枪装置进行标识，同时与计算机连接并打印报告。静态探头 6 个，动态高速旋转探头 4 个，探测通道 12 个。

超声波探伤仪由 KD 公司引进，利用超声波反射原理对钢轨内部质量进行检测，可以发现和定位存在于钢轨内部的各种冶金缺陷，并利用标识枪对缺陷进行标记。

探头耦合方式：水柱非接触；通道数量 12 个。

（7）锯钻组合机床。改造后钢轨加工线共有 6 台锯钻组合机床，其中 4 台引自德国，2 台为新引进的美国 CMI 6 钻头锯钻组合机床，6 钻头组合机床可以进行钢轨切分操作，切分操作方便、高效。

锯片直径为 712mm 或 660mm；锯切速度为 27 ~ 65r/min；钻头速度为 0 ~ 2200r/min。

2.1.5.4 自动化装备

轧制自动控制系统具有实用性、先进性和可靠性，并具有控制能力强、水平高、通讯速度快、系统组成灵活、维护方便等特点。

基础自动化系统由 7 台 PLC 控制器组成，划分为 4 个区域，各区域控制器主要完成本区域的逻辑控制、人机对话、数据传输及处理等功能。生产线各控制器通过以太网总线进行通讯，PLC 与变频器直流柜、操作台 OPU、编程器、远程 I/O 等均采用 PROFIBUS-DP 网通讯。

软件由基础软件与专业应用软件组成。操作系统全部通过 PLC 控制，系统操作方式设有：自动、半自动、手动三种操作方式。

2.1.6 武钢大型厂

设计年生产能力为 105 万吨，其中钢轨 55 万吨，H 型钢及其他型钢 45 万吨。原料采用 250mm × 280mm、280mm × 380mm、320mm × 420mm、320mm × 480mm、230mm × 700mm 的连铸坯，坯长 3700 ~ 8000m。主要产品包括：（1）钢轨。高速钢轨（38 ~ 75kg/m），吊车轨（QU80、QU100）等；（2）H 型钢。宽翼缘（HW(175mm × 175mm) ~ (300mm × 300mm)），中翼缘（HM(250mm × 175mm) ~ (400mm × 300mm)），窄翼缘（HN(300mm × 150mm) ~ (500mm × 200mm)）等；（3）其他。工字钢（25 ~ 50 号）、槽钢（25 ~ 40 号）、角钢、U 型钢、钢板桩、矿工钢、球扁钢等。

钢轨定尺长度为 25 ~ 100m，其他型钢定尺长度为 6 ~ 24m。

2.1.6.1 生产工艺流程和工艺布置

武钢高速重轨生产工艺流程为：铁水脱硫预处理→顶底复吹转炉冶炼→LF 炉外精炼→RH 真空处理→连铸→（连铸大方坯）→钢坯上料→步进梁式加热炉加热→高压水除鳞→开坯机 BD1 和 BD2 轧制→3 架紧凑型万能轧机轧制（UEU）（→万能精轧机轧制，预留）→钢轨打印→热锯切头尾、取样（→钢轨余热淬火，预留）→钢轨热预弯→步进式横移冷床冷却→平立复合矫直→外观检测→平直度在线检测→超声波探伤→涡流探伤→四面压力补矫→锯钻联合机床加工→（轨端淬火）→检查收集→入库→装车发货。

攀钢高速重轨生产工艺流程为：由连铸车间提供的合格连铸坯，用辊道或过跨车运入原料跨按炉号钢种堆放。根据生产指令，用耙式吊车将连铸坯从垛位上成排吊到上料台架并逐根移送到入炉辊道上，经核对钢种、炉号、称重、测长后，由装钢机送入步进式加热炉加热。连铸坯经加热炉加热后进入万能轧机轧制，轧出的钢轨经热锯机锯切成 104m 长的钢轨，在步进冷床上冷却成约 103m 的钢轨，需余热淬火的钢轨经移钢台架进入余热淬火生产线，由余热淬火机（风冷）淬火后的钢轨经返回台架进入步进式冷床冷却，再由翻钢机将侧卧的钢轨翻转成立态，然后钢轨通过平—立复合矫直机矫直后进入矫后台架，钢轨出矫后台架后通过三点人工检查、标记后进入检测中心进行钢轨质量自动检测，然后经检测中心后台架过渡到双向液压矫直机处进行钢轨端部补充矫直，并对缺陷标记处进行人工修磨后进入分钢台架后进行 100m 钢轨定尺锯切或进行 25m 钢轨定尺锯切。生产 100m 长尺钢轨时，矫正检测后的钢轨由 100m 钢轨定尺锯切的两台锯钻床分别在钢轨两端进行锯切后，定尺长度为 100m，通过辊道运输到 100m 钢轨收集台架后成排装车外发。不合格的 100m 钢轨需要改尺的直接进入 25m 钢轨纵向加工线加工。生产 25m 定尺钢轨时，钢轨由分钢台架进入 1 号、2 号、3 号 25m 钢轨纵向加工线进行定尺加工、淬火（仅钻孔的铁轨需淬火）、检查、收集入库。

武钢工艺平面布置如图 2-12 所示。

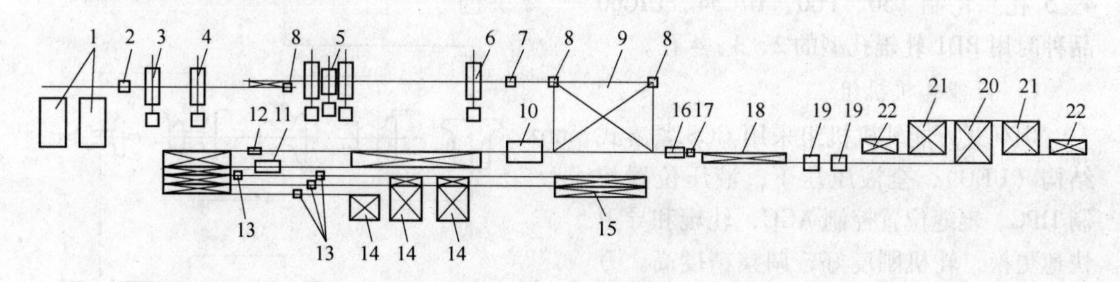

图 2-12　武钢钢轨车间平面布置图

1—步进梁式加热炉；2—高压水除鳞装置；3—BD1 轧机；4—BD2 轧机；5—万能轧机机组；6—预留万能精轧机；7—钢轨打印机；8—热锯；9—冷床；10—钢轨平立复合矫直机；11—钢轨检测中心；12—压力矫直机；13—锯钻机床；14—短尺轨收集台架；15—长尺轨收集台架；16—型钢矫直机；17—喷印机；18—横移成排台架；19—冷锯；20—检查台架；21—堆垛台架；22—收集台架

2.1.6.2　主要设备

A　加热炉

加热炉为步进梁式炉，加热能力约 120t/h，加热温度约 1200℃，燃料为高焦炉混合煤气。

B　开坯机

两架开坯机（BD1、BD2）结构型式相同，为二辊可逆式牌坊轧机。轧辊由同步可逆主电机通过齿轮箱驱动，最大辊环直径为 ϕ1350mm，上辊电动压下，液压平衡。BD1 配辊如图 2-13 所示，BD2 配辊

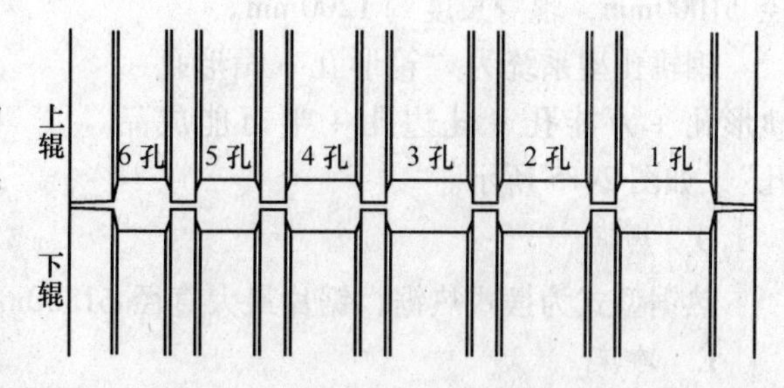

图 2-13　重轨系列 BD1 轧辊配辊图

如图 2-14 所示。

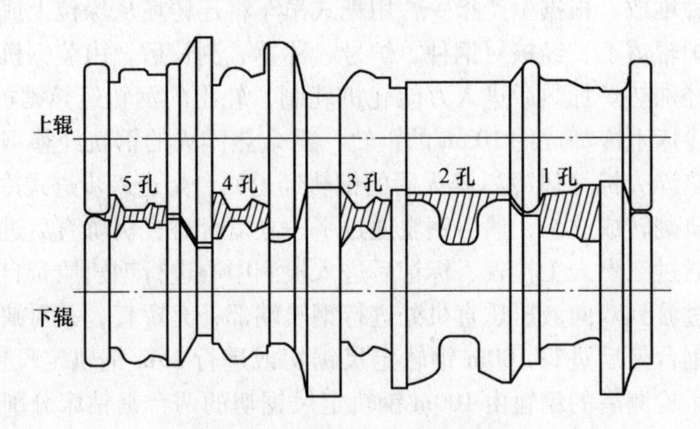

图 2-14　BD2 重轨轧辊配辊图

轧制的重轨系列 P43、P50、P60、UIC54、UIC60 品种使用的是矩形坯料，在轧制 P43 品种时用 BD1 轧辊孔型的 2、3、4、5 孔。轧制 P50、P60、UIC54、UIC60 品种时用 BD1 轧辊孔型的 2、3、4 孔。

C　万能轧机机组

串列式万能轧机机组采用 CCS 紧凑式结构（UEU），全液压压下，液压位置控制 HPC、辊缝位置控制 AGC，轧辊和导卫快速更换，轧机刚度好，调整精度高。万能轧机有万能模式和二辊模式两种工作模式，其水平辊最大辊径 ϕ1200mm，万能模式辊身长度 600mm；立辊最大直径 ϕ800mm，辊身最大长度为 340mm。

轧边机为二辊可逆移动式机架，轧制钢轨时可以快速横移，更换孔型。轧机由 1 台主电机通过齿轮箱传动，轧辊最大直径 ϕ1000mm，辊身长度约 1200mm。

钢轨孔型系统为“箱形孔 + 帽形孔 + 轨形孔 + 万能孔 + 轧边孔 + 半万能成品孔”，如图 2-15 所示。

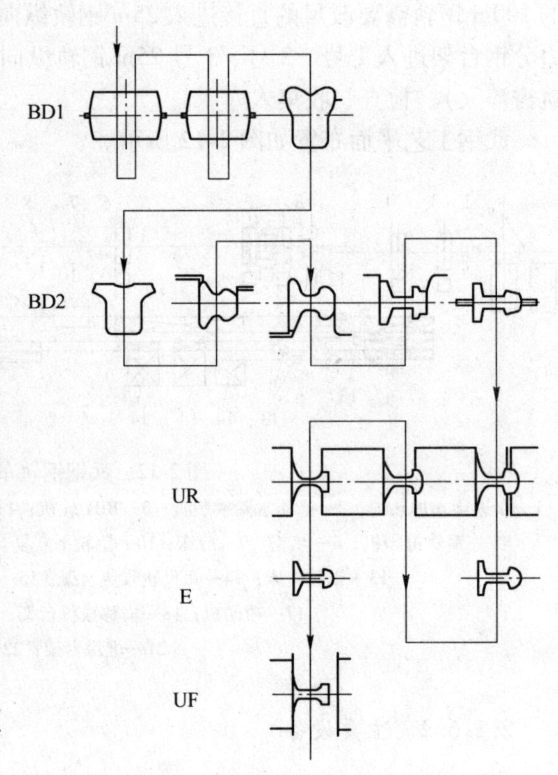

图 2-15　武钢重轨孔型系统

D　热锯

热锯型式为摆式热锯，锯片最大直径 ϕ1800mm，快速更换锯片时间约 15min。

E　冷床

冷床型式为液压驱动的步进梁式冷床，其长约 41m，宽约 104m。该冷床有如下特点：

（1）冷床入口设有预弯小车，用于对钢轨预弯，以降低冷却后的弯曲度，不但可提高钢轨矫直质量，也可提高冷床的冷却能力。

（2）冷床步距可调。为适应不同规格钢轨及 H 型钢的冷却需要，提高冷却能力，步进梁的步进距离可根据生产的需要进行调整。

（3）冷床分两组控制，可连动，也可分开控制。

（4）为保证钢轨和型钢可靠地从冷床输送到冷床出口辊道上，冷床出口侧的下料小车上装有单独的电机和传感器，以确定弯曲轧件的位置并将其安全输送到辊道上。

重轨轨底冷却快，轨头冷却慢，轨头冷却到室温时，整根钢轨向轨头弯曲。100m 长定尺重轨，不采取预弯时，自然冷却后弯曲弦高最大值可达到 5m，大大超出了出口辊道的宽度，重轨无法进入矫直机。矫前弯曲度对矫直后重轨的质量有很大影响。因此，控制重轨冷却后的弯曲度大小，对提高重轨质量有重要意义。

当重轨轧制结束之后，经辊道传输进入到冷床入口辊道，轨头面向冷床，经过锯切之后，预弯小车在下方运行到重轨位置，然后提升，重轨平放在导向板中，这时小车向冷床运行，到达安全距离，将重轨对齐。预弯小车通过链条驱动运行，直到重轨被弯曲并达到冷床入口处的目标位置为止，预弯小车下降，重轨被放下。控制装置操纵各个小车以不同的速度运行，这样保证所有的小车可以同时到达目标位置。预弯小车移动的距离是通过预弯曲线来计算。小车的速度由在一个周期内小车要运行的距离计算得出。因此，如何设定预弯曲线成为控制预弯的主要内容。

重轨的自然冷却后的弯曲度与重轨的初始温度、环境温度、钢种、与冷床之间的摩擦等因素有关。因此，对于不同的初始温度、钢种、断面及环境温度，应该有相应的预弯曲线模型。

经过热预弯冷却后重轨整体基本保持平直，轨身局部长度存在较小的弯曲，弯曲平缓，弦高大约在 200 ~ 300mm 范围内。

F　钢轨平立复合辊式矫直机

辊式矫直机为悬臂辊环式，水平矫直机有 9 个工作辊，立式矫直机有 8 个工作辊。水平辊节距约为 1600mm，立辊节距约为 1300mm。矫直机入口侧设有辊式翻钢机。

G　钢轨检测中心

钢轨检测中心主要设备包括表面清理装置、断面尺寸检测系统、平直度检测系统、涡流检测系统、超声波检测系统、缺陷喷印装置、运输导向装置等，用于检查及判定钢轨规格、平直度、表面质及内部缺陷等。

H　型钢矫直机

利用原厂钢轨矫直机，型式为八辊悬臂式。矫直机入口侧设有辊式翻钢机。

2.1.6.3　主要工艺特点

A　轧线

全线轧机由两架开坯机（BD1 和 BD2）、3 架串列式万能轧机（U1/D1-E-U2/D2）组成，预留精轧机 1 架。3 架串列式万能轧机机组中的第 2 架万能轧机，在轧制钢轨时作为精轧机使用，轧制 H 型钢时参与整个万能可逆轧制过程。万能轧机之间的水平机架既可用于轧边又可用于其他型钢的成型，通常该机架可横移，并设有多个孔槽。该生产线工艺布置紧凑，调整方便，设备少，作业线短，生产效率高，运行费用低，并具有开发控轧控冷技术的可能性，是一种较为先进合理的工艺布置形式。

采用BD1、BD2两架开坯机，并分别配置钩式翻钢机和钳式翻钢机，其优点有提高开坯能力、缩短轧制周期、减少坯料规格、轧辊孔型配置灵活等。

万能轧机既可轧制钢轨，又可轧制H型钢及其他型材。其中钢轨采用万能法轧制，断面变形对称均匀，轨头和轨底加工良好，断面尺寸精度高，产品内应力少，表面品质好；H型钢采用X-H轧制法，可提高生产能力，减少操作成本和一次投资，终轧温度高，轧制力和轧制功率低，轧辊使用寿命长，有利于增加终轧轧件的长度；普通型钢及异型钢等品种采用二辊模式轧制。

为保证重轨表面质量，轧线采用二级高压水除鳞，一套位于第1架开坯机前，用于清除炉生氧化铁皮；另一套位于第1架万能轧机前，用于清除二次氧化铁皮。

B 冷却精整

该生产线冷却精整区具有以下特点：

(1) 冷床后的钢轨精整线和型钢精整线互不干扰，有利于灵活调整产品结构，适应市场需求。

(2) 采用在线长尺冷却、长尺矫直、长尺探伤和检测、冷锯定尺锯切的生产工艺，钢材矫直后平直度好，成材率高。

(3) 全线采取了无横向滑动生产工艺，台架采用步进式或链式台架，可减少轧件表面划伤，确保轧件的表面质量。

(4) 采用步进梁式冷床，采用钢轨热态反向预弯工艺，H型钢和工字钢采用立冷，冷却低温段强制通风冷却，减少钢材表面划伤，钢材冷却均匀，冷后弯曲度小，产品残余应力低。

(5) 钢轨在线检测中心采用激光检测断面尺寸及平直度，涡流探伤和超声波探伤检测钢轨表面及内部质量，以确保产品质量。

(6) 钢轨和型钢定尺加工分别采用硬质合金刃锯钻联合机床及硬质合金刃冷锯，钢材断面光洁，无飞边和毛刺。

(7) 钢轨轨端淬火采用双淬火工艺，以提高生产能力。可选择水雾淬火或压缩空气欠速淬火，使其淬火组织为细珠光体，改善钢轨端部的综合性能。

(8) 钢轨采用平、立复合辊式矫直机矫直，水平矫直机为悬臂固定节距，立式矫直机为不等节距。型钢水平矫直机为悬臂固定节距式。钢轨与型钢矫直机分别设在各自精整线上，可交替生产，互不干扰。

(9) 钢轨纵向锯钻加工线可生产25~100m长的各种定尺钢轨，以满足不同用户的需要。

(10) 型钢精整线设有自动堆垛、自动打捆及在线称量设施，可提高生产率和成品包装质量。

任务2.2 钢轨生产工艺和设备操作

【任务描述】

在了解步进式加热炉、高压水除鳞、两架开坯机、二次除鳞、万能连轧机、打印机、热锯、带预弯小车的百米冷床、平立复合矫直机、检测中心、锯钻联合机床、四面翻钢检查台、剖分锯等设备的基础上，学习生产工艺，理解工艺规程，学习设备操作和现场管理。

【任务分析】

操作人员应在学习相关理论知识、操作规程的基础上，能进行设备简单点检和操作，并能根据红检结果调整设备参数。作业长、班长、生产调度是生产第一线管理者。作业长接受分厂厂长（车间主任）的权利委托，全面负责作业区的工作。作业长的具体经营管理目标有以下 6 个方面：安全、士气、产量、质量、成本、交货。班长接受作业长的权利委托，带领全班完成生产任务，协调与加热、精整联系，指挥生产；全面负责钢材质量，精心调整，提高尺寸精度，减少废品；严格贯彻技术工艺规程、技术操作规程、《按炉送钢制度》及公司的其他有关规定；负责轧钢作业区内设备巡回检查，发现问题及时通报，负责处理事故；贯彻技术安全规程，预防第一；负责轧钢作业区的交接班；负责轧钢作业区的环境卫生，生产中出现的废钢、切头随时处理，换辊中遗弃的杂物都要及时清理，备品、备件要归位，保证文明生产。

【相关知识】

2.2.1　连铸大方坯生产

通常把边长大于 220mm 的铸坯（含圆坯和矩形坯）称为大方坯，主要用于中、高碳钢和合金钢等钢种的生产。大方坯主要用于轧制重轨、硬线、无缝钢管、大中型 H 型钢、棒材和锻材等。

把高温钢水连续不断地浇注成具有一定断面形状和一定尺寸规格铸坯的生产工艺过程叫做连续铸钢，简称连铸。

由于重轨大方坯钢种特殊且断面较大，因此在浇铸过程中极易出现铸坯表面横、纵裂纹、星状裂纹、角部凹陷、表面及皮下大型夹杂物和内部缩孔、白亮带、中心疏松、中心偏析和内部裂纹等缺陷，其中中心疏松、中心偏析和缩孔是影响大方坯质量的主要问题。因此，大方坯连铸既有一般连铸特点，如结晶器振动、电磁搅拌、动态二冷和动态轻压下技术，又有其自身特点，采用如无氧化保护浇铸、结晶器液面自动检测和控制、保护渣自动加入、铸坯缓冷、功能齐全的中间包维修区和机械维修区、两级控制系统和质量跟踪判别技术等。中心偏析是连铸坯中心区碳、硫、磷的富集，在钢轨低倍组织和显微组织中形成中轴向的带状化学非均质。这种轴向偏析条纹会影响重轨使用寿命。

2.2.1.1　连铸大方坯生产流程

如图 2-16 所示的弧形连铸机为例说明连铸的工艺流程如下。由炼钢炉出来的钢水注入钢包（又称大包）内，经精炼炉纯净化和调温处理后，运到连铸机上方的回转台，回转台转动到浇注位置，钢水通过钢包底部的水口注入中间包（又称中间罐）内。由于中间包水口对准下面的结晶器，打开中间包塞棒或滑动水口（或定径水口）后，钢水被分配到各个结晶器中。结晶器是连铸机的核心设备之一，它使接触器壁（铜板）的钢水迅速凝固结晶，形成坯壳。连铸坯壳形成过程如图 2-17 所示。结晶器是漏斗状、无底的，在注入第一包钢水前，要装上一个称为活底的引锭杆，以拉动第一块钢坯。在结晶器内钢水前部与伸入结晶器底部的引锭杆头部凝结在一起。引锭杆的尾部被夹持在拉坯机的拉辊中。当结晶器内钢水升到要求的高度，结晶器下端出口处坯壳有一定厚度时，同时启动拉坯机和结晶器振动装置。拉坯机以一定速度把引锭杆从结晶器拉出。为防止坯壳与结晶器壁黏结、坯壳拉断漏钢和减少结晶器中拉坯阻力，在浇铸过程中，既要润滑器壁，结晶器又要作上下往复的振动。铸坯被拉出结晶器后，为使其更快地散热，需进行喷水冷却，称为二次冷却。通过二次冷却区，铸坯芯部逐渐凝固。这样铸坯不断被拉出，钢水连续地从上面注入结晶器，便形成了连续铸坯的过程。当铸坯通过拉坯机、矫直机（立式和水平式连铸不需矫直）后，脱去引锭杆，后面的铸坯直接用拉矫机与结晶器振动装置共同作用，从结晶器

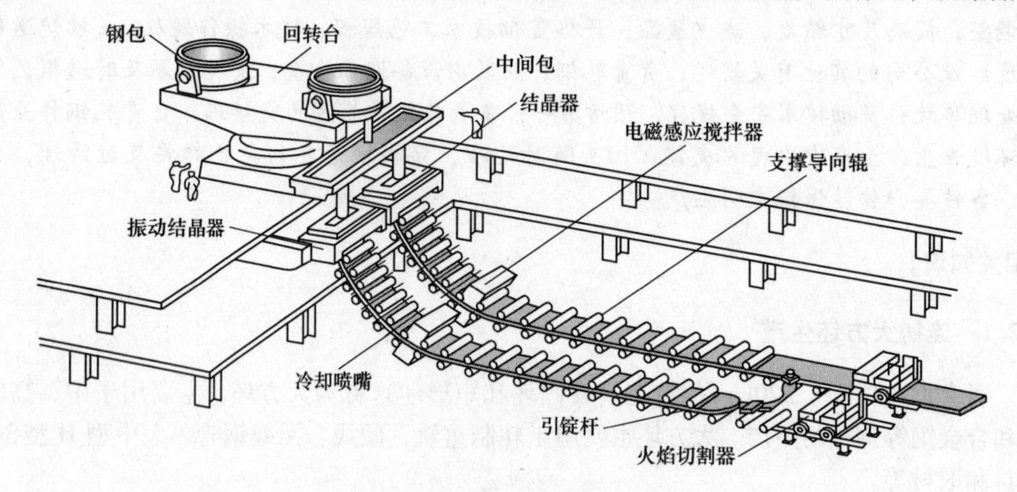

图 2-16　连铸工艺流程示意图

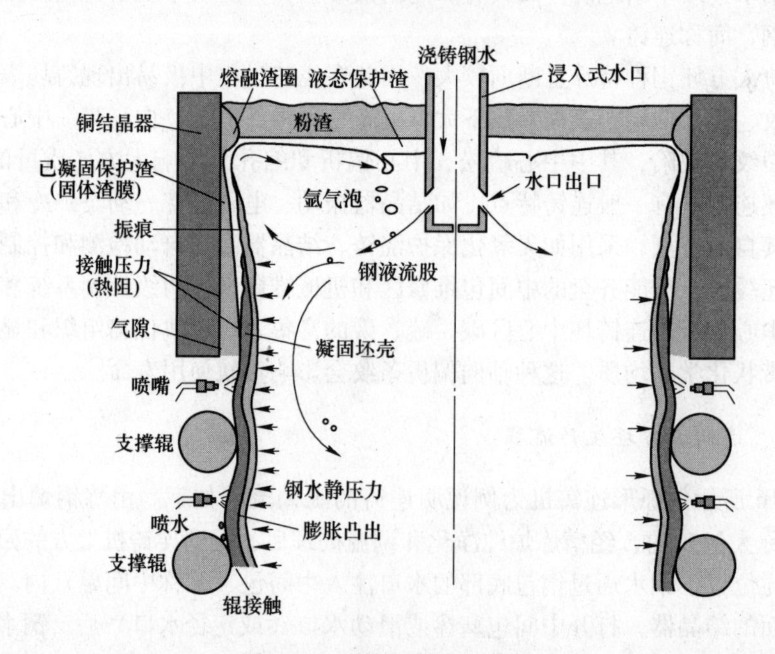

图 2-17　连铸坯壳形成过程

拉出。液芯铸坯经二次冷却、电磁搅拌、矫直、动态轻压下后，完全凝固的铸坯由切割设备切成定尺板坯，经运输辊道送入后步工序。

一个载流的导体处于磁场中，就受到电磁力的作用而发生运动。连铸电磁搅拌就是在连续铸坯过程中，连铸坯通过外界电磁场时感应产生的电磁力，使铸坯内尚未凝固的钢液产生搅拌流动。通过这一冶金学与磁流体力学相耦合的复杂物理过程，从而改善钢液凝固的内部组织（扩大铸坯等轴晶带、改善铸坯表层质量、使铸坯中的夹杂物离开壁面而聚集上浮、基本消除中心缩孔和裂纹、明显减轻中心偏析和中心疏松等），获得良好的连铸坯质量。板坯二冷段电磁搅拌原理如图 2-18 所示。

轻压下就是指在连铸坯凝固末端附近，通过改变辊缝对铸坯施加压力，产生一定的压下量来补偿铸坯的凝固收缩量，主要用于改善铸坯中心疏松和中心偏析。所谓动态轻压下就是在浇铸过程中，随着铸坯凝固末端的改变，压下区间、压下量会随之发生改变，达到在不同浇铸工艺下均可保证铸坯质量的目的。随着浇铸工艺的改变，凝固末端前后移动，轻压下位置随之发生改变。轻压下技术的关键就是准确找到凝固末端位置，选择合适的压下区间和压下量。铸坯在扇形段受到轻压下如图 2-19 所示。

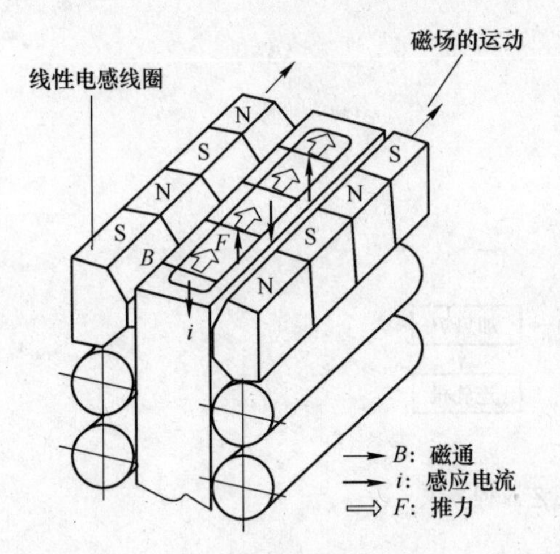

图 2-18　板坯二冷段电磁搅拌器工作原理

图 2-19　铸坯在扇形段逐步冷却并受到轻压下的固化过程

鞍钢第一炼钢厂 1 号大方坯连铸机为 4 机 4 流，设计年产量 80 万吨，生产的铸坯断面为 280mm × 280mm（硬线钢、低合金钢和普碳钢），280mm × 380mm（重轨坯），定尺长度 5.6 ~ 8.0m。

转炉冶炼的连铸钢水由钢水渡线车运输到连铸车间的钢水接收跨后，吊运到 100tLF/VD 装置上进行二次精炼，经吹氩、提温、合金化和真空脱气处理后，再由 160t 天车吊放到大包回转台上进行浇注。浇注的 4 流大方坯经切割和称量后，由推钢机移送至热送辊道并热送到轨梁厂进行装炉轧制。对有缺陷的铸坯，在连轧车间由横移台车运送至铸坯精整跨进行下线精整。连铸大方坯生产工艺流程如图 2-20 所示。

2.2.1.2　连铸大方坯的质量要求

（1）高纯净度。高纯净度是重轨钢连铸坯最基本的质量要求，包括含氢量和夹杂物控

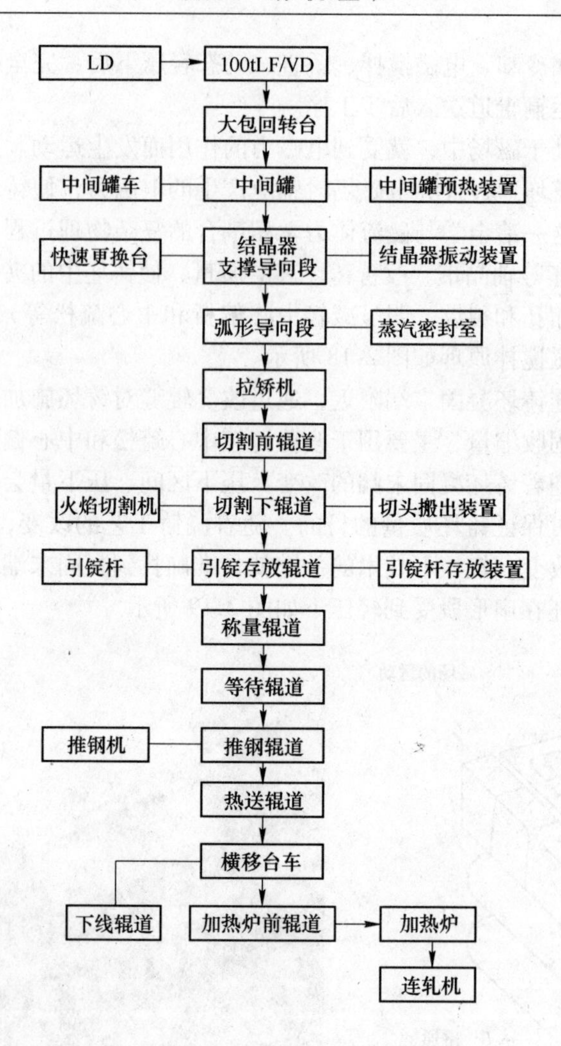

图2-20　连铸机的工艺流程

制两个方面。含氢量的控制是为了防止钢轨产生白点缺陷，要求钢的含氢量控制在0.00025%以下。夹杂物控制是为了防止钢轨在使用中产生点状剥落，提高钢轨的使用寿命。研究发现，钢中的氧化夹杂物，尤其是链状分布的Al_2O_3是钢轨在使用中产生点状剥落的主要根源。因此，高质量的钢轨钢对钢中的夹杂物数量及形态都有严格的要求。夹杂物的数量一般用总氧量来控制，要求控制在0.002%以下，夹杂物的形态应为球形的复合夹杂物，要避免脆性的Al_2O_3的夹杂物，夹杂物的尺寸应小于13μm。

（2）中心偏析和中心疏松小。重轨钢和硬线钢都属于高碳钢种，凝固温度范围宽，其凝固方式为典型的糊状凝固，树枝晶发达，容易形成枝晶搭桥，铸坯容易形成中心偏析和中心疏松缺陷，使钢轨产生组织和性能上的不均匀性，铸机设计应采用低温浇注、电磁搅拌、动态轻压下等工艺措施来减小铸坯的中心偏析和中心疏松。

（3）表面质量好。钢轨在使用过程中，轨面承受着巨大的接触应力，并承受着车轮带来的冲击、磨损和弯扭作用力，轨面的任何微小缺陷都会成为钢轨疲劳破坏的应力源，因此，要求连铸坯具有良好的表面质量和皮下质量。

2.2.2　重轨轧法

2.2.2.1　万能轧法与孔型轧法的比较

重轨轧制是重轨生产中的重要一环，直接影响着重轨产品质量和综合机械性能。目前重轨轧制主要有两种方法：孔型轧法和万能轧法。

A　孔型轧法

孔型轧法是全部用二辊孔型的轧法，是生产重轨的传统方法，有直轧和斜轧两种。直轧法，即重轨孔型中心线与轧辊轴线平行布置，孔型开口在同一侧，钢轨变形严重不均，轧制不稳定。直轧轨形孔在轧辊上配置如图2-21（a）所示。斜轧法则将轨型孔的中心线与轧辊轴线成一定角度布置，有较大的侧壁斜度，有助于咬入，轧制时轧件容易脱槽，对调宽展有一定的控制作用，轧制比较稳定，因而曾在生产中普遍使用。斜轧轨形孔在轧辊上配置如图2-21（b）所示。

我国传统轨梁轧机典型布置如图2-22所示，呈二阶横列式布置，ϕ950轧机为第一列，ϕ800×2/ϕ850为第二列，在各架轧机上轧制道次如图2-22所示，轧制60kg/m重轨的孔型系统由矩箱形孔—方箱形孔—梯箱形孔—帽形孔—轨形孔组成，如图2-23所示。

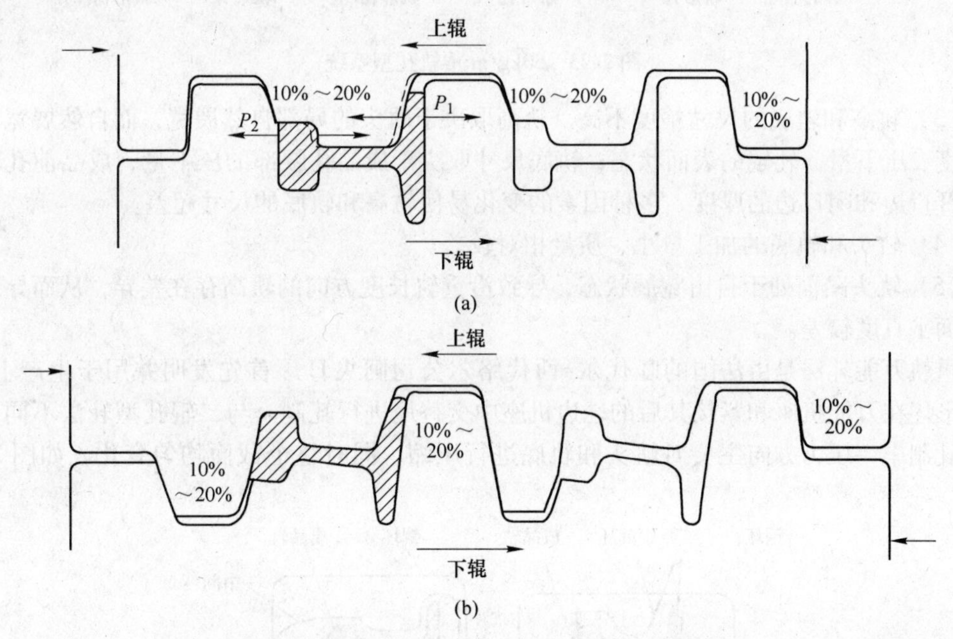

图2-21　直轧式和斜轧式轨形孔在轧辊上的配置
（a）直轧轨形孔在轧辊上的配置；（b）斜轧轨形孔在轧辊上的配置

在老式横列式轧机上只能采用传统的孔型轧制法，重轨孔型轧制法存在以下缺点：

（1）轨头踏面形状精度难以保证。轨头踏面处于成品孔开口处，而轨头踏面是按自由展宽或有限的限制展宽而形成，因此轨头踏面质量难以保证。

（2）钢轨的断面形状不对称。孔型轧制法从第1个轨型孔至最后成品孔，轧件处于上下左右完全不对称的条件下轧制，导致钢轨断面形状不对称。

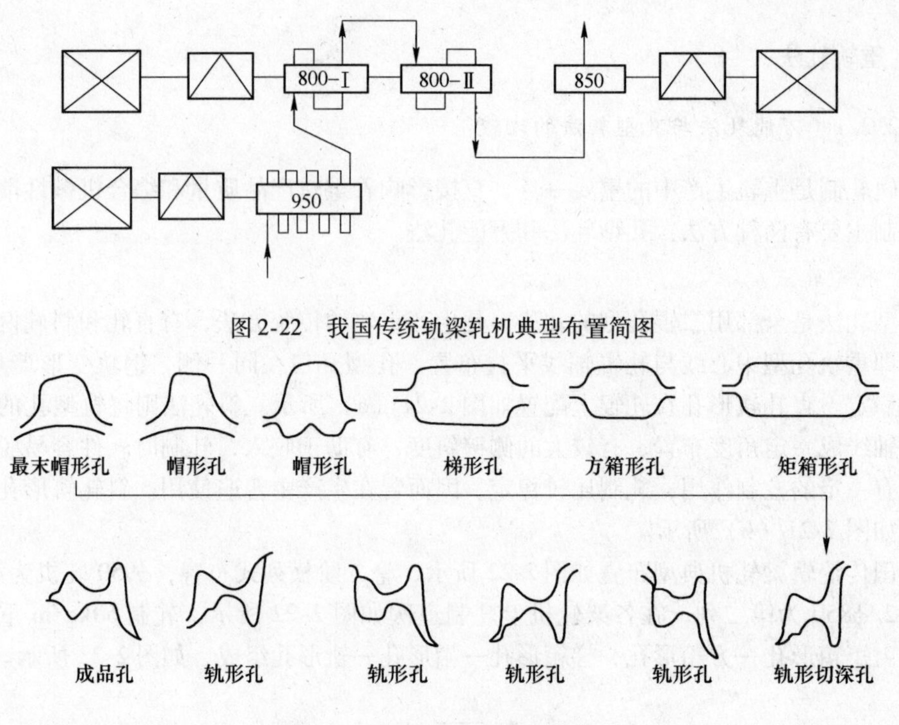

图 2-22 我国传统轨梁轧机典型布置简图

图 2-23 60kg/m 重轨孔型系统

(3) 轨高和轨底的尺寸精度不高。轨高取决于轨头的局部自然展宽，而自然展宽取决于温度、压下量、轧辊的表面状态；轨底尺寸取决于成品孔腰部的压下量、成品前孔轨底部分开口边和闭口边的厚度，多种因素的变化易使轨高和轨底的尺寸超差。

(4) 轨头和轨底的加工量小，质量相对较差。

(5) 轨头踏面处于自由宽展状态，导致沿重轨长度方向的轨高存在差异，从而导致轨头踏面平直度较差。

重轨万能轧法是由法国的旺代尔-西代络尔公司阿央日厂首先发明并用于生产上的，是轨形坯在万能机座和紧接其后的轧边机座中交替地进行轧制。与二辊孔型轧法不同，在万能轧制中，压力方向主要对轨头和轨底进行压缩，同时整个截面均匀变化，如图 2-24 所示。

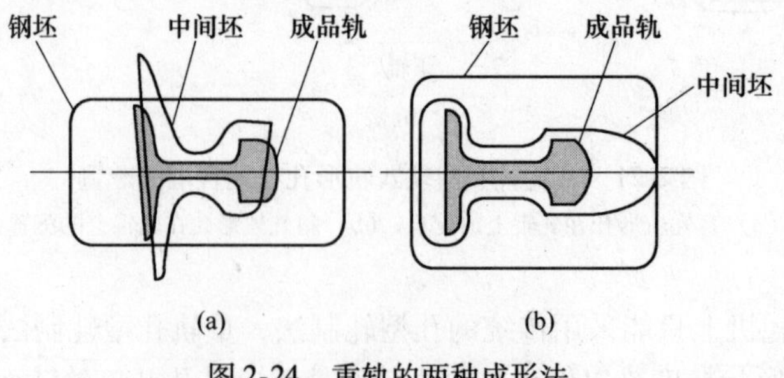

图 2-24 重轨的两种成形法
(a) 二辊孔型轧法；(b) 万能轧法

B 万能轧法

在万能孔型中，初具轨型的轧件的腰部承受万能轧机上下水平辊的切楔作用，头部和腿部的外侧承受万能轧机立辊侧压垂直作用（图 2-25）。万能孔型三个变形区如图 2-26 所示。为确保重轨头和底的宽度和侧面形状，还要在轧边机的立轧孔内，对其轨头和轨底侧面进行立轧加工（图 2-27）。最后一道次的成品变形常采用半万能法轧制。这样的孔型系统可以保证重轨从粗轧轨型孔到成品孔轧件的变形是均匀、对称的，各部分金属的延伸也接近相同，这就大大提高了重轨外形尺寸的精度。

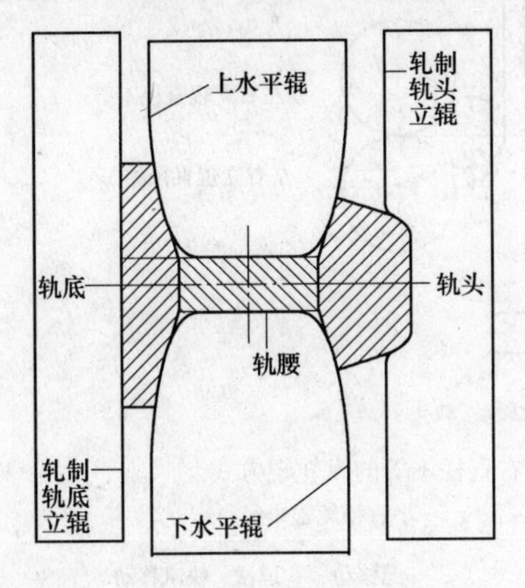

图 2-25 万能孔型中各个轧辊的作用

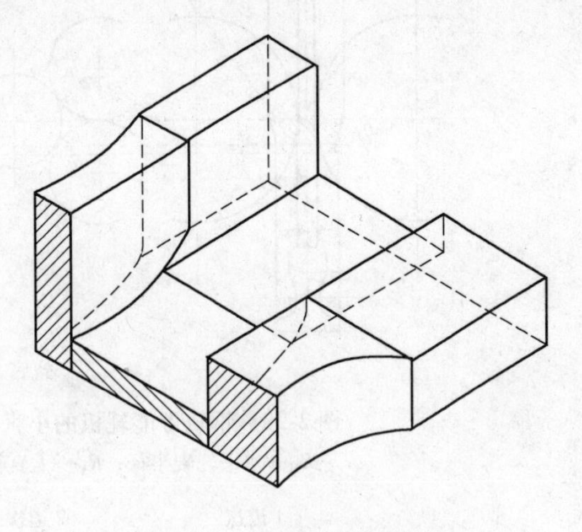
图 2-26 万能轧制变形区

由于万能轧机只能接受工字形坯或轨形坯，采用万能轧法轧制重轨时，粗轧机仍是传统的二辊轧机，其任务是把方坯或矩形坯轧成轨形坯。如果坯料是连铸轨型坯，则不需要粗轧机了，坯料可以直接送入万能轧机轧制。

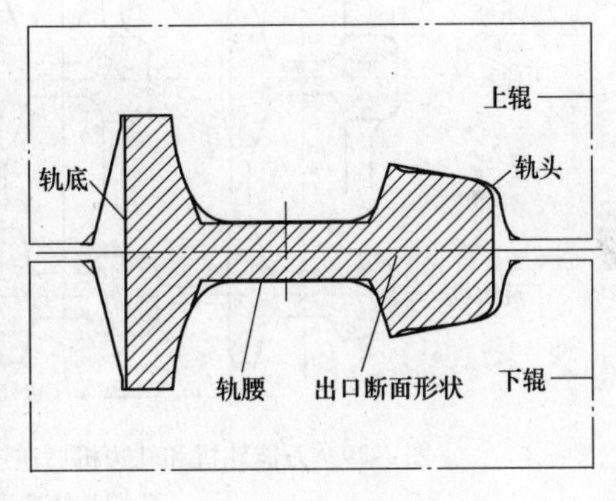

图 2-27 钢轨轧边孔

重轨万能轧法具有以下特点：（1）上下对称轧制，不存在闭口槽。（2）左右立辊直径不同，压下量较大的头部立辊直径较小，而压下量较小的底部立辊直径大，以保证咬入时左右立辊能同时接触轧件，保持其变形区长度和左右立辊轧制力近似相等，防止轧件弯曲和左右窜动。为了保证轧件咬入，防止腰部产生偏离，应使轧件（的轨腰）先（于立辊）接触水平辊。为此，减小立辊直径，采用带支撑辊的小立辊，如图 2-28 所示。（3）轧边机必须能快速横移以更换孔型。由于万能轧机的水平辊和立辊辊型固定，轨高、底厚、腰厚等尺寸可以随各道辊缝而变，而轧边机只轧轨头和轨底侧面，不轧腰，其作用是减小和控制底宽、头宽，并加工腿端，因此轧边机轧辊上刻有数个尺寸不同的孔型，在往复轧制过程中，轧边机快速横移，使万能轧机出来的不同轨形坯腿端与相应的轧边孔型吻合和充分接触。如果轧边机不能移动，则必须增加轧边机架数。以相同的轧边孔型轧制尺寸已变化的轨形坯，则腿端不能得到良好的加工，如图 2-29 所示的第三道轧边机不移动的情况。（4）万能轧制过程中，要固定重轨水平轴线位置，以便 4 个轧辊同时进行上下对称轧制。为此，在轧机上设有自动导引装置，依靠可调整的入口上下卫板，使每道轧件水平轴线与水平轧制线对中。（5）由于轨形坯在左右方向为不对称轧制，水平辊可能因受到轴向力作用而移动。

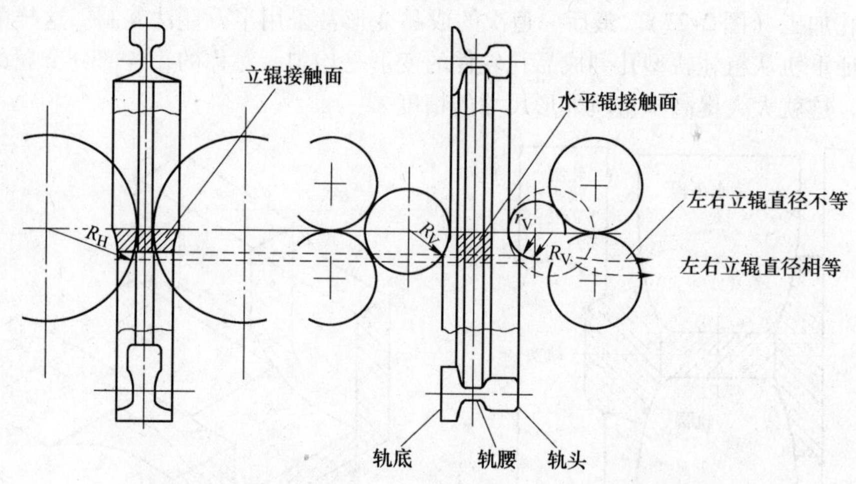

图 2-28　钢轨万能轧机的小直径及左右直径不等的纵轧辊方式

R_H—水平轧辊半径；R_V—大直径轧辊半径；r_V—小直径轧辊半径

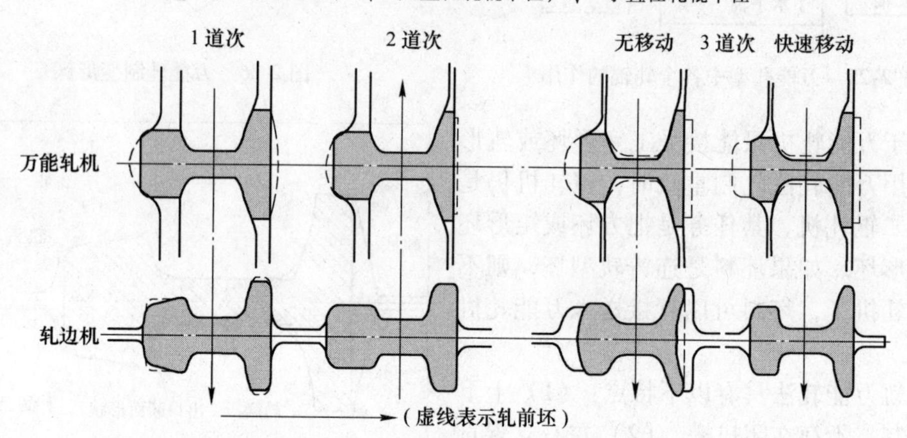

图 2-29　万能轧机和轧边机可逆连轧时轧边机不移动和移动情况下腿端与轧边孔型接触情况

重轨万能轧制法的优点：

（1）万能法轧制钢轨，钢轨整个断面均匀受到轧辊的同时压下，其形状和尺寸精度更容易保证，钢轨断面尺寸精度高，见表 2-12。

表 2-12　万能法与孔型法轧制的钢轨断面尺寸公差比较

钢轨部位	断面尺寸公差/mm			
	国外万能法	法国 TGV	中国 200km/h 钢轨	国内孔型法
轨高	0.23	±0.5	±0.6	+0.80 −0.50
底宽	0.26	±0.8	±1.0	+1.00 −2.00

续表 2-12

钢轨部位	断面尺寸公差/mm			
	国外万能法	法国 TGV	中国 200km/h 钢轨	国内孔型法
头宽	0.06	±0.5	±0.5	+0.80 -0.50
腰厚	0.22	—	+1.0 -0.5	+0.75 -0.50

(2) 采用万能轧制法，钢轨头部形状呈外凸状，而且在整个轧制过程中保持这一形状，从而避免了产生鱼鳞状或皱折缺陷。

(3) 轧辊因辊径不均匀所产生的速度差减小，轧辊与轧件的磨损减小；轧辊辊环可以更换，因此，轧辊消耗低。万能轧机轧辊消耗（不包括开坯机）为 1.0kg/t 左右，而孔型轧制法轧辊消耗（不包括开坯机）一般在 2.0kg/t 以上。

(4) 轧辊孔型简单，调整轧辊位置可以补偿轧辊磨损。

(5) 导卫装置简单且容易安装。

(6) 钢轨的表面质量好，更容易识别钢轨表面缺陷。

为满足高速铁路的建设需求，使用万能轧机来生产高精度钢轨已成为必然趋势。万能轧制法生产钢轨已被世界认同，是目前生产高精度钢轨最好的工艺。

2.2.2.2 万能轧制法轧机布置形式

万能轧机轧制重轨工艺布置主要有三种（以万能轧机数目区分）：二机架布置、三机架布置、四机架布置。三种布置方式的共同点为：粗轧都采用二架二辊轧机，利用孔型轧制法将矩形坯轧制成轨形坯。

A 三架万能轧机布置

钢轨万能轧制工艺最早于 1964 年在法国 Sacilor 钢轨厂得到应用，其万能轧机生产线由 7 机架轧机组成（与攀钢新线的布置形式完全相同）。轧机布置方式为 1-1-2-2-1，即 2 架开坯机（BD1 + BD2）呈串列布置，开坯机后的 5 架轧机（其中 3 架为万能，2 架为轧边机）分 3 组（图 2-30）。各万能机组间不存在连轧关系，避免了由于机架间存在张力作用而产生的规格波动。

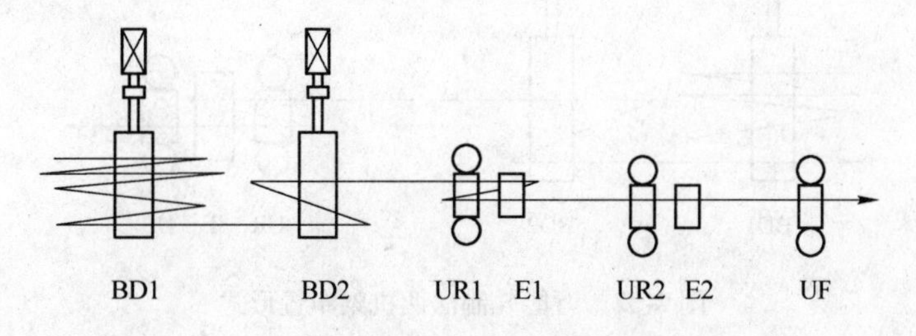

图 2-30 万能轧法三机架布置

万能轧制工艺：在 U1E1 组成的万能粗轧机组中往复轧 3 道次，第 1 道次 U1、E1 压下；第 2 道次只有 U1 压下，E1 空过；第 3 道次，U1、E1 均压下，E1 轴向移动，换用另外一孔。在 U2E2 机组中各轧 1 道次，UF 轧机轧最后一道，如图 2-31 所示。

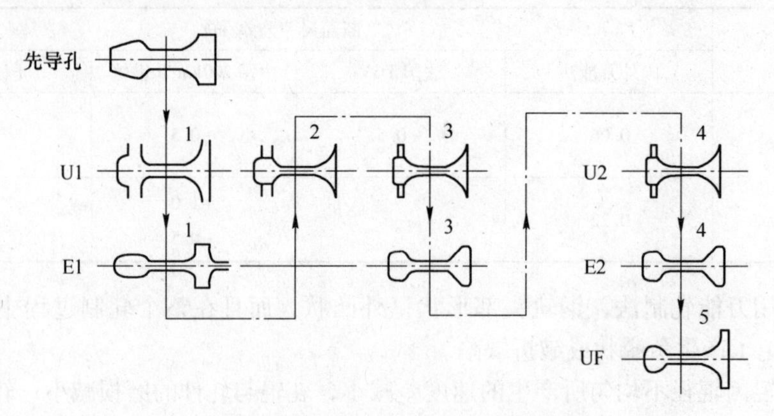

图 2-31　攀钢轨梁厂万能机组的轧制过程

B　两机架布置

20 世纪 90 年代，一些以生产大型 H 型钢为主的可逆连轧机（如韩国浦项 INI 钢铁公司），由 2 架万能轧机和 1 架可移动轧边机组成串列式轧机组，在 SMS 公司的技术支持下成功轧制出钢轨，随后这种万能轧机的布置形式应用于中国的鞍钢、包钢、武钢和邯钢，以及美国 SDI 公司。这种布置形式具有投资省（少 2 架轧机、缩短距离），钢轨在轧制过程中运输距离短、热损失小，轧辊消耗低等优点，成为当前钢轨万能轧制法的主流布置形式。

现代钢轨轧制工艺多采用 1-1-3 的布置形式，即 2 架开坯机 BD1 和 BD2，呈串列式布置，精轧机组由 3 架可逆式连轧机 UR-E-UF 组成，其中 UR、UF 为结构相同的万能轧机，E 为二辊轧边机（见图 2-32）。在这种双机架开坯机的钢轨生产线中，一般在 BD1 机架布置 1 个箱形孔，1 个梯形孔和 3 个帽形孔（帽形切深孔—帽形延伸孔 1—帽形延伸孔 2），往复轧制 7 个道次（在轧制其他品种时可多达 13 道次），以机前机后的推床翻钢机进行移钢和翻钢。在 BD2 机架上布置 3 个轨形孔（轨形切深孔—轨形延伸孔—万能预备孔（Leader pass）），轧制 3 个道次，以机前钳式翻钢机翻钢。

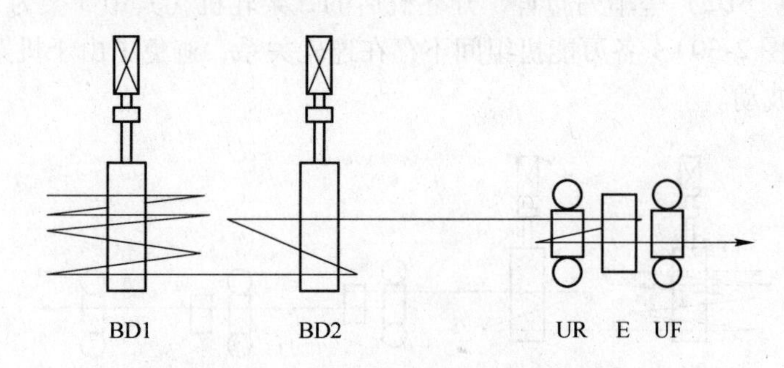

图 2-32　万能轧制法两机架布置形式

万能机组控制系统采用计算机自动控制，实现自动轧钢，使用 SMS 公司开发的液压 AGC（辊缝自动控制系统）与 TCS 张力控制系统，提高轧机控制精度，E 轧机采用移动定位设计，一架 E 轧机相当于两架轧机使用，设备布置极为紧凑。

由 BD2 万能预备孔（Leader pass）轧出的轧件，再进入 3 机架串列式可逆连轧机 UR-E-UF 中轧制 3 道次，第 1 道次 UR、E 压下，UF 空过；第 2 道次只有 UR 压下，E 空过；第 3 道次，E 横移更换轧边孔型，UR、E、UF 均压下，形成 3 机架连轧，在 3 机架经受 4 道次的万能轨形孔轧制，如图 2-33 所示。

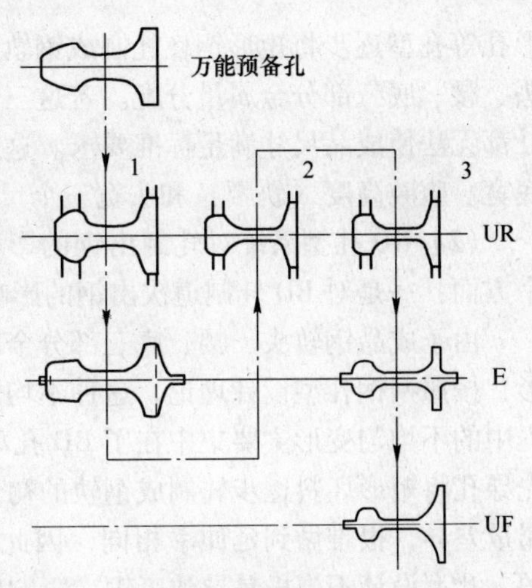

图 2-33　钢轨在 3 机架串列式万能轧机中的轧制过程

目前有 2 家企业采用单机架开坯机，一是奥钢联 Leoben/Donawitz 厂（2005 年改造的现代化钢轨厂家），二是美国 Steel Dynamics 厂。轧机布置形式为 BD + UR－E－UF。图 2-34 是奥钢联 Leoben/Donawitz 厂 3 机架串列式轧机的孔型布置和轧制道次。

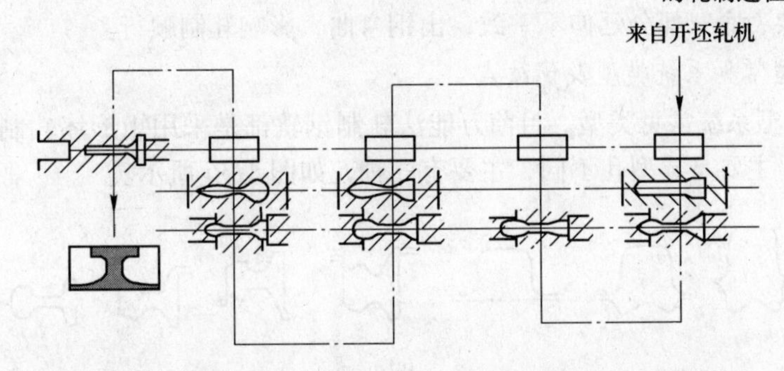

图 2-34　奥钢联 Leoben/Donawitz 厂钢轨在万能机组上的轧制

C　四机架布置

如图 2-35 所示，法国钢铁集团哈亚士厂采用四架万能轧机布置方式，每一架万能轧机只走一道次，不形成往复轧制，轧机动作少，孔型变形组合比较稳定，万能机组之间不形成连轧，自动控制难度小，轧件规格不受张力波动影响。该轧线的长度长，一般大于 580m，占地投资较大，万能轧机数目多。

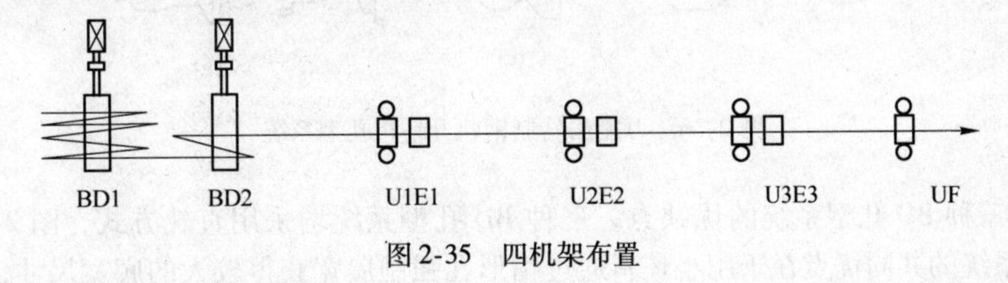

图 2-35　四机架布置

2.2.3　重轨万能轧法孔型系统

2.2.3.1　开坯机孔型系统

A　BD 孔型系统的作用

（1）BD 孔型系统对成品尺寸的影响。在 BD 孔型系统中，通过箱形孔、帽形孔、轨形孔等孔型逐步将矩形钢坯轧制成钢轨的形状，并由BD孔型的最后1道先导孔决定钢轨头、腰、底三部分金属量分配。若这三部分金属量分配不当，则无论万能轧制部分如何设计都无法使成品尺寸满足标准要求。这就要求孔型设计者在设计先导孔时，首先要考虑好底宽、腹腔高度（轨腰）和头宽三个尺寸。

（2）BD孔型系统对轧制出钢的影响。BD孔型系统对轧制出钢的影响主要体现在两个方面：一是对BD轧制道次出钢的影响，另外对万能轧制出钢也有影响。

由于成品钢轨头、腰、底三部分金属量差别较大，因此轧制过程中必然存在不均匀变形，按照型钢孔型设计理论，这种不均匀变形必须尽量在开坯道次完成，因此钢轨轧制过程中的不均匀变形主要集中在了BD孔型系统。通过梯形孔、轨型切深孔、轨型延伸孔和先导孔将矩形坯料逐步轧制成钢轨的初步形状，这个过程中由于钢轨头、腰、底三部分金属量差异，很难做到延伸率相同，因此轧制过程中常会出现侧弯、扭转、上翘下钻等问题，孔型设计不当极易导致废钢，影响轧制顺行。

对万能轧制出钢的影响，则主要是先导孔头、腰、底三部分金属量分配不当，导致万能轧制时头、腰、底三部分延伸不一致，出钢弯曲，影响轧制顺行。

B BD孔型常见系统类型及优缺点

（1）BD孔型系统常见类型。目前万能法轧制钢轨都是采用矩形坯轧制，其采用的箱形孔差别不大，主要是异型孔不同，主要有三种，如图2-36所示。

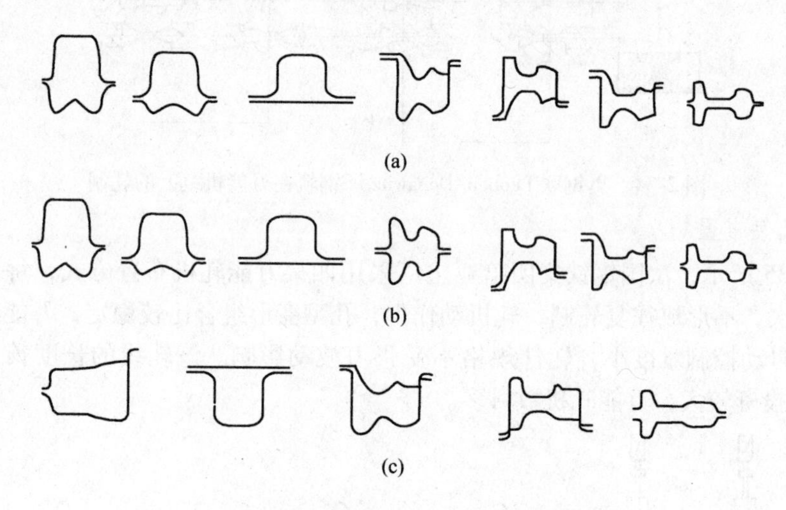

图2-36 万能法轧制钢轨开坯机孔型系统

（2）三种BD孔型系统的优缺点。三种BD孔型系统均采用直轧方式，图2-36（a）和（b）系统的共同优点在于用小坯料通过帽形孔强制展宽获得较大的底宽尺寸，但其共同的缺点在于帽形切深孔磨损严重、易产生轨底裂纹缺陷，同时该系统成形孔太多出钢不易控制，受轧辊辊身长度限制，无备用孔型，因而轧制量偏低。图2-36（b）系统除了上述缺点外，对于轨形切深孔来说，由于轧辊开口在钢轨的轨头和轨底中央，因此，还存在辊缝处易出现过充满，轧件进下一孔即轨形延伸孔困难等缺点。

图2-36（c）孔型系统则较好解决了图2-36（a）和（b）孔型系统存在的问题，图2-36（c）孔型系统所代表的直轧方式与斜轧方式相比，其优点主要有三点：（1）孔型切

槽浅、大辊径轧辊使用少。（2）辊身长度占用短，可配置更多孔型。（3）轧辊轴向力小、轴向窜动小，轧制精度高。但孔型系统 c 也存在孔型侧壁斜度小、轧辊车削难恢复等困难。

C　BD 孔型系统常见问题及处理

（1）BD 孔型系统常见问题。

1）梯形孔若大头和小头延伸差别过大，易产生扭转及咬铁丝，扭转严重时无法翻钢进入下一道轧制导致废钢，而咬铁丝缺陷则容易导致钢轨产生轧疤。另外小头部位由于是中间开口，还易产生出耳子缺陷。

2）帽型孔轧制时，易出现出钢上翘和下钻问题，特别是出钢下钻对辊道冲击很大，并导致轧件进轨型切深孔时尾部咬铁丝。

3）轨型孔出钢侧弯和扭转。出钢侧弯在轨形切深孔和轨形延伸孔即先导孔中都易产生，主要是头、底部分延伸差别过大造成。而出钢扭转则主要是轨形切深孔和轨形延伸孔易产生，主要是头或底上下部分延伸差别过大造成。

4）先导孔轧后轨底尺寸无法满足万能部分轧制要求，导致最终成品底宽达不到标准要求。

5）由于都是采用直轧孔型系统，轧辊磨损严重，轧辊车削恢复困难，辊耗较大。

（2）常见问题的处理方法。

1）针对梯形孔出钢扭转问题，重点考虑大头和小头的金属量分配，在保证二者金属量前提下，应使大头和小头部分金属延伸尽量相等，从而达到消除轧件尾部扭转的目的。

2）对于帽形孔出钢上翘下钻的问题，一方面在设计孔型同样要考虑不同部分的延伸关系，另外还可以考虑适当压力，以及采用导卫等辅助设备解决。

3）轨型孔出钢侧弯和扭转的问题，同样通过适当设计头、腰、底三部分延伸率解决，另外还必须对导卫进行专门设计。

4）对于轧辊磨损，一方面设计孔型时考虑轧辊车削时可适当展宽孔型，但必须考虑展宽孔型后对轧制出钢的影响，另外在轧辊辊身长度允许多情况下，适当配上备用孔。

2.2.3.2　重轨成品孔

重轨成品孔有二辊成品孔、半万能成品孔和万能成品孔三种。

三种孔型均可以轧制出满足 200km/h 和 300km/h 标准要求的高精度重轨。成材率和尺寸精度依次为万能孔型、半万能孔型和两辊孔型。

半万能成品孔型可以比两辊孔型明显地提高产品合格率和尺寸精度，但不能保证轨头形状和轨高。只使用一个半万能成品孔型，生产高速铁路用重轨，效果不理想，只有与万能成品前孔相结合，才能确保重轨的尺寸精度。

万能成品孔型生产高速铁路用重轨的产品合格率高，可确保尺寸和形状精度，满足 200km/h 和 300km/h 重轨需求，万能孔型只要有一个道次即可。

在较严格地控制轧件温差、放慢轧制节奏和及时更换轧槽的前提下，轧后再进行挑选，使用现有两辊轧机的成品孔型，也可以轧制出符合 200km/h 标准要求的高精度重轨。孔型形状如图 2-37 所示。

使用二辊成品孔型，轧后进行挑选的方法轧制高精度重轨，效果并不理想，主要存在以下问题：(1) 轧件合格率低，依轧机条件、来料尺寸、温度均匀程度和操作水平决定，合格率 65%～75%。(2) 轧件对称性差并且很难在轧制环节矫正，较难保证轨头和轨底的形状准确，尤其是轨头形状难以保证。(3) 孔型难调整，一旦调整压下量，轨高尺寸就会因自由展宽而变化，轨头形状则成为尖顶或平顶。(4) 孔型寿命短，大约只能轧制 200t。

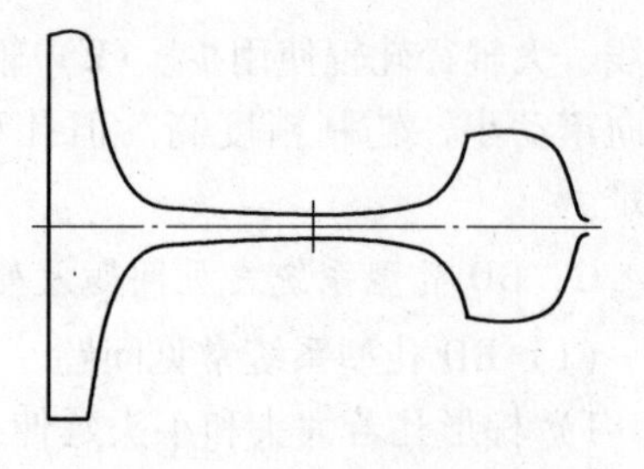

图 2-37　重轨的二辊成品孔型

国外轧制重轨的万能轧机大多使用半万能成品孔型，如图 2-38 所示。万能孔型作成品孔型如图 2-39 所示。

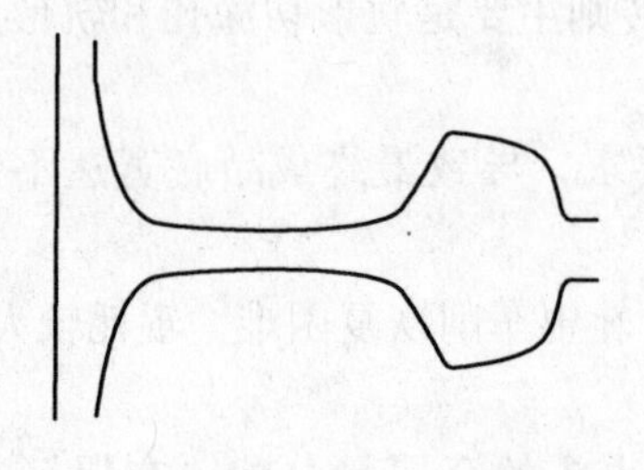

图 2-38　重轨成品半万能孔型

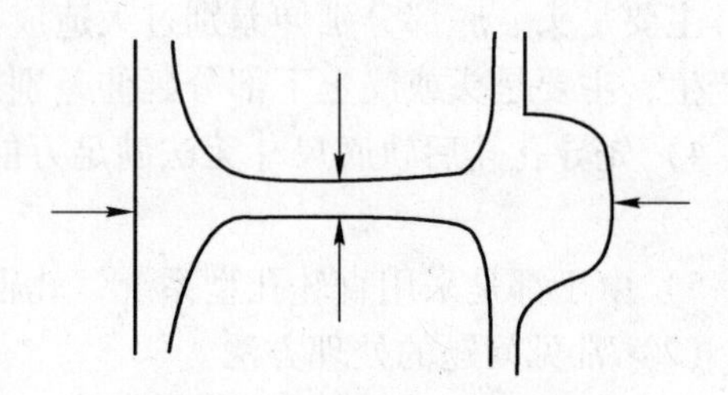

图 2-39　重轨的成品万能孔型

2.2.3.3　重轨孔型系统开发示例

根据某厂万能生产线轧机分布情况、坯料和成品的断面形状、尺寸及对产品性能的要求，确定生产高速铁路用钢轨 60kg/m 所需的孔型数量、轧制道次、各道次变形量、各孔型形状和尺寸以及各孔型在轧辊上的配置。

A　坯料选择

在型钢的轧制过程中，坯料的形状对孔型设计起到至关重要的作用。选择合适的坯料形状可以减少孔型设计的工作量，减少轧制道次数，大幅降低设备投资和减少基础建设工作。

随着连铸技术的进步，连铸坯用于钢轨生产的优势日益明显。连铸坯与模铸坯相比具有更好的表面质量和内部质量，以及更高的金属利用率。更重要一点是，连铸坯的冷却速度快，铸坯内部晶粒细化，成分均匀，有利于改善钢轨的焊接性能。但从连铸坯到成品钢轨的变形量至少不小于8:1，这样才能保证钢轨的使用性能。21 世纪 80 年代中期，我国大多数钢厂开始采用连铸坯生产钢轨，连铸加万能轧制法生产钢轨的工艺是近几十年来冶金技术的重大进步。

虽然合适的异形坯料优点很多，但是异形连铸坯的生产却受到连铸机结晶器形状的影响，往往很多断面复杂的异形坯难以生产，导致大多数型钢，特别是异形断面型钢，不可避免地需要不同程度的开坯。

坯料在选择的时候，为与连铸工艺相结合，采用 280～380mm 连铸矩形坯轧制 60kg/m

钢轨。

B　轧机布置形式及轧制道次分配

万能生产线轧机布置形式按 1-1-2-2-1 布置的七机架组成。其中开坯机两架（BD1、BD2），万能粗轧机两架（UR1E1），万能中轧机两架（UR2E2），万能精轧机 1 架（UF）。

确定轧制方案时，考虑到工艺设备条件及提高产品质量水平为目的，确定总轧制道次为 16 道次，道次分配为 6-5-1-1-1-1-1。

C　箱形孔

箱形孔配置在开坯机 BD1 机架上。箱形孔设计成左右不对称的形状，右侧具有与第一个帽形孔上部相同的斜度，以使之后的帽形孔上部有适当的侧压，轧件容易咬入。并且轧件经箱形孔轧制后，逆时针翻转 90°左侧金属位于帽形孔底部，因此箱形孔在一定程度上起到与立轧帽形孔相同的作用。

轧件在箱形孔轧制第一道次后，逆时针翻转 90°，调整辊缝，再进入箱形孔完成第二和第三道次的轧制。箱形孔形状如图 2-40 所示。轧件在箱形孔轧制三道次的延伸系数见表 2-13，每道次相对压下量较大，轧件发生较大的延伸与宽展。采用较大东下量，可以细化晶粒尺寸，保证钢轨质量。

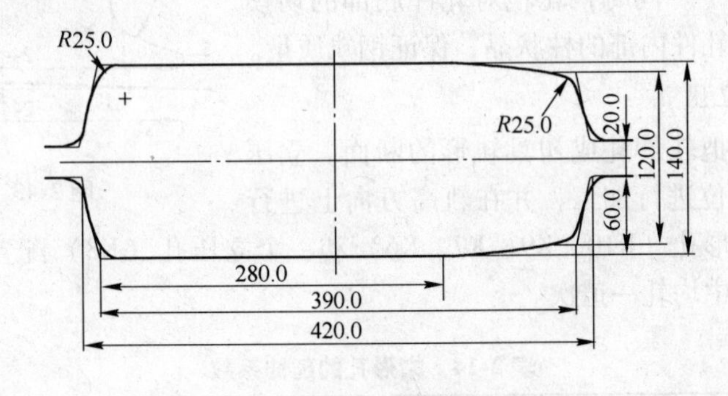

图 2-40　箱形孔

表 2-13　箱形孔各道次延伸系数

道次数	总面积/mm²	延伸系数	压下量/mm	道次压下率/%
1	100450	1.059	30	8
2	77700	1.293	77	26.8
3	54699	1.423	70	33.3

D　帽形孔

钢轨开坯轧制过程中一般配置三个帽形孔，以保证轧件底部宽度。本孔型系统中三个帽形孔型（K13、K12、K11 ）均配置在开坯机架 BD1 上，轧件在帽形孔中各轧一道次，以使轧件过渡到下一步的轨形孔中。帽形孔孔型图如图 2-41 ~ 图 2-43 所示，轧件在帽形孔中各道次的延伸系数见表 2-14。

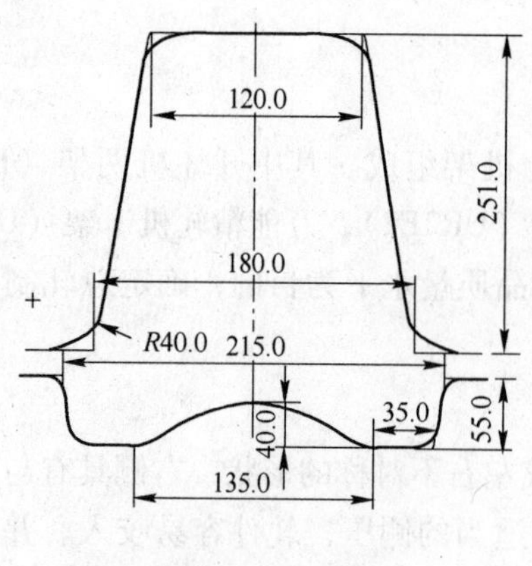

图 2-41 K13 孔

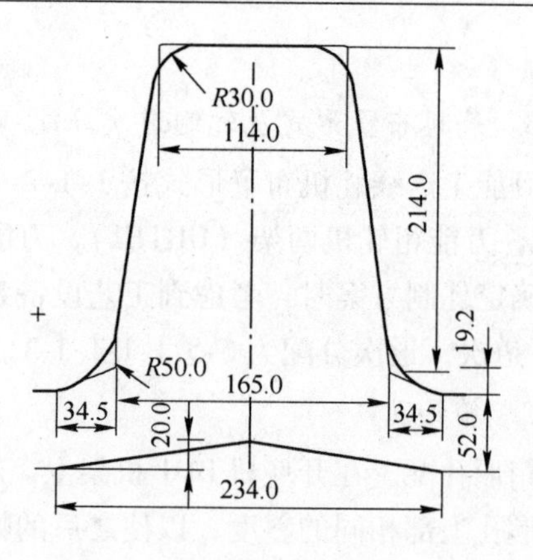

图 2-42 K12 孔

第一个帽形孔采用切楔、大张角度以及小圆弧半径，对轧件底部进行切楔，形成钢轨底部，后面两个道次轧平钢轨底部。在帽形孔的轧制中，轧件底部先与轧辊接触，变形量最大，形成脚部幅宽，并且在轧件高度上有较大压下。同时，轧辊对轧件底部的切楔变形，有利于破碎轧件内部的柱状晶，保证钢轨质量。

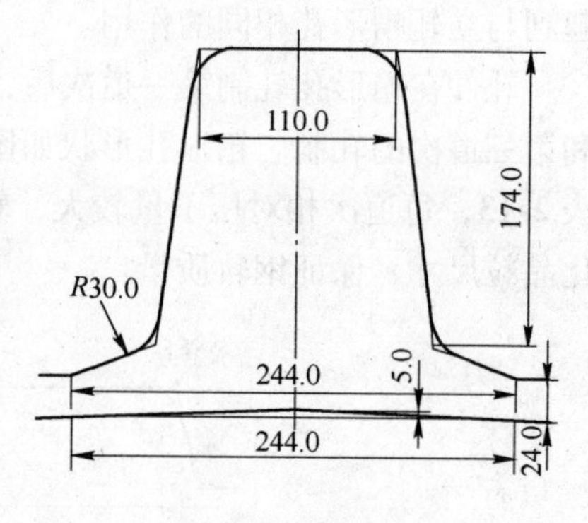

图 2-43 K11 孔

E 轨形孔和立压孔

轨形孔主要是把轧件轧成初具轨形的断面。立压孔对轨底和轨头部位进行加工，并在轨高方向上进行大的压下。四个轨形孔（K10、K9、K7、K6）和一个立压孔（K8）配置在开坯机架 BD2 上，轧件在各孔型中均轧一道次。

表 2-14 帽形孔的延伸系数

孔型号	辊缝值/mm	孔型面积/mm²	延伸系数
K13	286	51073	1.07
K12	262	42828	1.19
K11	213	32517	1.32

不同于轨形孔通常采用的开闭口孔型，此次设计时轨形孔都是采用上下对称设计，有利于轧件变形均匀。在设计中要注意轨头、轨底部孔型侧壁的斜度及腰部宽度的确定，以保证轧件从上一孔型轧出后能顺利地咬入到下一个孔型中。轨形孔和立压孔如图 2-44 ~ 图 2-48 所示。轧件在各轨形孔中各道次的延伸系数见表 2-15。

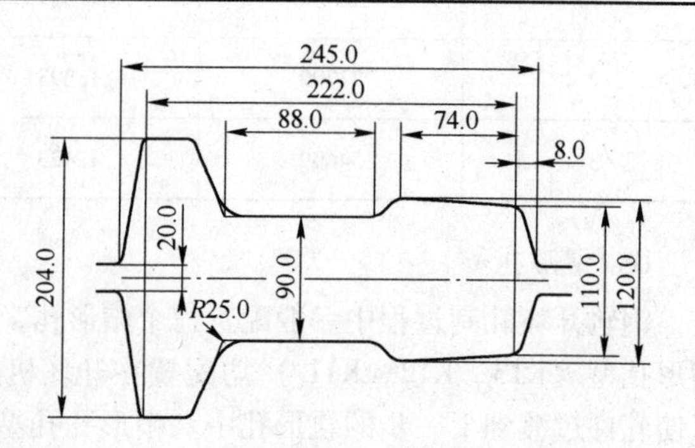

图 2-44 K10 孔

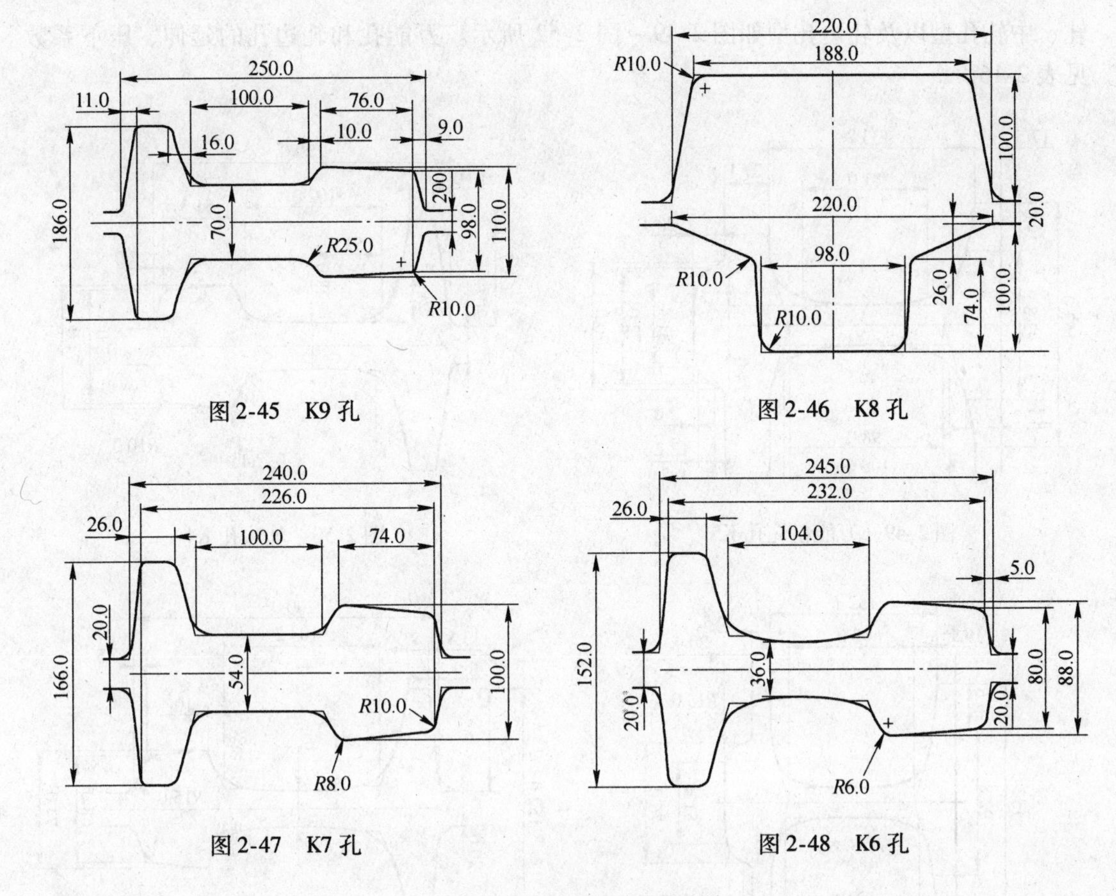

图 2-45　K9 孔

图 2-46　K8 孔

图 2-47　K7 孔

图 2-48　K6 孔

表 2-15　各道次延伸系数

孔　型	辊缝/mm	总面积/mm²	延伸系数	轧件各部位延伸系数		
				头部	腰部	底部
K10	90	26249	1.24	1.13	1.23	1.13
K9	70	22653	1.16	1.13	1.28	1.11
K7	54	19346	1.13	1.12	1.14	1.10
K6	36	16937	1.14	1.10	1.17	1.15

F　万能粗轧、中轧孔及轧边孔

万能粗轧和万能中轧孔型从上、下、左、右四个方向对轧件进行轧制，初具轨形的轧件，腰部承受万能轧机上下水平辊的压下作用，头部和腿部的外侧承受万能轧机立辊的垂直侧压作用。在四个方向上的压下量很大，万能粗轧和万能中轧孔型的延伸系数分别为 1.50 和 1.25，实现了轨腰、轨底和轨头的均匀延伸。水平辊及立辊各部位精确的圆弧尺寸设计，大大提高了辊内腔尺寸和形状精度，以及轨头、轨底形状和对称性精度。

为控制钢轨轨底边部和轨头侧面的尺寸与形状，在万能粗轧和万能中轧机后各配置了一架轧边机，万能轧机与轧边机采用连轧方式。轧边机对轨头侧面和轨底边部进行加工，保证轧件的尺寸和形状精度更精确。通过万能粗轧和万能中轧机组的轧制，轧件在进入成品孔前，具有更高的尺寸精度和更接近于成品孔的断面形状，保证了成品的精度。万能粗轧、中轧孔型以及轧边孔型如图 2-49 ~ 图 2-52 所示。万能孔和轧边孔的延伸、压下系数见表 2-16。

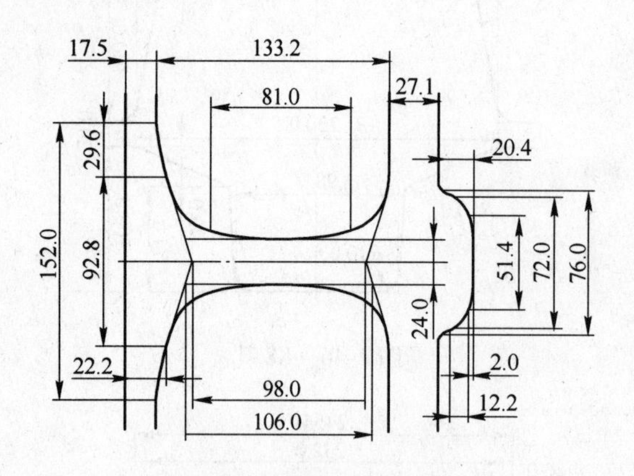

图 2-49 万能粗轧孔 K5

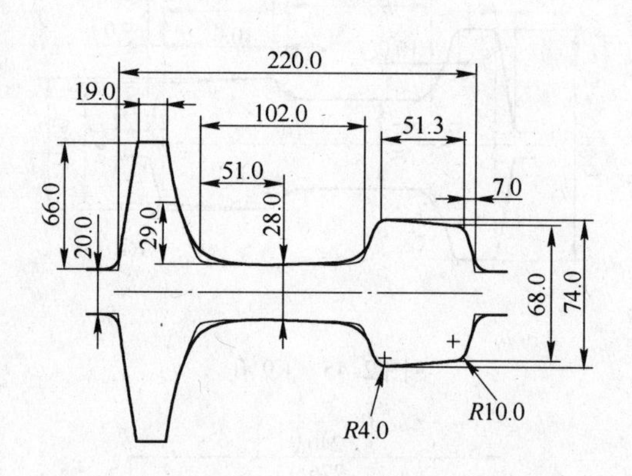

图 2-50 轧边孔 K4

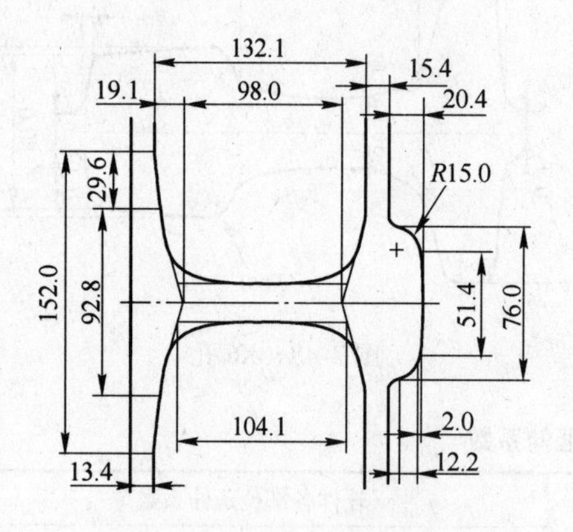

图 2-51 万能中轧孔 K3

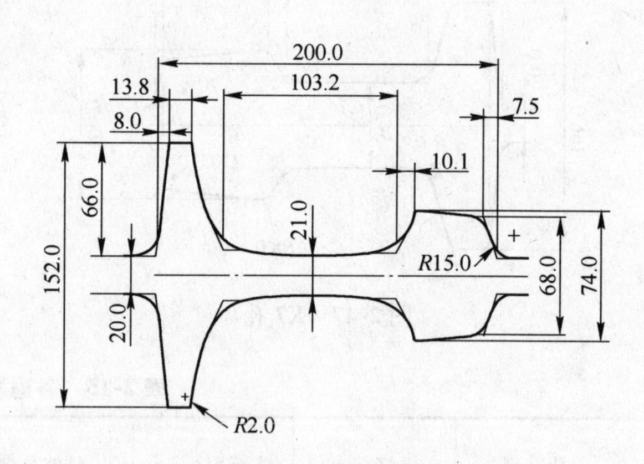

图 2-52 轧边孔 K2

表 2-16 万能孔和轧边孔的延伸、压下系数

孔 型	辊缝值/mm	延伸系数	轧件各部位压下系数		
			轨头	轨腰	轨底
UR1	16.70	1.50	1.486	1.500	1.314
E1	21.00	1.02			
UR2	18.40	1.25	1.306	1.304	1.331
E2	28.00	1.02			

G 全万能成品孔

成品孔设计的直接依据是钢轨断面尺寸及偏差。在确定成品孔各尺寸参数时，需考虑到各部分的断面面积及截面模数不一样，在确定头部尺寸时，按较大的热收缩系数，取 1.0136；其他部位取较小的热收缩系数，为 1.0125。轧件最终通过成品孔进一步定形，达到产品尺寸精度要求。万能成品孔型图如图 2-53 所示。

H　轧机参数及其孔型配置

（1）开坯轧机及配辊。BD1、BD2 开坯机均为二辊可逆式牌坊轧机，轧辊最大直径为 1100mm，辊身长度为 2300mm，辊颈直径为 600mm，电机功率为 5000kw，轧制速度为 0.5 ~ 5.0m/s。轧机均为右侧驱动，轧件在需要翻钢时都按逆时针方向进行。

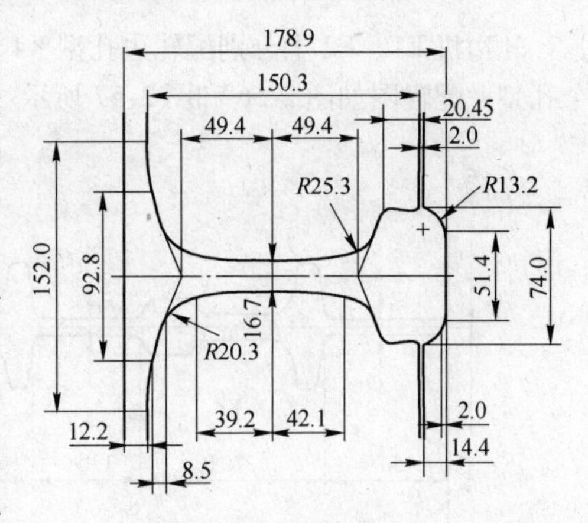

图 2-53　万能精轧孔 K1

BD1 轧机上按顺序配有一箱形孔、三个帽形孔（K13、K12、K11），并且配有一个备用孔型 K11。在 BD1 轧机上轧制六道次，箱形孔轧制三道次，三个帽形孔各轧一道次。BD1 轧机的配辊示意图如图 2-54 所示。

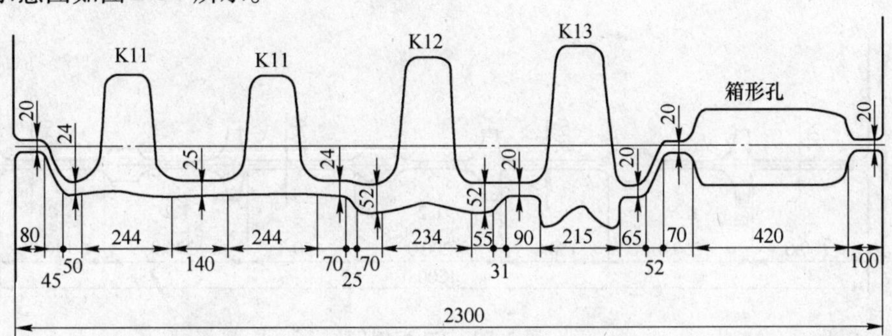

图 2-54　BD1 轧机配辊图

BD2 轧机的配辊示意图如图 2-55 所示，轧机上按顺序配有两个轨形孔（K10、K9）、一个立压孔（K8）和两个轨形孔（K7、K6），并配置一个备用轨形孔 K6，在 BD2 轧机上轧制五道次。

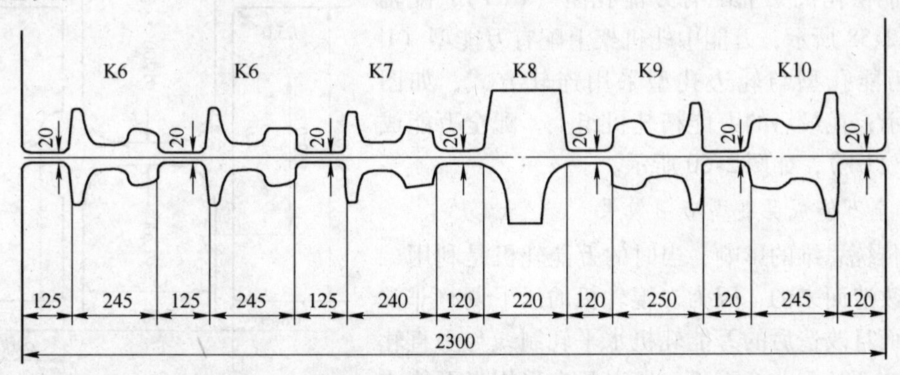

图 2-55　BD2 轧机配辊图

（2）轧边机及配辊。轧边机电机功率为 1500kW，轧辊最大直径为 900mm，辊身长度为 1200mm，最大轧制力为 2500kN。轧边机可快速横移，保证从万能孔型出来的轧件进入合适的轧边孔型。

轧边机 E1、E2 上分别配轧边孔型 K4 和 K2。考虑到孔型长度和辊身长度，各刻有三个孔型。配辊图如图 2-56 和图 2-57 所示。

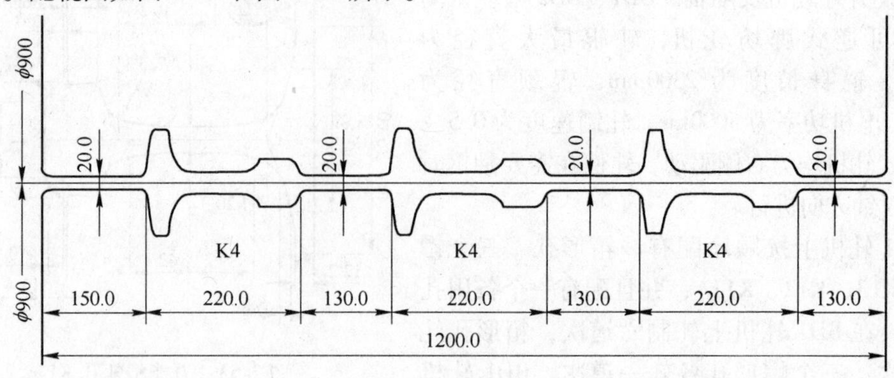

图 2-56　E1 配辊图

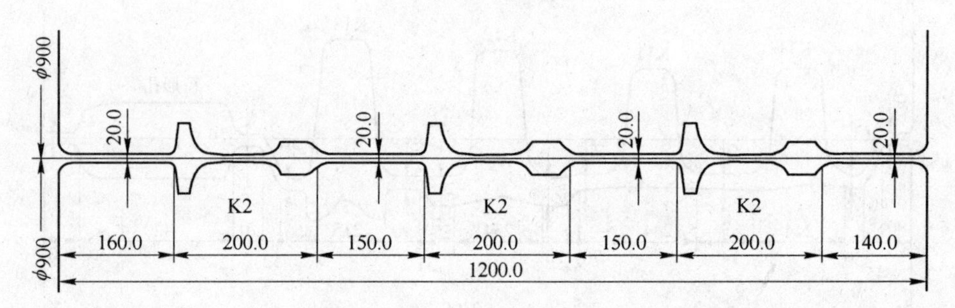

图 2-57　E2 配辊图

（3）万能轧机及配辊。万能粗轧机电机功率为 5000kW，万能中轧机电机功率为 3500kW，万能精轧机电机功率为 2500 kW。万能轧机水平辊最大直径为 1200mm，辊身长度为 150mm，最大轧制力为 6000kN。立辊最大直径为 800mm，辊身长度 280mm，最大轧制力为 4000kN。

万能粗轧机架上配有万能孔型（UR1），配辊图如图 2-58 所示；万能中轧机架上配有万能型（UR2），万能孔型与轧边孔型采用连轧方式，如图 2-59所示；在最后的万能精轧机组上，配全万能成品孔型（UF），如图 2-60 所示。

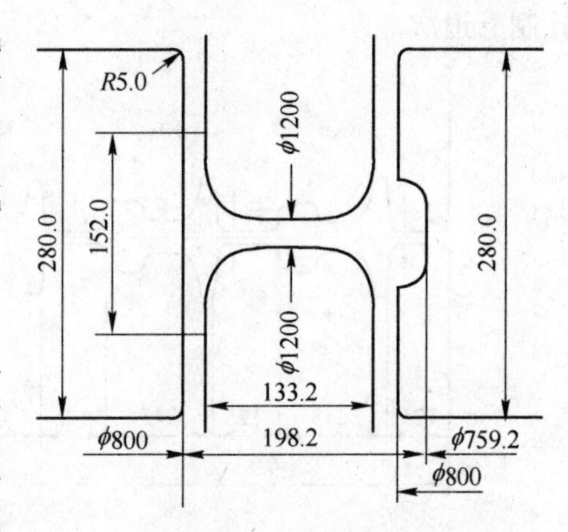

图 2-58　UR1 配辊图

I　全万能成品孔型应用效果

受传统思维的影响，当时的万能轧机是利用二辊轧机改造而来的，因为二辊轧机的压下调整非常困难，而且改造后的万能轧机水平轧制线与垂直轧制线很难调整到一个平面，所以只有采用半万能成品孔来生产钢轨，也就是说采用半万能成品孔的主要优点是可以避免轧机在有效压下调整方面带来的困难。而对于具有 AGC 功能的现代化万能轧机，这一点已经不再是限制因素，可采用万能孔型生产钢轨。

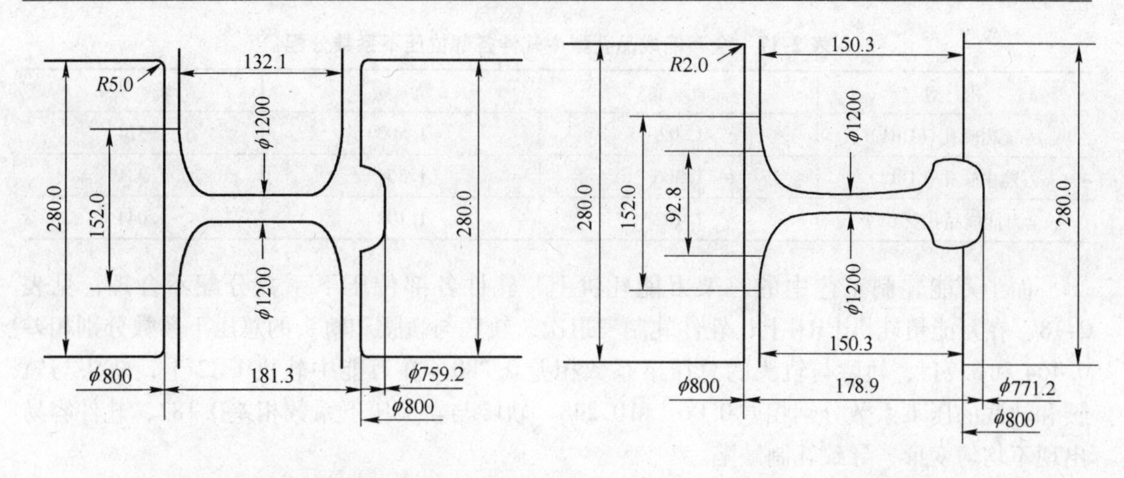

图 2-59　UR2 配辊图　　　　图 2-60　UF 配辊图

在半万能孔型中，轧辊同时对轨头、轨底进行压缩，整个截面均匀变形。与二辊孔型相比，单独使用一个半万能成品孔型，钢轨的头宽、内腔、对称性和轨底形状可以保证。由于半万能成品孔中，上、下水平辊在轨头部位开口，轧件变形时轨头踏面处自由宽展，钢轨轨头圆弧踏面形状精度无法得到保证。若调整轨腰处压下量或来料腰部厚度有波动时，会导致轨头出现受迫宽展和拉伸变形，明显影响轨头踏面形状和轨高。

采用半万能钢轨轧制法生产钢轨，质量可以满足高速铁路的要求，但对钢轨精度的提高主要是在半万能成品孔前的万能粗轧和中轧机组中完成，而当轧件进入最后的万能成品孔时，对精度的提高几乎已经不起作用。因此，半万能孔型不是一个严格意义上的精轧孔型，它只有与万能成品前孔相结合才能起到提高钢轨尺寸精度的作用。为了确保用一个成品孔型提高钢轨的尺寸精度，万能精轧道次应使用全万能成品孔型。

与普通二辊孔型和半万能成品孔型相比，全万能成品孔型在轨头踏面处没有辊缝开口，可充分对钢轨轨头踏面进行压缩，提高踏面圆弧尺寸精度，确保轨高，在保证轨高及轨头圆弧精度方面，全万能成品孔型有其特有的优势。

高速铁路标准对钢轨高度尺寸精度的要求为 ±0.6mm，轨头宽度尺寸精度要求为 ±0.5mm。在只增加一个立辊的情况下，精轧道次采用全万能成品孔，就可以确保轨高尺寸。

在使用全万能孔型成品孔时，无论对轧机的结构还是对轧机的调整能力都有特殊要求，要求轧机的上、下水平辊具有以下能力：(1) 辊缝中心与立辊孔型轴向中心线对正；(2) 具有动态轴向调整功能。

国内三家钢轨厂家都纷纷改造了钢轨生产线，在设备先进的情况下，万能轧机都已具备辊缝中心线与立辊孔型轴向中心线对正和动态轴向调整的功能，完全可以满足使用全万能孔型作为成品孔型时对轧机结构和调整能力的要求。因此，最后的成品孔应该采用全万能孔型。

相对于半万能成品孔型，采用全万能成品孔型对轧制的优化主要体现在三架万能轧机上。采用全万能轧制工艺时轧件各部位的压下系数分配见表 2-17。从表中数据不难看出，在万能轧机上，轧件轨底和轨腰的压下系数相同，而轧件轨头与轨底及轨腰的压下系数相差很小，轧件断面变形均匀。

表 2-17　全万能成品孔型中轧件各部位压下系数分配

孔　型	轨　底	轨　腰	轨　头
万能粗轧孔（UR1）	1.486	1.500	1.314
万能中轧孔（UR2）	1.306	1.304	1.331
全万能成品孔（UF）	1.102	1.102	1.044

而半万能轧制工艺中的三架万能轧机上，轧件各部位压下系数分配不合理，见表 2-18，在万能粗轧机 UR1 上，轧件轧制三道次，轨底与轨腰和轨头的总压下系数分别相差 0.464 和 0.744，轨腰与轨头的总压下系数相差 0.280。在万能中轧机 UR2 上，轨头与轨腰和轨底的压下系数分别相差 0.061 和 0.248，轨腰与轨头压下系数相差 0.187，轧件容易出现不均匀变形，导致轧制缺陷。

表 2-18　半万能成品孔型中轧件各部位压下系数分配

孔　型	轨　底	轨　腰	轨　头	备　注
万能粗轧孔（UR1）	2.626	2.162	1.882	轧制三道次
万能中轧孔（UR2）	1.026	1.213	1.274	
半万能成品孔（UF）	1.093	1.096	1.012	

由于在全万能成品孔型中，可对轧件的水平和垂直四个方向进行轧制，避免了半万能成品孔型轨头自由宽展的缺点，在 UF 轧机上可以有大的压下，保证了提高钢轨尺寸精度和形状精度。由表 2-17 可看出，全万能轧制工艺在三架万能轧机上都有压下，而且依次减小，从而减轻了万能粗轧和中轧的轧制任务，各机架间的压下系数分配更合理。

2.2.4　钢轨矫直

钢材在加热、轧制、冷却和运输过程中经常会产生种种形状缺陷，如钢轨出现全长弯曲、端部弯曲、波浪弯、死弯、扭转（见图 2-61），工字钢、H 型钢产生翼缘内并、外扩和扭转，角钢出现外弯、内弯、扭曲、角变形，槽钢出现立弯、旁弯和扭曲，板带材出现瓢曲、中浪、双边浪、单边浪弯等，都需要矫直。所谓矫直，就是根据材料的弹塑性性质，并且结合弹塑性理论，通过对钢材特定部位的压弯和反弯、拉伸和压缩后，既可以使钢材的纵向纤维由弯曲变得平直，亦可以保证纵向截面的平直度，此外还可以使钢材的横向纤维以及相对应的横向截面也达到平直的效果。

型钢通常使用压力矫直、辊式矫直和拉伸矫直技术。辊式矫直是钢材从上下两排相互交错排列的辊子之间通过时，因受到多次反复弯曲而得到的对形状缺陷的矫正。考虑到原始弯曲率不相同的因素，为了保证矫直质量，轧件在三个矫直辊间不可能得到矫直，必须增加辊数。由此，辊式矫直机的矫直过程应是消除原始曲率不均匀性，将轧件矫直。这就决定了轧件需经多辊反复弯曲逐渐得到矫直这一特点，辊式矫直机一般至少要五个以上工作辊。

压力矫直是用活动压头施加压力使安放在两个固定支点间的轧件弯曲而实现的轧件形状缺陷的矫正。压力矫直机分立式和卧式两种，按动力来源又分为液压传动和机械传动两类。压力矫直时将轧件的弯曲部分放在活动压头下面，向反向弯曲。载荷卸去后，轧件经弹复正好达到平直。压力矫直一般只作为大型钢材和中厚板在辊式矫直之后的补充矫直。

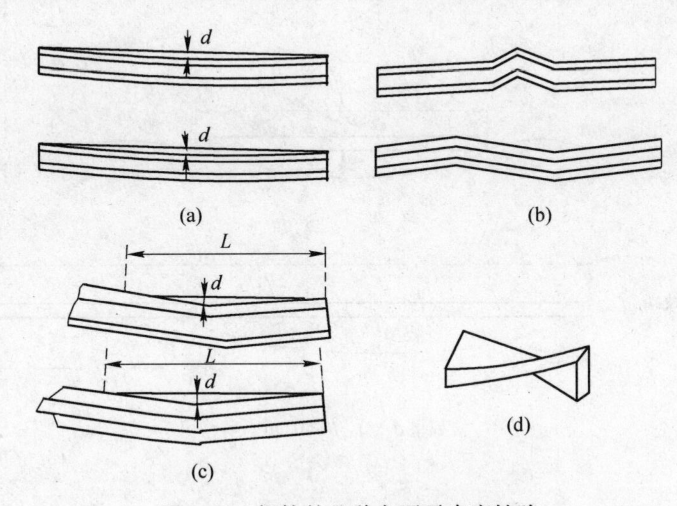

图2-61　钢轨的几种主要平直度缺陷

（a）弯曲；（b）波浪弯及死弯；（c）端部翘弯；（d）扭转

2.2.4.1　高速铁路对钢轨平直度的要求

随着铁路列车的不断提速，各国对钢轨定尺长度的选择和所采用钢种的强度与化学成分、表面质量、耐磨性，以及焊接和平直度方面的要求都有了很大的提高。高速铁路用钢轨（TB/T 3276—20011）的平直度和扭曲要求见表2-19。

表2-19　高速铁路用钢轨的平直度和扭曲要求

部　位	项　目	允 许 偏 差
轨端0~2m部位	垂直方向①、②（向上） （向下）④	0~1m：≤0.3mm/1m 0~2m：≤0.4mm/2m ≤0.2mm/2m
	水平方向①、②	0~1m：≤0.4mm/1m 0~2m：≤0.6mm/2m
距轨端1~3m部位	垂直方向	1~3m：≤0.3mm/2m
	水平方向	1~3m：≤0.6mm/2m
轨身③	垂直方向	≤0.3mm/3m和≤0.2mm/1m
	水平方向	≤0.5mm/2m
钢轨全长	上弯曲和下弯曲	≤10mm⑤
	侧弯曲	弯曲半径$R>1500$m
	扭曲⑥、⑦	

①钢轨平直度测量示意图如图2-62（a）所示，图中L为测量尺长，d、e为允许公差。

②垂直方向平直度测量位置在轨头踏面中心；水平方向平直度测量位置在轨头侧面圆弧以下5~10mm处。

③轨身为除去轨端0~2m外的其他部分。

④出现低头部分的长度（F）应小于0.6m。

⑤当钢轨正立在检测台上时，端部的上翘不应超过10mm。

⑥当钢轨轨头向上立在检测台上能看见明显的扭曲时，用塞尺测量钢轨端部轨底面与检测台面的间隙，不得超过2.5mm。

⑦钢轨端部和距之1m的横断面之间的相对扭曲不应超过0.45mm。以轨端断面为测量基准，用特制量规（扭曲尺，长1m）对轨底下表面的触点进行测量，触点中心与轨底边缘的距离为10mm，触点接触表面面积为150~250mm²，如图2-62（b）所示。

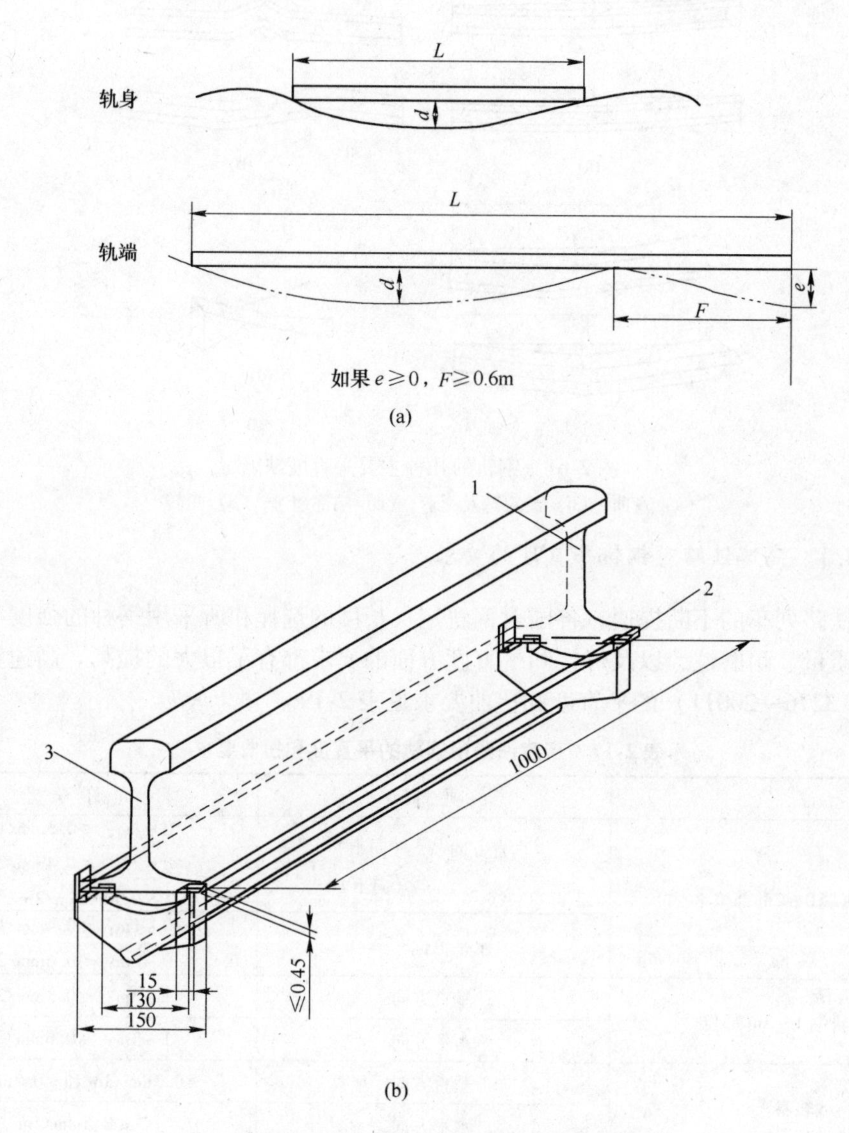

图 2-62　钢轨平直度和端部扭曲测量示意图

（a）钢轨平直度测量示意图；（b）钢轨端部扭曲测量示意图

1—距离轨端面 1m 的横截面；2—量规（扭曲尺）；3—轨端横截面

2.2.4.2　钢轨矫直技术的分类

钢轨平直度是决定钢轨使用寿命和影响机车运行速度的重要参数。各国先进的钢轨生产厂对钢轨矫直技术都十分重视。

各国钢轨生产厂家不断优化矫直工艺，形成了如下几种钢轨矫直技术：

（1）辊式矫直及平立辊复合矫直技术。钢轨的辊式矫直工艺是以前钢轨生产普遍采用的矫直技术，它是利用矫直时钢轨受到反复弹塑性弯曲变形，纵向产生拉伸或压缩变形，高度方向产生压缩变形，从而使钢轨的原始弯曲逐渐减小，最终获得符合标准的平直度。

随着对钢轨平直度和尺寸精度要求的逐步提高，美国惠林—匹茨堡公司于1981年设计出了由计算机控制的双面矫直机。该矫直机在水平和垂直方向都有一孔型设备，在对钢轨水平方向用9辊矫直机矫直后，再在垂直面上用3辊矫直机进行补充矫直，即平立辊复合矫直技术。

(2) 拉伸矫直技术。钢轨拉伸矫直技术是在钢轨两端施加拉力，使钢轨的应力超过屈服点，将原始长度不同的纵向纤维拉到实际长度相等，其拉伸量由对平直度的要求和拉伸前钢轨平直度的情况来决定，只要钢轨的拉伸率超过0.25%~0.3%，那么无论残余拉伸量多大钢轨在水平和垂直两个方向都能达到合格的平直度。经测定，拉伸矫直还可使钢轨的残余应力降低到理想水平。但是该技术小时产量低，一直未能得到推广运用。

(3) 压力矫直技术。经辊式矫直机矫直后的钢轨在距轨端约三分之二辊距（1000mm左右）或钢轨中间会存在局部硬弯（盲区），难以矫直，这是由辊式矫直机的间距决定的，通常还需采用四面压力矫直机进行端部矫直。

2.2.4.3 辊式矫直机

钢轨的平直度是由钢轨矫直机的结构参数和矫直工艺参数决定的，因此对钢轨矫直进行全面、综合的深入研究，对提高钢轨的质量、提高成材率（国产钢轨成材率只有85%）、延长使用寿命等具有重要意义。

辊式矫直机属于连续反复弯曲的矫直设备，它克服了压力矫直机断续工作的缺点，使矫直效率成倍提高。其理论就是利用金属材料在较大弹塑性弯曲条件下，不管其原始弯曲程度有多大区别，在弹复后所残留的弯曲程度差别会显著减小，甚至会趋于一致。随着压弯程度的减小，其弹复后的残留弯曲必然会一致趋于零值而达到矫直目的。因此辊式矫直机必须具备两个基本特征，一是具有相当数最交错配置的矫直辊以实现多次的反复弯曲；二是压下量（压弯量）可以调整，能实现矫直所需要的压弯方案。

辊式矫直机的矫直过程有以下特点：(1) 轧件的原始曲率通常是不均匀的（大小和方向均可能不一致）。辊式矫直机的作用是通过各辊的反复弯曲，逐步缩小轧件残余曲率的变化范围。(2) 矫直机前几个辊子的主要作用是缩小残余曲率的差值，后面几个辊子的主要作用是减小趋于均匀的残余曲率。(3) 增大最初几个矫直辊的压下量，可迅速缩小原始曲率的不均匀性，提高矫直效率。

钢轨常规矫直工艺主要采用辊式矫直工艺。实践证明，现在辊式矫直工艺存在两种弊病：一是造成钢轨残余应力过大，这将会威胁列车的行车安全，减少钢轨寿命；二是辊式矫直工艺无法矫直每支钢轨的两端，在距轨端大约矫直辊距三分之二的长度得不到矫直，为保证端头的平直度，还必须采用压力矫对端头进行补矫。

A 辊式矫直机的矫直原理

辊式矫直机完成钢轨的一次矫直过程，要经过多次反复弹塑性弯曲变形。冷却后钢轨的原始曲率通常是不均匀的（大小和方向均可能不一致），通过各辊的反复弯曲，逐步缩小钢轨残余曲率的变化范围。

钢轨在矫直过程中应用3点弯曲受力模型分析，每相邻3个辊子之间形成一个3点弯曲塑性变形区，水平矫直机经过7次反向弯曲塑性变形（7个塑性变形区）上下弯获得矫直，垂直矫直机经过5次反向弯曲塑性变形（5个塑性变形区）左右旁弯获得矫直。钢轨在辊式矫直机上通过交错排列矫直辊施加压力，当钢轨受到的实际应力大于其屈服强度时将产生塑性变形。矫直机前几个矫直辊的如第1、2次弯曲中采用较大的大压下量，形成很大的反弯曲率，可以迅速缩小原始曲率的不均匀性。将原始曲率大小、方向不同的弯曲变成曲率方向相同、大小大致相同的残余曲率，使钢轨的曲率趋于一致。后面几个矫直辊弯曲变形中逐渐减小压下量，其主要作用是减小趋于均匀的残余曲率，直至符合要求的平直度。

在矫直过程中，压弯量增大时残留量的差值减小，当压弯次数增加时残留量的差值也减小，递减量合适时残留量才能趋近于零。这也说明矫直过程必须经过两个阶段，第一阶段是减少差值；第二阶段是消除残留弯曲。如图2-63所示，某重轨60kg/m水平辊式矫直机由9个辊组成，矫直辊R1～R8辊配有孔型，R9没有孔型。矫直辊间距为1.6m，矫直辊直径为1.1m。矫直速度取1.5m/s。根据重轨轨头踏面有弧度的特点，上矫直辊的孔型带有弧度，半径与轨头踏面半径基本相近，矫直辊边缘的半径不宜过小，否则矫直时容易压裂辊圈。

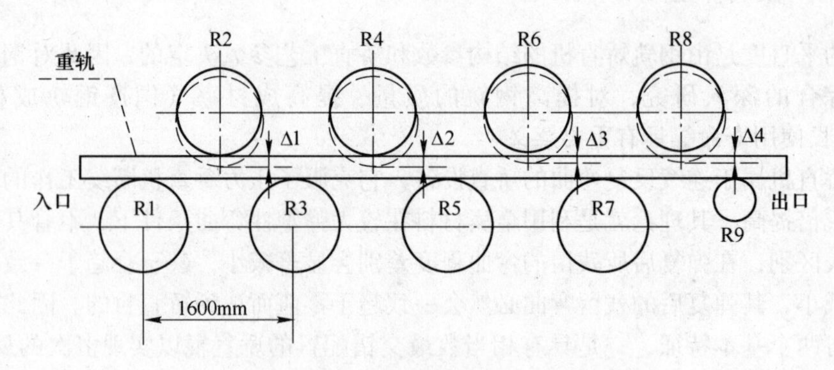

图2-63　矫直辊布置示意图

钢轨的矫直过程是一个复杂的弹塑性变形过程。这一过程可看做两个阶段，即反向弯曲阶段和弹性恢复阶段。在反向弯曲阶段，钢轨受到外力和外力矩的作用产生弹塑性变形；在弹性恢复阶段，钢轨在自身的弹性变形能作用下，力图恢复到原来的平衡状态。钢轨矫直就是要经过多次这样反向弯曲和弹性恢复的过程，克服其内部反弹力矩，最后通过屈服而使钢轨达到平直。在钢轨矫直过程中，钢轨断面各部分受力不同，产生不同程度的变形，以其中性轴为界，在靠近中性轴附近多产生弹性变形，在远离中性轴处则产生塑性变形，如图2-64所示。具体塑性变形深透程度是受矫直压力决定的。钢轨矫直过程的变形条件为：

$$\frac{1}{\rho_{反}} = \frac{1}{\rho_{弹}} + \frac{1}{\rho_{残}}$$

式中　$\rho_{反}$——反弯曲率半径；

$\rho_{弹}$——弹性恢复曲率半径；

$\rho_{残}$——残余曲率半径。

只有在 $\frac{1}{\rho_{残}} = 0$ 时，才能实现 $\frac{1}{\rho_{反}} = \frac{1}{\rho_{弹}}$，此时钢轨才能被矫直。

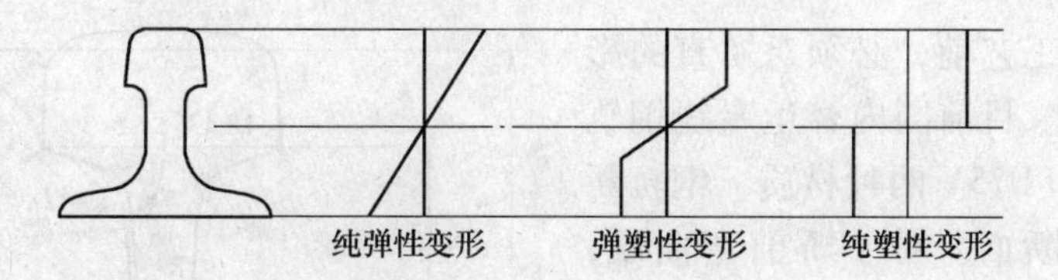

图 2-64　钢轨矫直过程的变形状态

钢轨矫直应满足下式：

$$\rho_{eL} \leqslant \sigma_{矫} \leqslant R_m$$

即矫直应力最小要等于被矫直钢轨的屈服强度，否则不可能产生塑性变形；但矫直应力也不能过大，必须小于被矫钢轨钢的抗拉强度。否则钢轨可能被矫断。

B　矫直过程影响平直度的因素

钢轨矫直的最终目的是使钢轨的平直度达到使用要求，钢轨的轨底纵向残余应力达到最小。影响钢轨矫后平直度和残余应力的因素有：（1）矫直机矫直辊施加压力；（2）钢轨的矫前（原始）弯曲度；（3）钢轨的强度、硬度；（4）钢轨的断面系数；（5）钢轨的矫直温度；（6）钢轨的矫直方式；（7）钢轨的矫直次数。

对复合矫直工艺来说，其矫直方式为平立复合矫直（先在轨高方向上进行一次矫直，再在水平方向对轨头进行一次矫直），矫直次数为一次，其中水平矫直辊负责矫直重轨的上下弯（水平度），垂直矫直辊负责矫直重轨的旁弯（直线度）。

影响钢轨矫直质量的因素为：矫直压力、矫前弯曲度、材质、断面、矫直温度等。在研究合理的矫直工艺时，必须要考虑这些影响因素，才能保证钢轨的矫直质量。

某重轨垂直辊式矫直机结构如图 2-65 所示，由 8 个矫直辊组成，R1 ~ R7 矫直辊配有孔型，R8 无孔型；矫直辊直径为 700 ~ 750mm，矫直辊辊距可为 1300mm、1200mm、1100mm，矫直速度为 0.1 ~ 2.25m/s；单辊最大矫直力为 1700kN，单辊最大轴相力为 250kN。

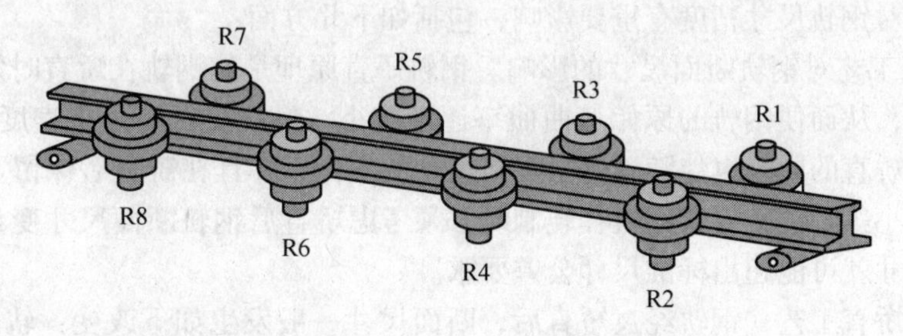

图 2-65　垂直辊式矫直机示意图

根据 60kg/m 重轨的金属分配（各部分占总面积的百分比），轨头为 25.29%，轨底为 37.24%，重轨轨头处金属的含量最高，因此对轨头部位进行矫直，效果最佳。

根据垂直矫直机孔型设计思想，垂直矫直辊主要对轨头进行矫直，矫直点集中在轨头下部分，辊圈鼓肚部位对重轨起到拖送作用。根据重轨的外形特点及重轨牌号设计辊圈孔型，60kg/m 重轨矫直辊辊圈孔型如图 2-66 所示。在保证重轨矫直质量的前提下，采用轻压力矫直。

在确定矫直工艺前，必须对矫直的影响因素进行研究。目前国内客运专线钢轨主要是U71Mn和U75V两种材质，钢轨断面则为60kg/m断面。对于矫前弯曲度，目前国内钢轨生产厂家都是采用长尺轧制和步进梁大冷床冷却方式进行生产，钢轨在开始冷却前都采用预先设定的预弯曲线进行反向预弯，到钢轨矫直机前，矫前弯曲度都能控制在600～800mm。矫前温度则一般控制在不大于60℃。

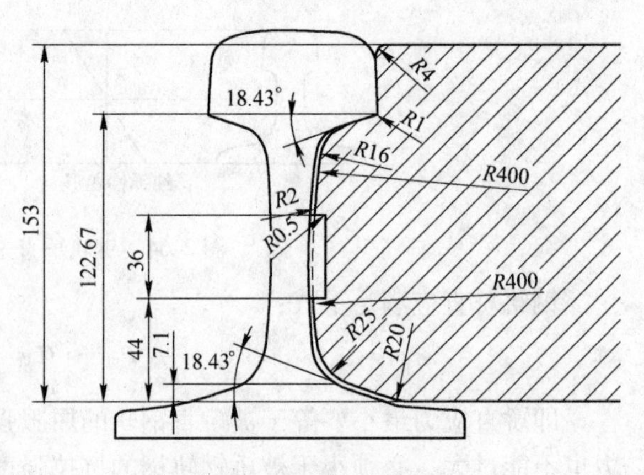

图2-66 垂直矫直辊孔型

在上述矫直因素确定的前提下，一般采用表2-20、表2-21和表2-22的工艺参数即能使钢轨平直度达到客运专线技术条件要求。

表2-20 水平矫直机压下工艺参数 (mm)

轴号	2号	4号	6号	8号
压下量	15.0～17.0	11.0～14.0	4.0～7.0	-2.0～2.0

注：对U71Mn材质一般采用偏下限值，U75V采用偏中上限值。

表2-21 垂直矫直机压下工艺参数 (mm)

轴号	2号	4号	6号
压力量	7.0～12.0	7.0～12.0	0.5～2.0

注：对U71Mn材质一般采用偏下限值，U75V采用偏中上限值。

表2-22 垂直矫直机调整扭转常用轴向参数 (mm)

轴号	1号	2号	3号	4号	5号	6号	7号
轴向数	5.0～7.0	3.0～5.0	5.0～7.0	7.0～9.0	3.0～5.0	5.0～7.0	3.0～5.0

矫直工艺对钢轨尺寸精度有重要影响，包括如下几方面：

(1) 矫直工艺对钢轨断面尺寸的影响。钢轨矫直原理是使钢轨在矫直时发生反复的弹塑性弯曲变形，从而便钢轨的原始弯曲曲率逐渐减小，最终获得满足平直度要求的钢轨。因此，在钢轨矫直的同时也伴随着钢轨规格尺寸的变化，并且在矫直后保留下来，如头宽增加、轨高减小等。这就要求钢轨在轧制时必须考虑矫直后钢轨断面尺寸变化，否则，矫后钢轨断面尺寸就可能超出标准尺寸公差要求。

按照上述矫直工艺，钢轨经过矫直后，断面尺寸一般发生如下改变：轨高减小0.4～0.6mm；轨头踏面增宽0.1～0.2mm；轨头下颚变窄0.1～0.2mm；轨底底宽增大0.1～0.3mm；轨头与轨底间距变小0.2～0.4mm。

矫直后在重轨两端各形成一个非矫直区及过渡区，中部为矫直变形区，非矫直区内轨高基本没有减少，过渡区内轨高波动较大，矫直变形区轨高减少在0.29～0.9mm范围内，重轨两端切除1.5m之后，轨高比较稳定。

辊式矫直过程中轨高方向的压下与轧制时厚度方向的压下变形不同，也不同于纯三点弯曲的压下变形。轧制压下时的接触弧长主要考虑入口侧因厚度减小轧件与轧辊的接触部分，而辊式矫直过程中压下使轧件产生弯曲而包住轧辊。从其中某3个辊形成的三点弯曲状态看，轧件对轧辊的包角在入、出口侧相差不大，计算接触弧长时可设定其两侧包角近似相等。根据实测轨高减小的结果可以确定，高度方向的应力已达到或超过屈服强度（至少有一部分区域达到屈服状态），产生压缩塑性变形，从而使轨高尺寸发生变化。

（2）钢轨矫直后长度缩短。钢轨矫直后均产生缩短现象，其缩短率波动在 0.05%~0.15%之间，它随矫直变形量及原始曲率而变化。一般来说，钢轨缩短难以控制，并影响定尺率和长度公差。但国内目前都是采用长尺矫直、矫后锯切定尺的流程生产，避免了由于矫直后长度缩短造成的尺寸不合格，较好地解决了这一问题。

C 矫直后残余应力

钢轨在生产过程中，要经过轧制、冷却、矫直等工艺。热轧成形的钢轨在冷床上缓慢冷却时，由于钢轨外表面和内部的冷却速度不同所引起的温度梯度以及微观显微组织发生转变，产生很大的热应力和相变应力。在热应力和相变应力的作用下，钢轨产生不均匀的塑性变形，从而产生了残余应力。同时，由于钢轨断面为变截面，在冷却时，轨腰和轨底边缘具有较快的冷却速度，轨头的冷却速度最慢，这使钢轨产生了很大的残余应力和畸变。冷却后钢轨内部应力分布为，轨头中部为压应力。轨腰中部为拉应力，轨底中部为拉应力，但残余应力值较小。

钢轨冷却后一般会产生一个弯向头部的弯曲度，必须经过矫直后才能使用。辊式矫直是目前国内外广泛采用的矫直方法，这种矫直方法使钢轨沿纵向产生残余应力（距轨端 0.5m 范围内除外）。矫直中钢轨产生残余应力的过程如下：钢轨在矫直辊巨大的弯曲应力、剪切应力和接触应力的作用下，产生非均匀的塑性变形，轨头和轨底横向伸长，纵向变短，而轨腰相对于矫直前变长，因此在轨头和轨底产生纵向拉伸应力，轨腰产生纵向压缩应力。

钢轨内残余应力的产生，应是钢轨冷却过程中产生的应力和矫直产生的应力相叠加的结果，但起主导作用的还是钢轨的矫直工艺。矫直后，钢轨纵向残余应力分布形态呈 C 形曲线，轨头和轨底为拉应力，轨腰为压应力。

一般来说，并不希望钢轨内有残余拉应力，因为它总是降低尺寸和外形的稳定性以及疲劳寿命。受生产工艺所限，在生产工艺中不可避免地要产生残余应力，钢轨矫直后残余应力受下列因素影响：原始曲率、压下量、屈服极限、热处理方法、矫直方式及矫直次数等。普遍认为合适的残余应力是在钢轨的轨头和轨底存在纵向压缩残余应力，轨腰存在纵向拉伸残余应力。但就目前国内外钢轨的生产工艺而言，所生产的钢轨内部残余应力正好与其相反，即：钢轨的轨头和轨底存在纵向拉伸残余应力，轨腰存在纵向压缩残余应力。这种残余应力分布特点对钢轨的使用很不利，因为工作应力和残余应力叠加，会引起裂纹的产生和增长。车轮经过时，轨头处受到压应力，在轨头表面处，残余应力可以与之相互抵消，残余应力对轨头的影响比对轨底的影响小得多。而轨底处受到拉应力的作用，与残余拉应力叠加，因此铁路标准规定轨底最大纵向残余应力不超过 250MPa。

2.2.5 钢轨的白点与缓冷处理

2.2.5.1 白点的形态与特征

白点是极其严重的钢轨内部缺陷，生产中发现具有白点的钢轨则予以报废。

白点缺陷破坏了钢轨的连续性，促使钢轨在使用过程中突然折断，导致列车颠覆，所以国家标准规定，生产钢轨时应采取足以保证钢轨内不产生白点的生产工艺。普遍采用的消除钢轨的白点的方法是缓冷处理，但钢轨在坑内的缓冷时间则因国家之不同而差别很大。

白点是钢轨内部沿纵轴方向排列的一些碟形裂口，其大小不一，并随轧件断面尺寸的增减而变化，无一定方向，厚度一般在1.0mm以下，多集中出现在相当于钢轨的头部。

具有严重白点的钢轨折断后，在断口上可显示出碟形的两壁，有时也看到颜色较淡的呈椭圆形或圆形小点，但大多数情况下在钢轨的断面上不能看到白点。

将具有白点的钢轨，沿头部中心剖开磨光经热酸浸蚀后，可以看到碟形的截面，以细小裂纹出现，其长度为0.2～5mm，且与轧制纵轴呈任意角度。

检查白点的试样，常取在相当于钢锭的头部，有时也看到白点与滴状偏析或非金属夹杂物共存。在显微镜下白点通常出现在金属致密的部位，这表明白点的形成与钢内的夹杂、偏析等其他缺陷无关。白点裂纹有时穿过晶粒，也有时沿晶粒边界分布，白点部位的组织与其邻近的正常部分无任何差异。

钢轨在使用期间，因列车往复运行，白点的头端产生应力集中，白点逐渐发展、直到断裂，在其断口靠近中心部位，有呈椭圆形的较光滑的区域。钢轨因白点而折断是长期的发展过程，断口与空气接触而呈现黑色，所以铁路部门又称之为黑核。使用表明，在线路上因白点折断之钢轨，占全部折断钢轨的75%左右。

2.2.5.2 白点的产生原因

关于形成白点的机理有很多假说，但氢和内应力是促使白点形成的主要原因已被所有研究者所公认。没有氢就不会出现白点，只是有氢如果没有破裂性应力则白点也不会形成，钢中溶有较多的氢以及足够的破裂性应力则促使白点产生。大量的研究结果表明，白点是钢材在冷却到300～100℃范围内形成的，白点是没有塑性变形痕迹的有晶粒面的脆性裂纹。白点有其形成过程，即萌芽和发展过程，也有人称为“白点孕育期”或“潜伏期”。

研究结果表明，氢在钢内的溶解度随温度的降低而减小，400℃时为1.0mL/100g，800℃时为4.0mL/100g，120℃时为8.0mL/100g，熔化前为14.0mL/100g，熔化时为28mL/100g，1600℃时为30mL/100g。1956～1960年测定了钢轨钢液内的氢含量，由测定结果看出，一般钢轨钢液内的氢含量为4～6mL/100g，轧制钢轨后的氢含量为2～3mL/100g，经缓冷后的钢轨氢含量为0.2～0.4mL/100g，因此钢轨在冷却时就不断地析出氢气。氢的扩散速度又随温度的降低而减小，在冷却过程中因过饱和的氢不能及时排出，聚集在钢的微孔中，而引起很大压力。

在冷却过程中随着氢的逸出，钢的体积相应缩小，因为钢内各部分氢的浓度不一致，对比其周围氢含量较少的区域，则体积的缩小量较大，所以处于三向拉应力状态，使该区域的钢质变为容易脆裂的特征。

不能及时扩散而聚集在钢内的原子氢，在低温时有合成分子氢的趋向，$2[H] \approx H_2$。这一反应在10^{-3}～10^{-4}s发生，由原子氢合成分子氢大约放出每克分子230J的能量，因为结合能在极短时间内放出，所以会突然引起白点萌芽的出现。

钢在冷却时的相变，由γ相转变为α相，引起体积膨胀而产生的组织应力和冷却中产生的残余热应力，导致产生内部脆裂性裂口“白点”的萌芽和发展。

在300℃以下时，随着“白点”的形成，钢内氢的浓度差增大，周围浓度较高的氢，除了向外扩散外，还继续向白点部位扩散，更由于热应力的影响，促使白点萌芽的发展以至形成。

2.2.5.3　白点的预防

A　降低钢液内的氢含量

氢是在冶炼与浇铸过程中陆续进入钢液的，在冶炼和浇铸过程中钢液氢含量的变化趋势，主要取决于钢液的降碳速度、纯沸腾期的长短、脱氧操作、盛钢和流钢系统的干燥以及矿石和发热剂中水分的多少。

（1）适当提高降碳速度。根据生产统计资料，随降碳速度的提高，钢轨的热锯白点率显著下降，见表2-23，表明钢液氢含量的变化与降碳速度有明显关系。降碳速度对钢液氢含量的影响是由两个相反方面组成的，一方面是提高了降碳速度则上升的气泡增多，排除氢气增多，同时对金属起到保护作用；另一方面因上升的气泡增多，则引起熔池内猛烈沸腾及大量金属飞溅，甚至钢液表面裸露直接与炉气接触，加速了炉气中氢对钢液的渗入。在冶炼过程中，一方面炉气中的氢气陆续通过炉渣或直接进入钢液；另一方面也随着钢液的沸腾现象被排出，而钢液沸腾现象的强弱又取决于降碳速度，所以降碳速度大于某一临界值时有去氢的效能。生产和试验结果表明，在精炼期中只要脱碳速度维持在0.3%/h以上，则精炼末期钢液氢含量一般不至于超过4.0mL/100g。

表2-23　降碳速度与钢轨热锯白点率

降碳速度/%·h^{-1}	<0.15	<0.20	0.21~0.30	0.31~0.40	>0.50
钢轨热锯白点率/%	60~100	12~60	11~55	10~45	7~35

注：450炉的分析结果。

（2）降低矿石的结晶水含量，适当缩短纯沸腾时间。据分析，钢轨热锯白点率的增减与矿石中结晶水的含量有关，鞍钢铁矿石的结晶水最低者约为0.25%，一般为0.6%左右，最高者约为1.86%。生产统计资料表明，使用含结晶水较多的矿石时，钢轨的热锯白点率升高，这是因为矿石中结晶水的分解，使钢液氢含量升高所致，也表明平炉冶炼钢轨钢时，不应添加含结晶水较多的铁矿石。

纯沸腾时间对钢液氢含量有显著影响，一般钢轨的热锯白点率为10%左右。1959~1961年由于纯沸腾时间普遍甚短，钢轨的热锯白点率降低到1.51%~2.37%。据测定，浇铸时钢液的氢含量为3.15~5.65mL/100g。

（3）脱氧操作。脱氧剂的烘烤对钢液氢含量有影响。据测定，由于铁合金的烘烤不干，每加入1%的锰铁，钢液内氢含量可增加1.11~1.24mL/100g，一般烘烤好的硅锰合金中氢含量约为4mL/100g，锰铁为6mL/100g左右，硅铁约为4.5mL/100g。

试验结果表明，采用罐内脱氧可以显著减少钢液中的氢气，例如罐内与炉内脱氧相比较，甲罐氧含量减少1.15mL/100g，乙罐减少1.65mL/100g，丙罐减少0.755mL/100g，这是因为脱氧剂加入后引起钢液沸腾现象，消除了钢液平静时氢气的传入。

（4）出钢过程中氢向大气的扩散。根据测定结果，脱氧后与甲罐浇铸中期的氢含量相比较，钢中的氢含量平均下降0.3～0.65mL/100g。出钢槽和盛钢桶必须彻底烘烤干燥，鞍钢第一炼钢厂在1956年由于修砌出钢槽不及时，常出现第一罐钢液氢含量较高的现象，显然是由于出钢槽不干所致。生产经验表明，新修砌的盛钢桶，由于湿度较大，第一次使用如果浇铸钢轨钢时，则钢轨上经常出现白点，新砌罐第一次使用时不应浇铸钢轨钢。

同一炉钢因其出钢次序的先后，第1、2、3罐中的氢含量逐渐上升，以最后一罐为最高。同时最后一罐钢轨成品的热锯白点率最高，约占出现白点钢轨总数的70%以上，这是因为最后一罐在炉内的静止时间较长，钢、渣相互搅拌，使渣中氢气进入钢液所致。为此在倾动式平炉出最后一罐时，应尽量做到一次倾动到底。减少钢、渣搅拌现象，严禁出钢带渣。

文献认为，出钢时钢液中氧的增加是由于氢从炉渣中传入钢液，并对容量为350t的倾动式平炉进行了研究，将钢液倒入两个盛钢桶，其中一桶带渣而另一桶不带渣，进行氢气测定的结果表明，如果炉渣和钢液一起放入盛钢桶，则钢液的氢含量就上升，出钢不带渣者钢液氢含量较低。

（5）浇铸过程中氢向大气的扩散。根据测定结果，在浇铸的开始、中期和末期，钢液中的氢呈下降趋势，但浇铸前期的下降幅度较小，浇铸后期的下降幅度大。

测定表明，在出钢和浇铸期间，由于温度的下降，钢液内的氢气含量约降低0.5mL/100g。

生产经验表明，如果保温帽潮湿，浇铸钢锭后帽部产生沸腾现象，也促使钢轨出现白点，例如在1962年观察到的7罐具有白点的钢轨钢当中，其中有4罐系保温帽潮湿所引起，因此保温帽必须彻底烘烤干燥方能使用。在钢锭凝固过程中使帽部保持为液态金属，就可促使氢从钢中排出。

（6）保温剂必须干燥。不同的保温剂对钢液氢含量有影响，为研究不同保温剂的使用效果，曾在同一罐中交替使用了三种保温剂，并在相当于钢锭头部的成品钢轨上进行氢含量的测定。据测定，新鲜的石灰焦炭混合保温剂中的化合水为4.36%，现场中一般使用的则为5.01%，成品钢轨中的氢含量为3.55mL/100g左右；炭黑中没有化合水，用炭黑作保温剂的，成品钢轨的氢含量约为2.55mL/100g；硅铝粉的化合水为2.12%，用硅铝粉作保温剂时，氢含量约为2.05mL/100g。这表明由于保温剂的水分，保温效能及透气性不同，对钢液氢含量的影响是不一致的。用硅铝粉的钢中氢含量最少，炭黑次之，石灰焦炭混合剂最差。因此使用干燥的保温剂，高的保温效能，并具有一定的透气性，使钢液在保温帽部分最后保持在液体状态，对钢液在凝固过程中除氢有利。

使用焦炭石灰混合剂时，对焦炭的干燥和石灰的消化度均应注意，混合前及混合后的储备及运输时不应裸露放置，特别是下雨时的渗漏现象必须杜绝。

B 钢轨缓冷处理

用缓冷方法来预防白点的理论根据是氢的扩散。因为氢在钢中的溶解度随着温度的下降而减小，氢的析出速度又因温度不同而各异。在临界温度附近，是奥氏体最不稳定的温度，氢的析出速度也最大。这是因为组织转变过程中，过饱和的氢气从钢内大量析出所致。由于相变时间短暂，所排出氢气的总量不大，温度低于600℃，排氢速度随温度的下降而减小。所以对缓冷操作的原则要求是钢轨在尽可能高的温度下装坑，坑的绝热情况良好，可防止白点出现。

为缩短钢轨的缓冷时间，某厂将 44kg/m 钢轨的总缓冷时间由原规定的 8.5 h 缩短为 6h 和 5h 进行试验，为使试验在极易出现白点的条件下进行，该厂用增加钢内氢含量的办法，在炼钢厂浇铸钢轨钢锭时，采用边浇铸边向钢锭模内加入湿木屑，在湿木屑加入过程中，每次的加入量要少，但加入次数可以频繁，否则将引起较大的爆炸，使钢液溅出模外。测定结果表明，钢液内的氢含量一般为 4 ~ 65mL/100g，浇铸过程中向钢锭模内加入湿木屑，可使钢液内氢含景增高 15mL/100g 左右。试验结果表明，热锯试样出现白点的钢轨，经 4h 的缓冷处理，揭盖后在坑内停留 2h。

生产实践表明，规格为 44kg/m 和 50kg/m 的钢轨，热轧后经坑内分别盖盖缓冷 4.5h 和 5.0h，都能有效地预防白点缺陷，鞍钢自 1958 年以后，就是照此进行缓冷的。经这样缓冷的钢轨有 200 多万吨，从未出现过白点缺陷。

为有效促使钢轨中氢气的扩散，预防白点出现，必须严密组织装坑操作，提高装坑温度，钢轨装坑温度控制在 550℃以上，装坑操作要迅速，每坑装入 512 排，每排约 10 ~ 12 根，装满一坑的时间约为 20min。特别是前三排钢轨要连续敏捷地装入，钢轨要尽量装满缓冷坑，并保证盖盖后缓冷坑的底部最低空气温度为 350℃以上。坑底空气温度用热电偶进行测量，热电偶的位置安放在由坑底边缘数起第一根和第二根钢轨的腰部之间，不得与钢轨接触。根据测定结果，热电偶表示的温度与钢轨的摆放情况和距离有明显的关系，底排钢轨装坑不正常时，影响热电偶所显示之温度发生波动。

缓冷坑的保温性能应良好，坑壁、坑盖要精心维护及时修补，缓冷坑盖盖后，最好能用石棉渣将缝隙封严，缓冷 4h 后，热电偶的指示温度最好不低于 300℃。

为了校验缓冷质量，该厂曾改进了检查白点的方法，将热锯取白点试样的钢轨作出标记，热锯试样出现白点时，经缓冷后，把热锯取样的钢轨挑出，在其相邻部位取样再检查白点缺陷，同时在该炉号钢轨装入的每一坑中，挑选两根冷却条件最差的钢轨检查白点。值得说明的是，为考验上述缓冷制度的可靠性，该厂曾经把热锯试样出现白点缺陷的两炉 50kg/m 的大约 200 根钢轨，每根钢轨都取样检查了白点，同时还把热锯试样出现白点的钢轨挑出，沿钢轨纵向全长剖开、磨光，经热酸浸蚀后进行低倍组织观察。观察结果表明，经这样的缓冷处理有效地预防了白点缺陷。表明控制装坑温度在 550℃以上，保证缓冷坑绝热良好，温度下降缓慢，使缓冷条件接近于等温处理，在短时间内可以大量扩散氢气，有效地预防了白点缺陷。

国外文献表明，如果钢轨在 550 ~ 600℃等温处理 2 ~ 3h，就能有效预防白点，某钢铁公司已采取了等温处理以预防白点的工艺。

【任务实施】

2.2.6 开坯轧制操作

(1) 启动轧机前检查轧辊表面有无掉肉、裂纹等，发现问题及时反馈处理。

(2) 启动轧机前检查侧导板推床、导卫装置和辊道，清除辊道上的异物，若发现毛刺、凸包等缺陷存在，及时修磨或更换。

(3) 启动轧机前检查油管、水管等有无泄漏，介质接头是否完好，切舌锯机的冷却水嘴有无堵塞，冷却水打开后水压是否正常，发现问题及时处理。

（4）启动轧机前检查切舌锯锯齿使用情况，如有崩齿、糊齿、裂纹过长、磨损过大，更换锯片。

（5）换班、检修、换辊后必须进行“模拟轧制”，测试主传动、辅传动、液压设备、检测元件等是否具备轧钢条件。具备轧钢条件后方可要钢。

（6）启动轧机前检查确认液压系统，稀油和干油润滑系统，稀油油温、油位有无报警。

（7）轧制前单机和联动空负荷试车，检查机架辅助传动、侧导板推床、翻钢机、辊道、切舌锯和横移台架是否正常运转。

（8）未作特殊规定时，重轨坯 BD1 轧件开轧温度不低于 1180℃。未作特殊要求时，型钢 BD1 开轧温度不低于 1200℃。严禁轧制黑头钢、低温钢。

（9）除鳞水有足够的工作压力，连续三块除不净，停轧检查喷嘴和水压。轧件爬速运行时除鳞。未经除鳞的钢坯不允许轧制。

（10）切舌长度合适，劈头、轧扭、黑头钢必须切掉。

（11）按品种生产计划，从钢铁企业信息化系统的第二级（L2）下载轧制图表。当发现产品质量波动较大时，应对轧制图表中参数进行调整，并将修改结果上传到 L2。

（12）轧制过程中，根据工艺要求控制轧辊孔型水冷却模式和冷却水流量。

（13）轧制过程中，发现产品缺陷，必须查找缺陷产生原因，并对相关机架进行调整。

（14）正常轧制过程中，严禁按下“紧急停止”和“快速停止”按钮。当可能出现危及设备、人身安全的事故时，必须及时按下“紧急停止”和“快速停止”按钮，以终止轧制过程。

（15）换辊前检查轧辊辊号及相关数据是否相符，轧辊孔型表面质量和导卫安装是否合理，表面是否有毛刺等缺陷。

（16）换辊前检查换辊装置的功能，清除换辊小车和横移平台轨道上的障碍物，保证换辊的正常进行。

（17）换辊过程中，对机架内的障碍物必须予以清除。对液压、机电传动装置的动作进行目视检查，以防止误动作对设备造成的损坏。

（18）旧辊系拉出后，检查轧辊冷却水喷嘴有无脱落、堵塞。

（19）换辊后，根据新辊系的轧辊直径、轧制线的垫片厚度，计算理论辊缝。输入新辊系的数据时必须确认，防止座辊。

（20）当 BD1 不参与轧制时，BD1 轧机下轧辊用惰辊代替。

（21）在换辊之后和轧制过程中，出现产品规格尺寸异常时，必须进行辊缝零位再次标定（校准）。

2.2.7 万能轧制

（1）启动轧机前检查各架轧机轧辊表面有无掉肉、裂纹等，发现问题及时反馈处理。

（2）启动轧机前检查导卫和辊道，若发现影响产品质量的毛刺、凸包等缺陷存在，及时修磨或更换。

（3）启动轧机前检查油管、水管、风管等有无泄漏，介质接头是否完好，确保满足轧制需要。

(4) 严禁轧制黑头钢、黑印钢、低温钢、劈头钢。

(5) 除鳞水有足够的工作压力和喷嘴畅通，氧化铁皮除净，否则停轧检查喷嘴和水压。

(6) 切舌长度合适。劈头、切舌未切净不允许轧制。

(7) 轧制过程中，每两小时巡回检查风、水、油管等设备，确保产品质量和设备安全。

(8) 换班、检修、换辊后要进行模拟轧制，测试主传动、辅传动、液压设备、检测元件等是否具备轧钢条件，具备条件后方可要钢。

(9) 按计划，从 L2 下载轧制图表，当发现产品质量波动较大时，应对轧制图表中参数进行调整，并将修改结果上传到 L2。

(10) 轧制过程中，发现轧制图表有缺陷时，及时反馈修改。

(11) 轧制中，根据工艺要求打开和关闭孔型冷却水、控制冷却水流量。

(12) 正常轧制过程中，严禁按下“紧急停止”和“快速停止”按钮。当可能出现危及设备、人身安全的事故时，必须按下“紧急停止”和“快速停止”按钮，终止轧制过程。

(13) 换辊前，对新辊系中的轧辊、导卫等进行全面检查。即检查轧辊辊号及相关数据是否相符、轧辊孔型表面质量和导卫安装是否合理、表面是否有毛刺等缺陷。

(14) 换辊前，检查换辊装置的功能，清除换辊小车和横移平台轨道上的障碍物，保证换辊的正常进行。换辊中，对机架内的障碍物也必须予以清除。

(15) 换辊过程中，对液压、机电传动装置的动作必须进行目视检查，以防止误动作对设备造成的损坏。

(16) 换辊后和轧制中，出现产品规格尺寸异常时，应进行辊缝零位标定（校准）。

(17) 轧制中，发现产品表面质量缺陷时，应查找缺陷产生原因，微调或更换导卫，修磨或更换轧辊、辊道、挡板等。

(18) 换班和生产间隙，对孔型表面质量和导卫表面质量进行检查。

2.2.8　红检

(1) 正常轧制时，按规定取红检试样。换规格和换辊后第一根必须取样。规格不正常时应根根取红检样，直到正常为止。

(2) 红检样长度一般为 150 ~ 200mm，小规格取上限，大规格取下限。

(3) 性能试样的取样部位及长度按标准规定执行。周期样按每 4 炉取一支，长度为 3.5m，用以检查钢材表面、规格情况。

(4) 红检样通过人工测量和检查后，红检工将规格尺寸和表面质量情况及时上传到 L2，并如实填写质量跟踪信息卡。

(5) 样板使用前，必须检查其是否能够满足钢材热卡和成品检查的需要。发现样板出现变形和过量磨损，不能正确检测产品质量时，必须及时更换。

(6) 在冷床上对产品进行巡回检查，连续发现 3 支钢材出现同一缺陷应及时汇报，并采取措施处理。

2.2.9　矫直机零度标定

零度是指各矫直辊互相对正并与样轨接触，但对样轨无压力，此时指示盘上的指示值，称为零度值。零度可分为两种：水平零度和垂直零度。

各矫直辊中心线（*Y*轴）都在同一个垂直平面上，或简单地讲就是轴向对齐，此时轴向伸出量称为水平零度值，作水平零度时通常以上4辊作为标准，其他轴向与它对齐。

垂直零度就是在水平零度调整好的基础上进行调整，将上辊抬起放入样轨，然后压下，刚好接触样轨，但对样轨没有压力，此时压下指示盘上的值就是垂直零度值。

目前，矫直机的压下量控制均实现了数码输入、数码显示。这种矫直机的零度标定方法是：将样轨放在下矫直辊上，然后用上矫直辊慢慢压靠样轨，人工观察矫直辊是否接触到钢轨表面，当矫直辊接触到钢轨表面时停止压靠，然后将矫直辊位置编码器清零，即完成该矫直辊的标定。因观察误差，有时样轨与矫直辊之间已经产生较大的相互作用，样轨已发生变形，这样使得零度标定有误差。对于这种标定方法所产生的上述误差，由于在矫直辊压靠标定样轨的过程中压靠力无法准确测出，因而无法推算出样轨在压靠过程中的变形量，这种误差无法消除，因而对零度标定的精度有较大影响。当样轨与某一矫直辊发生压靠变形时，不仅该矫直辊的标定会出现误差，还会因为样轨变形而对相邻矫直辊的标定产生影响。

矫直辊零度标定误差引起的后果是：调整人员无法准确掌握当前矫直工艺的实际参数，无法判断矫直工艺是否合理，仅凭经验进行调整，容易导致矫直过程工艺参数超过工艺规定范围，工艺规程和纪律无法得到有效执行，从而使矫直质量产生波动、后工序工作量增加。

攀钢发明提供的无接触式矫直机零度标定方法，完成平立复合矫直机的水平矫直机零度标定。标定步骤如下：

2.2.9.1　样轨测量

对标准样轨通长方向的轨高、头宽、水平和垂直方向平直度进行测量，并记录测量结果，见表2-24。

表2-24　标定样轨相关参数

参　数	轨高/mm	头宽/mm	水平平直度	垂直平直度
东端	175.5	73.0	0.01mm/2m	0.01mm/2m
中部	175.5	73.0	0.02mm/2m	0.01mm/2m
西端	175.5	73.0	0.01mm/2m	0.02mm/2m

计算样轨轨高偏差：所述样轨的理论轨高为176mm，样轨轨高偏差 = 175.5 − 176 = −0.5mm。

2.2.9.2　下矫直辊调平

调整至各下矫直辊孔型对齐，同时其5个下矫直辊直径、轴向必须一致，保证各下矫直辊辊面在同一水平面上。

2.2.9.3　标定下矫直辊

将样轨从入口辊道输送到水平矫直机，样轨刚好平放在 5 个下矫直辊上，要求各下矫直辊与样轨底部没有间隙，否则需更换矫直辊。

2.2.9.4　标定上矫直辊

测量上矫直辊与样轨之间的间隙。按 2 号-4 号-6 号-8 号顺序测量各个上矫直辊与样轨之间的间隙。将 2 号辊靠近样轨至距离约 5mm 处，点动设备使 2 号辊更加接近样轨，点动过程中注意观察 2 号辊与样轨之间的距离，防止 2 号辊辊压靠样轨。当 2 号辊距离样轨较近时，用塞尺测量出 2 号辊与样轨之间的距离，测量三次取平均值。用相同的方法测量其余 4 号辊，6 号辊、8 号辊与样轨之间的间隙，见表 2-25。

表 2-25　样轨与各上矫直辊的间隙值（第一次下降）　(mm)

测量次数	2 号辊间隙	4 号辊间隙	6 号辊间隙	8 号辊间隙
第 1 次	2.5	1.8	2.35	2.4
第 2 次	2.6	1.75	2.3	2.35
第 3 次	2.6	1.75	2.3	2.3
平　均	2.57	1.77	2.32	2.35

上矫直辊二次校准测量：为了消除机械间隙对测量精度的影响，将矫直辊提升然后再次下降以靠近样轨并测量样轨与各上矫直辊的间隙值，即一共进行了两回测量，见表 2-26。

表 2-26　样轨与各上矫直辊的间隙值（第二次下降）　(mm)

测量次数	2 号辊间隙	4 号辊间隙	6 号辊间隙	8 号辊间隙
第 1 次	2.5	1.7	2.25	2.35
第 2 次	2.6	1.75	2.3	2.35
第 3 次	2.5	1.75	2.3	2.35
平　均	2.53	1.73	2.27	2.35

2.2.9.5　矫直辊定位

根据所测得的两回的间隙值算出了间隙值的平均值，以该平均值、样轨轨高偏差、矫直机显示数值，计算出对应各上矫直辊的补偿值，见表 2-27，将当前矫直机显示数值加上其对应的补偿值得到标定零位值。将矫直机矫直辊定位至该数值位置上。

表 2-27　样轨标定过程中参数记录表　(mm)

上矫直辊编号	间隙值（本实施例为平均值）	样轨轨高偏差	实际补偿值	HMI 显示数值	零位数值
2 号	2.55	−0.5	2.05	−3.0	−0.95
4 号	1.75	−0.5	1.25	−2.1	−0.85
6 号	2.3	−0.5	1.8	−5.7	−3.9
8 号	2.35	−0.5	1.85	−4.0	−2.15

2.2.9.6 矫直辊编码器标零

调整矫直机位置编码器，将矫直辊当前位置定义为工作零位。

任务2.3 钢轨缺陷及轧机调整

【任务描述】

钢轨成品不符合标准或合同要求之处，称为缺陷。学习本节后，能说出钢轨尺寸、弯曲检查方法，常见缺陷的特征、形成原因及控制措施；能写出有关钢轨缺陷的小论文。

【任务分析】

从人员、机器、原料、方法、环境各个方面分析缺陷产生原因，抓住主要原因，提出解决措施。

【相关知识】

2.3.1 钢轨几何尺寸检查

根据《350km/h客运专线60kg/m钢轨暂行技术条件》规定的几何尺寸偏差，见表2-28，样板在设计时包含了每个检查项目的正负尺寸偏差。样板加工精度为0.02mm，可保证检查的准确性。

表2-28 350km/h客运专线60kg/m钢轨几何尺寸偏差 (mm)

项 目	允许偏差
钢轨高度	±0.6
轨头宽度	±0.5
轨头顶部断面	+0.6 -0.3
接头夹板安装面斜度	±0.35
接头夹板安装面高度	+0.6 -0.5
轨腰厚度	+1.0 -0.5
轨底宽度	±1.0
轨底边缘厚度	+0.75 -0.5
轨底凹陷	≤0.3
端面斜度（垂直、水平方向）	≤0.6
断面不对称	±1.2

续表2-28

项　目	允许偏差
长度（环境温度20℃时）	±30
螺栓孔直径	±0.7
螺栓孔位置	±0.7

图2-67为钢轨各项几何尺寸的样板检查判定基准。

由于样板在设计时已经包含了最大尺寸偏差和最小尺寸偏差，因此，样板的使用原则是：最大尺寸通过，最小尺寸不通过即为合格。以下为各检查样板的具体使用说明。

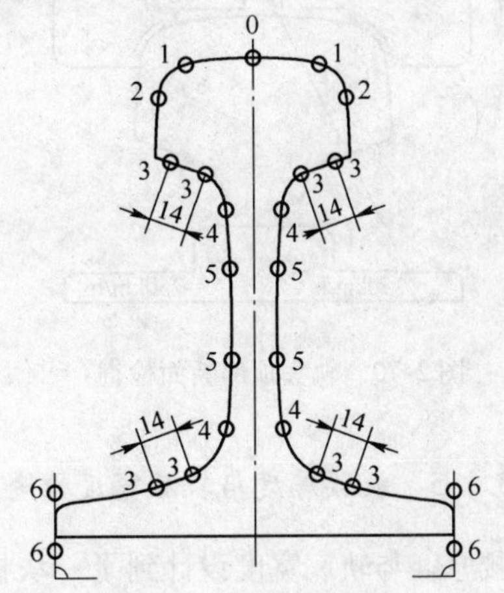

图2-67　样板判定基准

0—高度，负（不通过），正（通过）；
2—轨头宽度，负（不触及），正（必须触及）；
2—钢轨不对称，负（不触及），正（必须触及）；
3—鱼尾板安装面斜度；4，5—鱼尾板高度，
负（必须触及），正（不得触及）；
5—轨腰厚度，负（不通过），正（必须触及）；
4，5—轨底边缘厚度，负（不得触及轨腰），
正（必须触及轨腰）
6—轨底宽度，负（不通过），正（必须通过）

2.3.1.1　钢轨高度检查

钢轨高度样板外形如图2-68所示。检查时，将样板从钢轨侧面推入，正公差通过、负公差不通过即为合格。注意保持样板与钢轨长度方向的垂直。

2.3.1.2　轨头宽度检查

轨头宽度样板如图2-69所示。检查时将样板置于轨头上方，正公差通过、负公差不通过即为合格。

2.3.1.3　轨头顶部断面检查

轨头顶部断面样板如图2-70所示，由样板1和样板2组成。检查时先将样板1垂直立于轨头顶部，然后将样板2标有350km/h的一端插入到样板1与钢轨顶部的空隙中，第一台阶（正公差）通过，第二台阶（负公差）不通过即为合格。

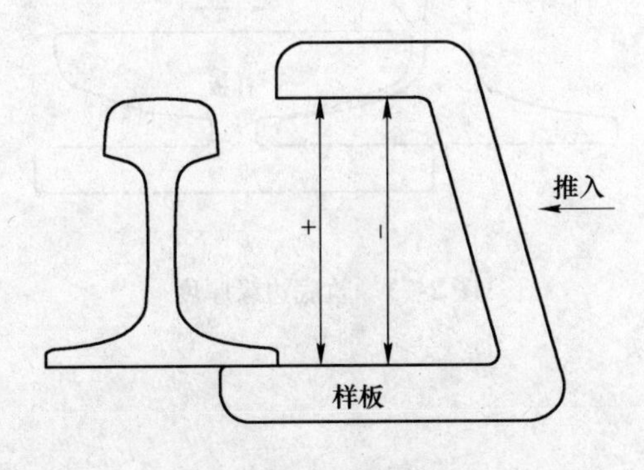

图2-68　钢轨高度检查

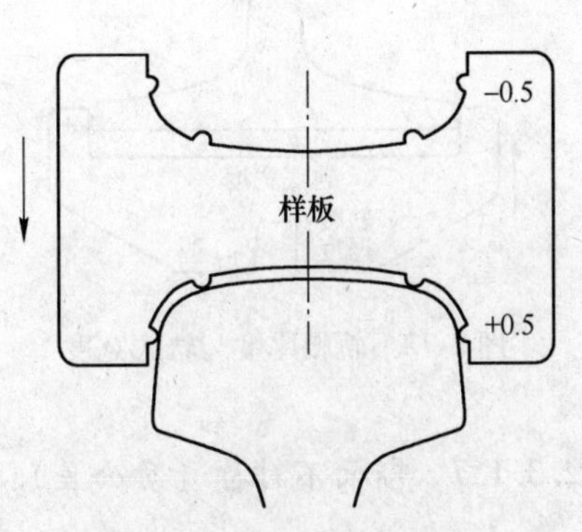

图2-69　轨头宽度检查

2.3.1.4　夹板安装面高度检查

样板如图2-71所示。检查时将样板的侧边靠近轨腰，检查正公差时样板不触及轨腰为合格，检查负公差时样板触及轨腰为合格。

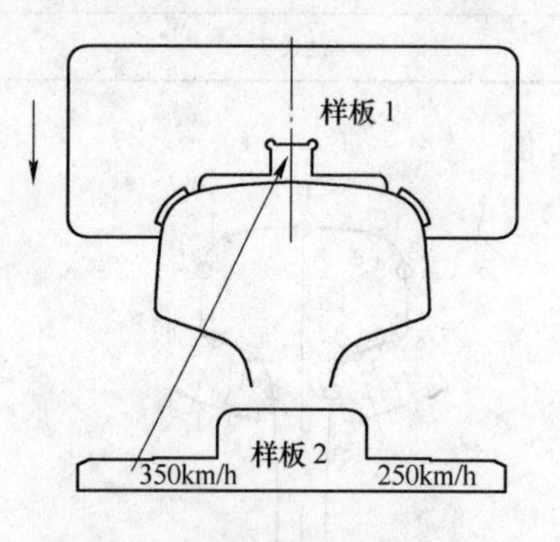

图2-70　轨头顶部断面检查

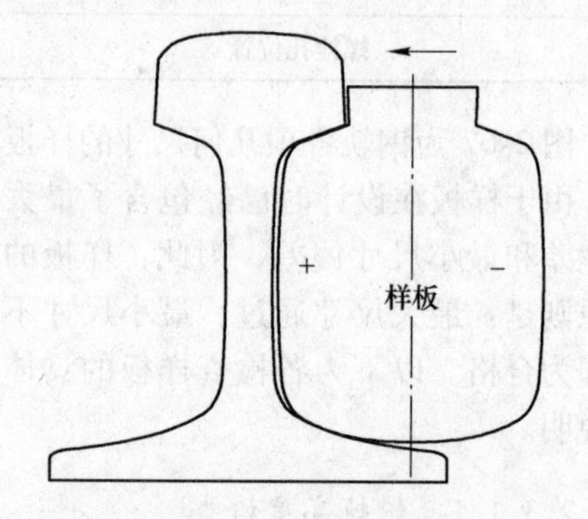

图2-71　夹板安装面高度检查

2.3.1.5　轨腰厚度与轨底宽度检查

轨腰厚度与轨底宽度设计到了一块样板上，如图2-72所示。检查轨底宽度时，正公差通过、负公差不通过即为合格。检查轨腰厚度时，检查位置距离轨底79mm处，即轨腰厚度最薄的位置，正公差通过、负公差不通过即为合格。

2.3.1.6　轨底边缘厚度检查

样板如图2-73所示。检查时将样板推入轨底脚，正公差时样板必须触及轨腰，负公差时样板不得触及轨腰，即为合格。

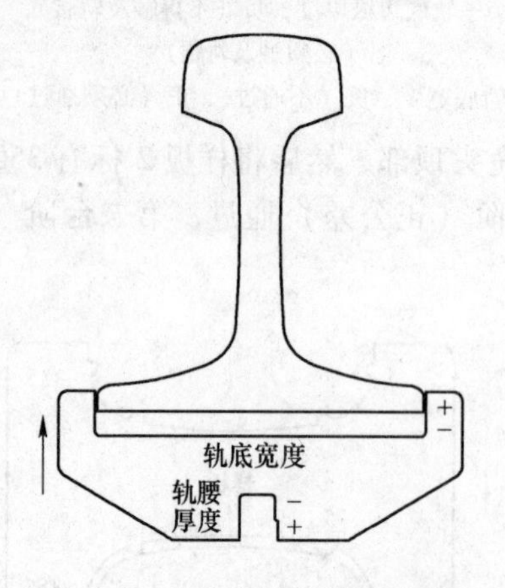

图2-72　轨腰厚度与轨底宽度

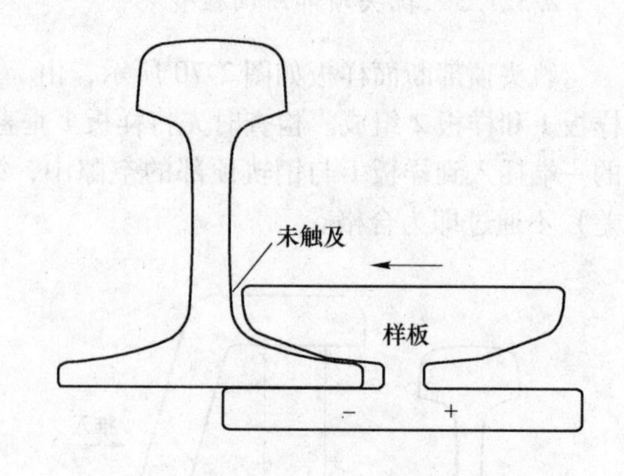

图2-73　轨底边缘厚度

2.3.1.7　断面不对称（负公差）检查

样板如图2-74所示。检查时将样板底部紧贴轨底推入，样板下部触及轨底脚时，样板上部不触及轨头，则负公差合格。

2.3.1.8　断面不对称（正公差）检查

样板如图 2-75 所示。检查时将样板底部紧贴轨底推入，样板上部触及轨头时，样板下部不触及轨底脚，则正公差合格。

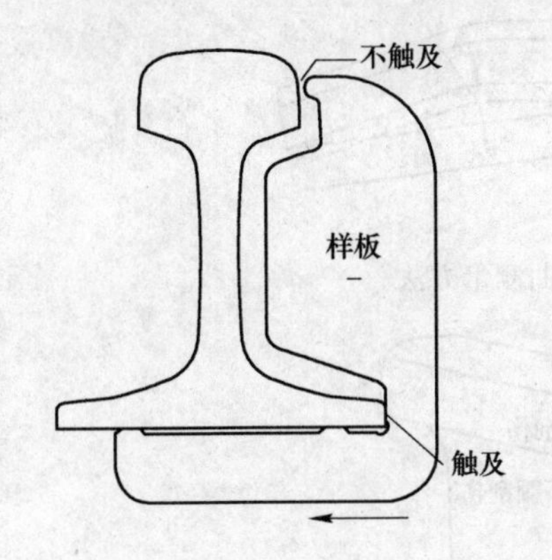

图 2-74　断面不对称（负公差）检查

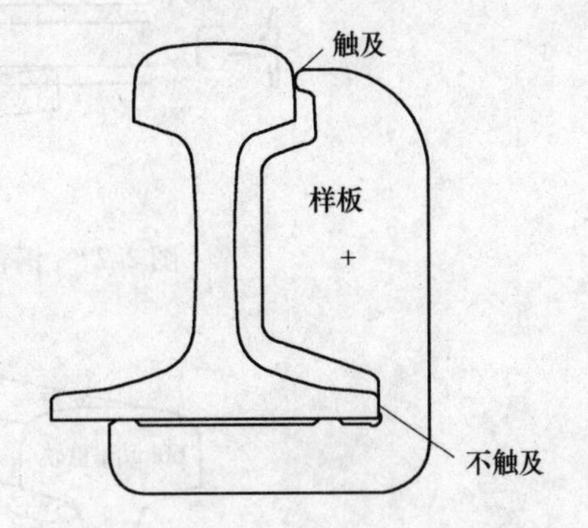

图 2-75　断面不对称（正公差）检查

2.3.2　钢轨端部弯曲测量方法

2.3.2.1　钢轨端部垂直弯曲测量方法

钢轨端部垂直弯曲测量方法如图 2-76 所示。

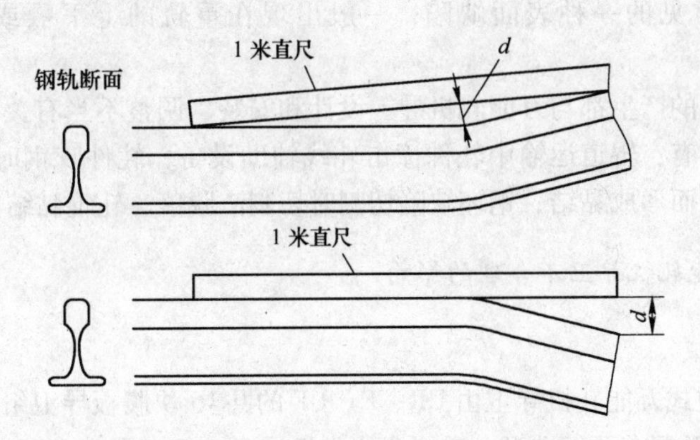

图 2-76　钢轨端部垂直弯曲测量方法（断面）

2.3.2.2　钢轨端部水平弯曲测量方法

钢轨端部水平弯曲测量方法如图 2-77 所示。

2.3.3　钢轨典型缺陷分析和控制示例

钢轨月牙弯、上下颚轧疤、刮伤缺陷如图 2-78 所示。

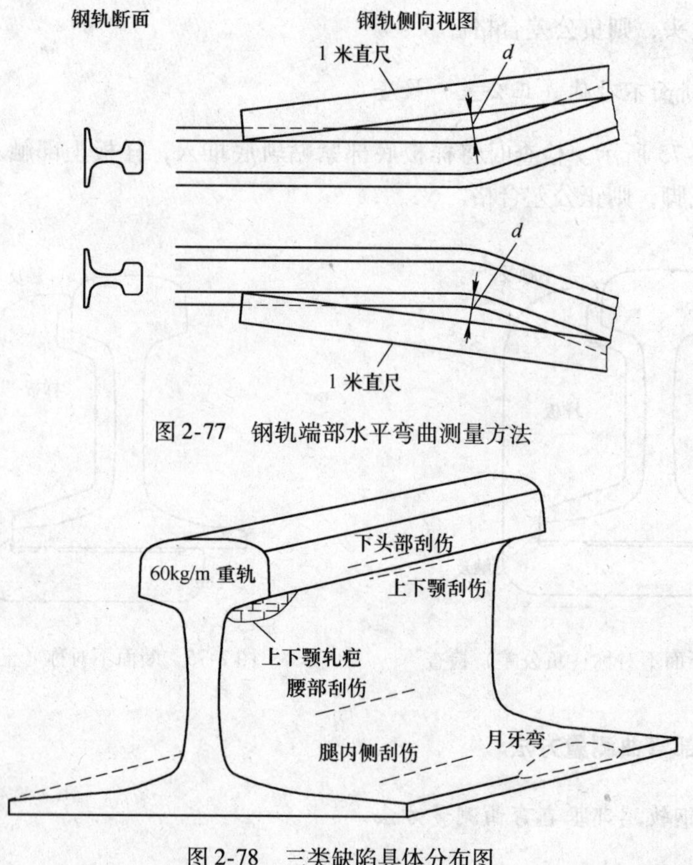

图 2-77　钢轨端部水平弯曲测量方法

图 2-78　三类缺陷具体分布图

轧疤是重轨常见的一种表面缺陷，一般出现在重轨的上下颚或腿内侧两直线交接处。

以上三种缺陷的产生都与万能轧机导卫设计和安装、调整不当有关。轧疤缺陷的产生原因更复杂，主要有：辊道运输中轧件撞击轧线辅助设备、轧件咬钢时撞击卫板或孔型，卫板材质选择不当而形成黏结、钢坯缺陷切割时切割渣脱落、轧辊黏结异物等。

2.3.3.1　万能轧机导卫不合理的影响

A　导卫的组成

UEU 串列可逆式万能轧机导卫由 UR、E、UF 的共 16 块腹板导卫组成，其中上、下各 8 块（E 轧机上通常配有两套孔型，需要 8 块腹板导卫，每套孔型上配 4 块）。前后万能轧机腹板导卫相对 E 轧机呈对称状，UR 出口腹板导卫和 UF 进口腹板导卫相同，E 轧机的进出口腹板导卫相同，具体如图 2-79 所示。万能轧机与轧边机导卫的尾部通过偏心轴固定在导卫架上，导卫的头部与水平辊辊面调成 1 ~ 2mm 间隙状态，导卫架通过导卫梁固定在轧辊两端轴承座之间；腹板导卫侧向由偏心轴法兰固定，三台机架间无辊道过度；导卫位置的标高通过两端的导卫梁垫、偏心轴的调整、各道次轧辊辊缝的改变来确定。

B　导卫不合理的影响

在万能轧机机后辊道运输过程中，如果钢轨端头下弯，与辊道碰撞，在重轨下腿尖

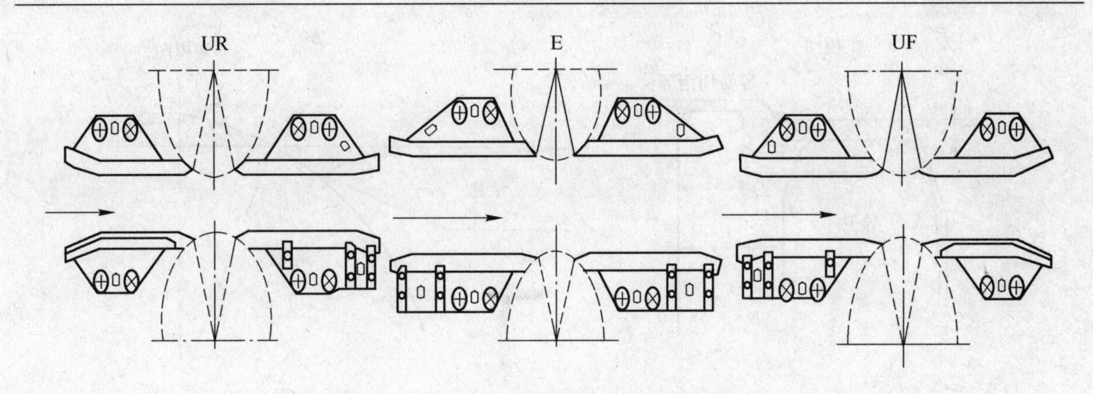

图 2-79　万能轧机导卫侧视简图

处撞出月牙状缺陷。月牙的长度、深度与端头撞击的轻重程度有关，严重时，撞击一直持续到重轨运输上冷床。

轧机卫板与辊面示意图如图 2-80 所示，*h* 为上、下卫板的开度值，*d* 为下卫板低于下辊面的距离。研究结果表明，将 *d* 控制在 40cm 以内，将 *h* 控制在 80cm 以内，就能使钢轨头部出轧机后平稳运输，避免头部与辊道撞击，杜绝 60kg/m 重轨的"月牙弯"缺陷。

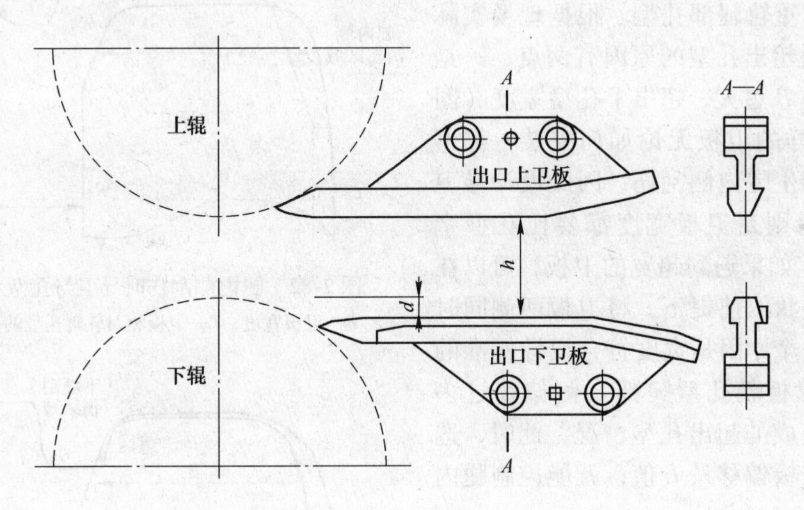

图 2-80　导卫与辊面示意图

h—上下卫板之间开度值；*d*—下卫板与辊面的高度值

万能轧机孔型与导卫如图 2-81 所示。理论上，导卫能控制钢的走势，引导钢头顺利进入孔型，因此，可以通过上下卫板的开口度 *d* 和各孔型出口卫板的偏移量 *L* 来尽量控制钢头的平直度。通过图 2-81 中卫板的高度 *d*、宽度 *B*、各孔型入口卫板的偏移量 *L* 来控制钢头与辊面接触面积 *S*。通过实践研究表明，如果将上下卫板的开度值 *h* 控制在 100cm 以内、出入口卫板的偏移量 *L* 控制在 50cm 以内、出入口卫板离辊面的高度值 *d* 控制在 50cm 以内、卫板的宽度值 *B* 控制在孔型内，对 60kg/m 重轨上下颚轧疤的控制有明显的效果。

在 60kg/m 重轨生产中，刮伤出现的概率最大，而且种类繁多。对于卫板产生的刮伤

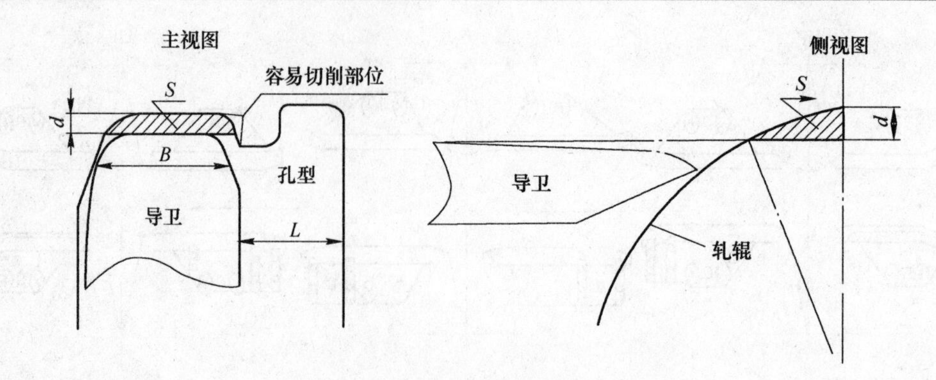

图2-81 孔型与导卫示意简图

d—卫板表面与辊面的距离；*L*—卫板的偏移量；*S*—辊面露出的面积；*B*—卫板的宽度

主要有上下腿内侧刮伤、上下颚刮伤、上下腰部刮伤、下头部刮伤等。这些刮伤都是由于卫板与重轨在轧制过程中的摩擦造成的。如果是点摩擦和线摩擦，肯定会产生相应的刮伤，如果是面摩擦，出现刮伤的可能性会小一些。

对于上下腿内侧刮伤，产生的原因是卫板超出了重轨腿部孔型。根据现场实际分析，卫板超出孔型的原因有两点，一是卫板宽度值 B 过大，超出了孔型宽度（图2-82），这样的卫板无论如何安装，都不可避免会产生腿内侧刮伤，因此设计导卫时，一般原则是卫板宽度都要比孔型窄5mm左右。如果遇到超宽的卫板，可以在保证卫板形状的前提下，将卫板两侧同时刨窄。另一个原因是宽度符合设计标准的卫板，当卫板朝孔型腿部一侧偏移过多时，也会造成的超出孔型情况，此时，选择最佳的卫板偏移量 L 值，就能控制腿内侧刮伤。

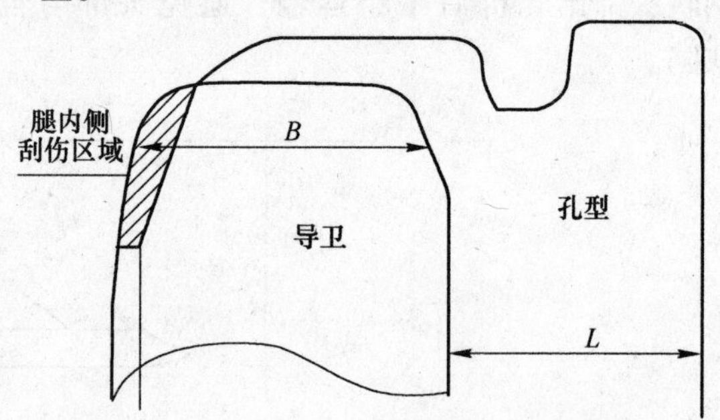

图2-82 腿内侧刮伤时导卫与孔型示意图

B—卫板宽度；*L*—卫板相对轧辊孔型的偏移量

上下颚的刮伤与腿内侧刮伤机理一样，就是因为卫板超出了重轨上下颚孔型（图2-83），只要采用将卫板宽度 B 控制在孔型内，并将卫板偏移值 L 控制在50cm以内，就能完全控制上下颚刮伤。

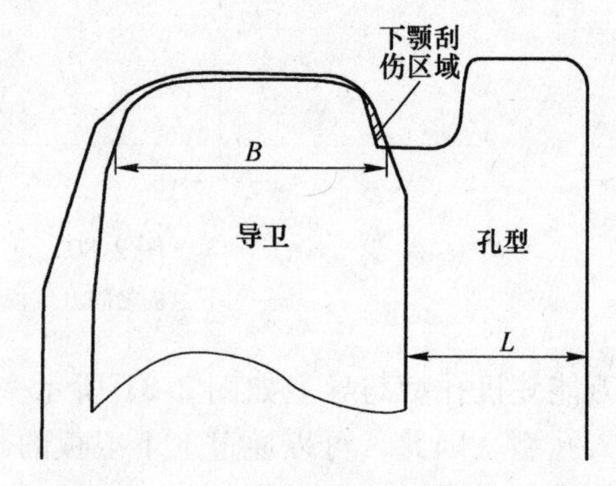

图2-83 上下颚刮伤时导卫与孔型示意图

B—卫板宽度；*L*—卫板相对轧辊孔型的偏移量

上下腰部的刮伤，它同卫板与辊面的高度 d 和卫板的水平度有关（见图2-84和图2-85）。图2-84是卫板过高的情况，当卫板高度 d 高于辊面时或几乎与辊面一致时，一定会产生腰部刮伤，因为卫板超出或近似重轨的腰部孔型了。在导卫调整时，一定要将高度值 d 控制在辊面以下。

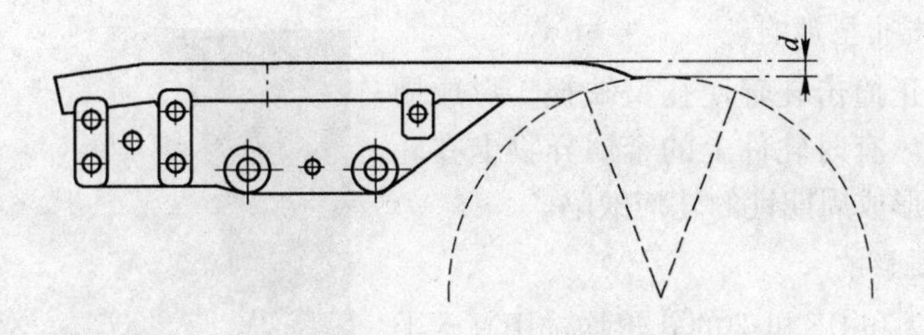

图 2-84　上下腰部刮伤时导卫高度与孔型示意图

d—卫板表面与辊面的距离

图 2-85 是卫板不水平的情况，相对于辊面看，卫板尾部 A 点高于前端 G 点了，将会在 A 点产生腰部刮伤。因此，在导卫调整时，严禁卫板的尾部高于前端。

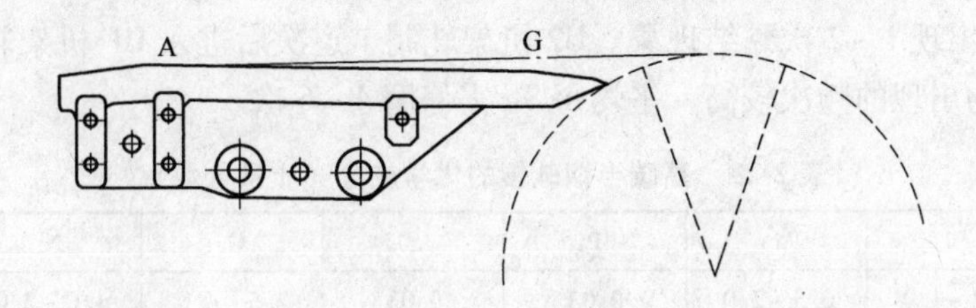

图 2-85　上下腰部刮伤时导卫水平度与孔型示意图

对于重轨下头部刮伤，如图 2-86 所示，当出口下卫板头部托板一侧高于或齐平重轨下头部孔型，就容易产生下头部刮伤。所以要严格控制两者的高度差 D 值。单就针对下头部刮伤来讲，D 值越大，越有利于控制该缺陷，一般控制在 40cm 以内较为合适，但同时又要保证卫板的整体高度 d，因为 d 参数与重轨很多表面缺陷有直接关系，因此要避免出现控制好了下头部刮伤，同时又引起了月牙弯缺陷的情况。

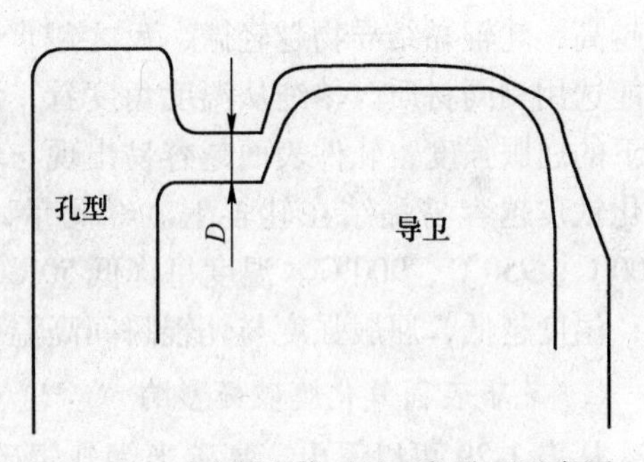

图 2-86　下头部刮伤时导卫与孔型示意图

D—卫板头部托板与头部孔型的高度差

在实际生产中，刮伤有时会遇到一种特殊情况，就是所有的卫板都严格按照最优参数调整了，但是还是出现了刮伤，从实物上分析表明是卫板本身表面质量较差造成，此类卫板表面毛刺较多，过度圆弧处棱角锋利。这样的卫板使用时绝大多数情况下都会产生相应的刮伤，因此，这种卫板在使用前必须修磨光滑。

2.3.3.2　轧辊黏结异物形成轧疤

轧辊黏结异物形成的轧疤缺陷实物照片如图 2-87 所示。

轧辊黏结异物的原因主要有：轧件撞击孔型使孔型掉肉；轧辊材质与轧件材质接近而类似胶结地黏在轧辊表面；轧辊上坚固的氧化膜被破坏，破坏处轧件与轧辊摩擦系数增加，而形成粗糙面，导致氧化铁皮黏结在轧辊上。

A　轧件撞击孔型影响

轧件进钢不正撞击轧辊使孔型缺损，形成周期性的轧疤缺陷。有时轧件上的金属异物卡在轧边机孔型中也会形成周期性的轧疤缺陷。

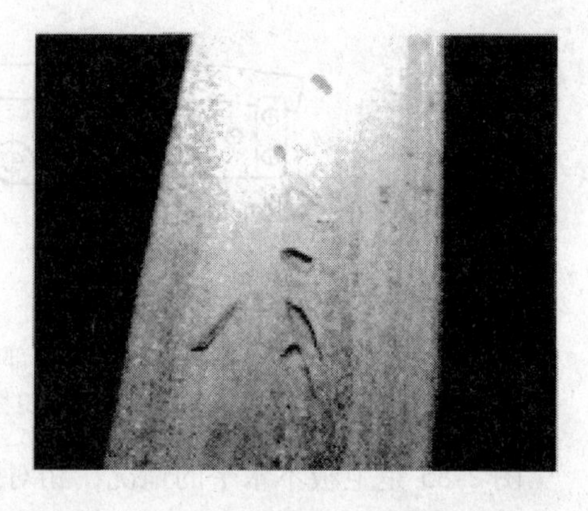

图 2-87　轧辊黏结异物造成的钢轨轧疤缺陷

B　轧辊材质影响

目前 U1、U2 和 UF 机架的轧辊均选用高碳半钢轧辊，其化学成分见表 2-29，硬度为 HS55 ~ 60，抗拉强度为 795MPa，伸长率为 1.2%。正常情况下 U1 机架不会出现轧辊黏结氧化铁皮的现象。经过 3 道轧制后，进入 U2 机架轧制时，会产生黏结氧化铁皮的现象，特别是立辊黏结频次较高，每 8h 会出现 1 ~ 2 次黏结现象。U2 机架轧制 1 道次后进入 UF 机架轧制时，在水平辊侧壁黏结异物出现的频次较高，平均每 8h 需修磨 4 ~ 6 次。

表 2-29　高碳半钢轧辊的化学成分（质量分数）　　（%）

C	Si	Mn	P	S	Cr	Ni	Mo
1.6 ~ 2.1	0.2 ~ 1.0	0.5 ~ 2.0	0.03	0.03	2.5 ~ 4.0	1.0 ~ 2.0	0.2 ~ 1.0

从上述现象看，轧制压下量越大，轧辊黏结异物越轻微，反之越严重；同样，轧制温度越高，轧辊黏结异物越轻微，反之越严重。说明每个机架轧辊材质的选择应有所区别，不能选用相同材质。单纯从温度角度看，温度越低轧件屈服强度越大，越接近轧辊瞬间高温下的屈服强度，轧件表面越容易出现与轧辊类似胶结的状态，屈服强度低的轧件金属或氧化铁皮越容易黏结在轧辊上。经测量，U1、U2 和 UF 机架处的轧件平均温度分别为 1000℃、950℃、900℃。温度每降低 50℃，U75V 钢轨屈服强度大概增加 50MPa 左右。因此，温度越低，屈服强度与轧辊瞬间高温屈服强度越接近。

C　轧辊表面氧化膜破坏影响

从表 2-29 可以看出，高碳半钢轧辊碳含量高，但铬含量更高，其主要考虑的是提高轧辊硬度及强度的问题，而对轧辊的防黏结性能考虑较少，也就是说轧辊中没有足够的碳形成自润滑的防黏功能。

轧辊在高温、高速、大压下量和骤冷骤热条件下工作，表面氧化膜周期性地承受着巨大的交变应力，达到一定疲劳极限后，辊面氧化膜中微裂纹在裂纹源处产生、扩展。当裂纹尺寸长大到一定程度时，垂直于辊面的裂纹与平行于辊面的裂纹汇合，在轧辊和轧件间强大剪应力作用下，辊面氧化膜产生剥落。

一旦轧辊辊面氧化膜出现剥落，剥落的氧化膜会黏结在轧件上，在下一孔型中形成小轧疤。同时，轧辊辊面氧化膜剥落后，辊面变得相当粗糙。在轧件变形区，前、后滑的作用使轧辊与轧件具有相对运动，此时辊面凹入的部分对轧件表面的氧化铁皮或金属起到存储和刮削的作用，形成一个初始黏结物。当下一支轧件进入时，存储和刮削的氧化铁皮或金属就压入轧件表面形成小轧疤。如果金属异物不掉，则下一支轧件表面与黏结异物性质相同的氧化铁皮或金属又覆盖其上，反复碾压后使轧辊该处所黏结的金属异物越积越大，越粘越牢固，从而在辊面形成大的凸块(图 2-88)。氧化膜的剥落程度在初期比较严重，也比较粗糙，以后逐渐减轻，直至辊面新的氧化膜最终重新建立。因此在实际生产中可以看到，氧化铁皮缺陷产生初期比较严重（特别是 UF 机架），以后逐渐减轻。这与氧化物中铬含量的变化规律是一致的。

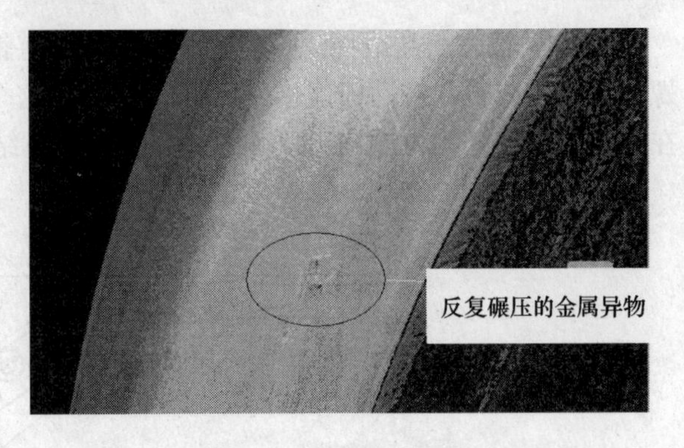

图 2-88　经反复与轧件接触后的轧辊黏结物

从以上分析和实际生产发现，黏结物在第 1 次黏结时，与轧辊结合不紧密，可以轻易去除。但当轧辊旋转一周时，黏结物或压入轧件本体形成轧疤，或继续黏结在轧辊上，由于已受到大的轧制力作用，与轧辊本体紧密贴合，只有通过砂轮修磨方式才能去除。

D　轧辊表面黏结物清除

去除轧辊表面黏结物的方法有多种，如润滑轧制技术、高压水喷射轧辊表面、优化轧辊材质等，但这些方法投入均较大，且清除效果较差，还会产生环境污染和能源消耗。有的工厂采用直接接触轧辊工作面的钢丝刷清除装置，使辊面上的黏结物在下一块钢轧制前被清除掉，效果很好。

万能轧机轧辊黏结物清除装置分为水平辊（上、下水平辊）清除装置及立辊（头部、底部立辊）清除装置。

(1) 水平辊表面黏结物清除装置结构。将植有钢丝毛刷子的活动板与固定框架通过调整螺栓、螺旋弹簧和滑动板连接到一起。水平辊孔型位置每一个面都按其形状设置一套植有钢丝毛刷子的活动板，然后将这些植有钢丝毛刷子的活动板及其固定框架组合成与水平辊孔型相匹配的形状，最后安装在一个整体框架内，再将这个整体框架固定在水平辊的出口卫板上，具体结构如图 2-89 所示。

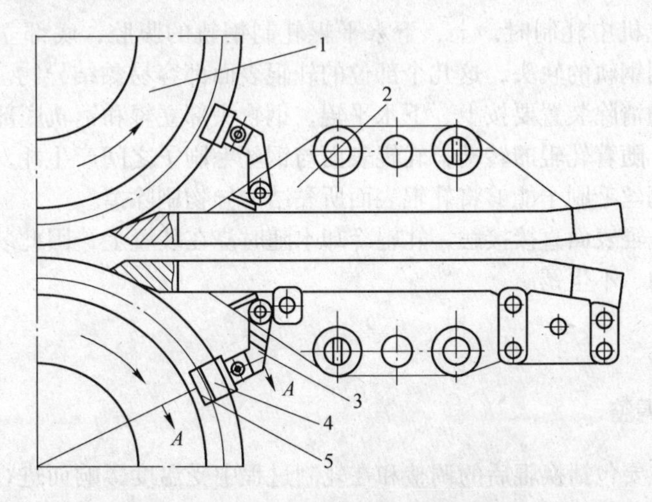

图 2-89　万能水平辊黏结物清除装置

1—轧辊；2—上卫板；3—下卫板；4—刷板；5—刷毛

（2）立辊表面黏结物清除装置结构。将植有钢丝毛刷子的活动板与固定框架通过调整螺栓、螺旋弹簧和滑动板连接到一起，然后将这个框架固定在立辊轴承座内部的空隙内，在立辊轴承座的入口侧和出口侧对称布置，刷体结构同水平辊。具体结构如图 2-90 所示。

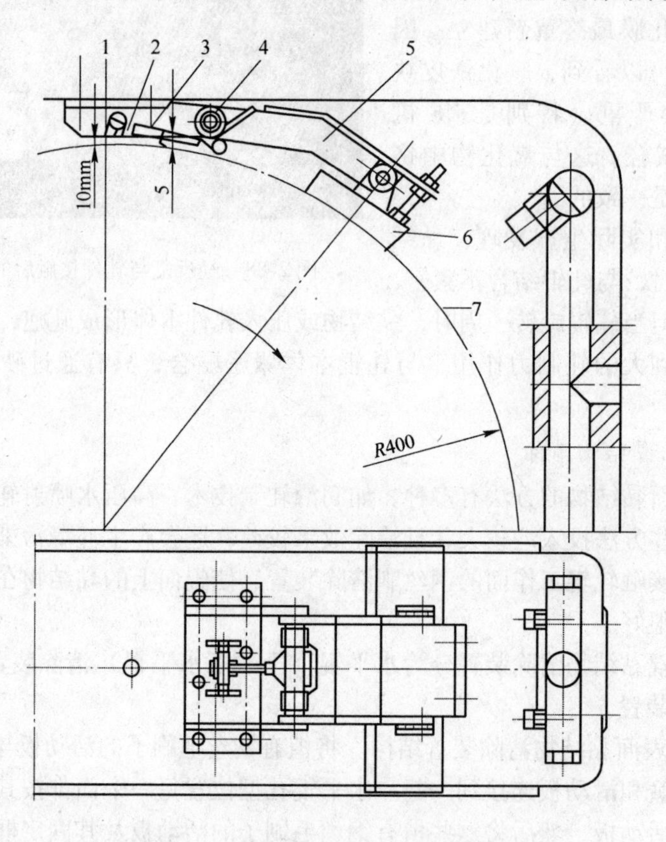

图 2-90　万能立辊黏结物清除装置

1—调整螺帽；2—调整螺帽；3—调整杆；4—扭转弹簧；5—刷柄；6—刷体；7—轧辊

钢轨在万能轧机中轧制时，上、下水平辊轧制钢轨的腹腔，底部立辊轧制钢轨的轨底，头部立辊轧制钢轨的轨头，这几个部位的轧辊表面都容易黏结异物。因此，万能轧机轧辊表面黏结物的清除装置要按上、下水平辊、钢轨头部立辊和钢轨底部立辊分别配置。

轧制过程中，随着轧辊的转动，轧辊表面与钢丝毛刷子之间产生相对滑动，在滑动摩擦力的作用下，钢丝毛刷子能够将轧辊表面所黏结的异物刷除掉。

清除装置与轧辊表面直接接触，轧辊冷却水随时浇在装置上，因此装置上配备的钢丝毛刷子要能耐腐蚀、不生锈。

【任务实施】

2.3.4　万能轧机调整

轧机的调整主要包括换辊后的调整和在轧制过程中受温度影响而进行的调整。一般情况下，随温度的变化较为好调。换辊时，特别是换 UR 辊时，调整量可能会很大，主要受校准及轧辊轴向的影响。

2.3.4.1 标定（校准）

标定是自动轧制正常的基础。它是利用轧辊液压调整装置，进行四辊相贴压靠，找出三个辊缝的零位。

A UR 和 UF 的标定

在轧制过程中，由于底部立辊的轧制力大于头部立辊的轧制力，水平辊会向头部立辊方向窜动。所以校准时应保证底部立辊先与水平辊贴，底部立辊先产生标定力，将水平辊向头部立辊方向靠，消除轴承之间的间隙。上水平辊的最大轴向窜动实际经验值为 3mm 左右。如果头部立辊先与水平辊贴，则会导致头部立辊与底部立辊的辊缝差 3mm 左右，也就是说在实际轧钢过程中，底部立辊的辊缝大 3mm，而头部立辊的辊缝小 3mm，同时下辊的轴向也会受影响，影响钢轨的轨高、底宽及对称性，调整起来费时费力。

在标定过程中，要检查标定力，如果是头部立辊先产生标定力，则应修改两个立辊的直径，将头部立辊的直径增加，减小底部立辊的直径，以每次 10mm 为单位进行调整，重新校准，直到底部立辊先与水平辊贴辊为止。

B E 的标定

E 机架在标定完后要进行检查，主要检查上下两辊的窜动，即轴向。标定后当辊缝为 2mm 时，用钢板靠住两个轧辊辊身侧面，检查间隙，如果轴向差值超过 0.5mm，在轧钢之前应进行调整，否则钢轨的对称性可能不符合要求。

2.3.4.2 轧机的调整

轧机的调整主要包括张力调整、尺寸调整和形状调整。尺寸调整主要包括轨高、头宽、腰厚和底宽。形状调整主要为对称性调整。

A 张力调整

由于最后一道次为张力轧制，张力的稳定性会影响到通长尺寸的稳定性。受张力影响，百米钢轨在两个端头与中间部位尺寸比较，轨高尺寸偏大，底宽尺寸偏小。尺寸的波动大小与张力的稳定性有关。张力稳定性的指标主要有两个：咬钢时张力的波动大小，即波峰和波谷的最大差值，差值越小，张力波动越小，尺寸越稳定，体现出取样尺寸的中间钢轨尺寸的波动大小；轧钢时张力的波动情况，体现为张力的均方差值，均方差值越小，张力越稳定，尺寸波动越小。最大值、最小值及均方差都可以通过 WinCC 来计算出来。轧制时张力的稳定性与轧制力的抖动相关，轧制力越稳定，张力也越稳定。而轧制力的稳定主要与轧辊的车制时的精度有关，也即水平辊的椭圆度，不超过 0.15mm 为合格。

一般情况下，张力最大与最小差值不超过 6，而且均方差在 0.1 ~ 0.2 之间时，尺寸波动较小，一般为 0.5mm 左右。咬钢时张力波动的大小可以从以下两个方面来调整：

（1）连轧速度调整。由于咬钢时 UF 会产生速降，会导致张力的波动。所以适当将 UF 的速度调快，可以缓解 UF 的速降，降低尺寸的波动。

（2）咬钢速度与轧制速度的调整。咬钢后，从咬钢速度提升到轧制速度，此时张力控制也会产生波动，导致尺寸的波动。实际经验表明：速度差越大，张力波动越大，尺寸波动也越大。所以可以提高咬钢速度，降低轧制速度，减小速度差，提高张力的稳定性。一般情况下，咬钢速度可以提高到2.5m/s，根据轧制情况，可将轧制速度降低到3m/s，这样的速度制度下，其尺寸波动的钢轨的长度约为3m左右，即从端头开始，轨高逐渐减小，到3m后轨高开始稳定。实测结果显示，如果咬钢速度为1.5m/s，而轧制速度为5m/s，则在7m左右时尺寸才开始稳定。长度越长尺差值越大，后者其尺寸波动为0.7～0.8mm。但轧制速度的调整要综合考虑轧制节奏，在不影响产量的情况下可以降低。

B 尺寸调整

由于万能轧机本身机械设备方面和电气控制方面的先进性，可以将轧制力直接采集计算并显示到计算机屏幕上，使得调整更加方便，更有依据。在进行尺寸调整时，应结合轧制力及出钢方向进行调整，使调整更简单。不同的钢种、不同的温度下，应将各道次的轧制力控制在一定范围内，这样调整就更有方向性。

（1）轨高。轨高的调整主要是调整头的充填情况及轨底的厚度。由于万能轧法不同于传统轧法，底的厚度通过UR及UF的底部立辊进行调整。应先用底厚样板测量轨底的厚度，如果底的厚度不合，则应对UF的底部立辊进行相应的调整。调整的同时应考虑底宽尺寸，如果底宽尺寸合，则应同向调UR的底部立辊；如果底宽不合，底大时，应多压UR；底小时，根据偏差值，少压或不压UR底部立辊。头的充填情况主要靠UR的头部立辊进行控制，所以，其余的调整量全部在UR的头部立辊。但如果UR底部立辊也进行了调整，由于底部对头部的作用，如果底部立辊压了，则相当于头部立辊也进行了相应的调整。所以此时调整轨高时应将底部立辊的调整量考虑到。

（2）底宽。底小：对底宽进行调整时，要先测量底的厚度。如果底厚，则应压UF底部立辊；如果底厚正常，则应放UR第三道甚至第二道底部立辊。但应注意UR底部立辊的轧制力及成品腿尖是否出现圆角，如果腿尖有圆角，且UR底部轧制力小，则应压UR底部立辊。原因是UR最后一道的底偏厚，进E机架时产生契卡而导致底小。这种情况比较少见，一般是由于UR底部立辊校准不正确导致的。

底大：底大一般是由于UF的压下量太大所致，其调整方法为压UR的底部立辊，减少底的金属量，从而降低底的尺寸。一般其调整的比例为1:1，即宽多少，UR压多少。但应注意轧制温度，防止过调，因为底的温度是最低的，所以其金属多趋于进行展宽，而不是在长度方向延伸。

（3）头宽及腰厚。头和腰的调整比较简单，因为这两个尺寸是由UF水平控制的，可以根据测量尺寸进行相应的放或压UF水平辊。但注意的是如果用卡尺量头宽值，其测量部位为一个半径很小的圆弧，其测量值受圆弧的充满程度而变化，所以最好是用头宽样板进行测量。同时由于腰厚的公差范围比头宽的公差范围大，所以在做孔型设计可以利用这一点，将腰厚的设计作调整，头宽尺寸合格时腰厚保证合格，从而可以不进行腰厚的测量。

（4）不对称。导致不对称的原因有两个，一个是UR或UF的轴向调整不合理，上下腿的展宽不同而不对称；另外一个原因是E机架的轴向不正。观察头的铁锈印，测量腿的厚度。通过头的铁锈印可以判断UR的调整方向。即如果上头铁锈重（或宽），则UR下辊应向底部窜，下头铁锈重（或宽），下辊向头部窜；通过腿的厚度可以判断UF的调整方向。如果上下腿厚度相同，则应按以下方法调整E的轴向：上腿长，下腿短，则E下辊应向底部窜，直到腿长短相同为止；上腿短，下腿长，则E下辊应向头部窜，直到腿长短相同为止。

2.3.5　矫直机调整

2.3.5.1　轨头侧面矫痕

矫痕出现在轨头侧面、腰底接合处，由垂直矫直机造成，主要有以下几方面原因：

（1）如图 2-91 所示，垂直矫直机矫直圈工作面因磨损出现凸台，与钢轨接触产生轨头侧矫痕。

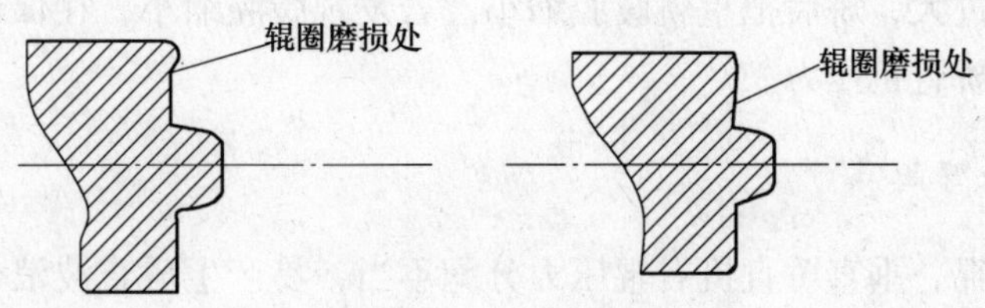

图 2-91　辊圈磨损

（2）如图 2-92 所示，矫直圈工作面与轨头侧面接触不充分，易产生轨头侧矫痕。

（3）如图 2-93 所示，由于垂直辊垫圈厚度过大，或导向圈直径与工作圈直径相差过大（正常值在 20 ~25mm），造成钢轨腰底结合处产生矫痕。

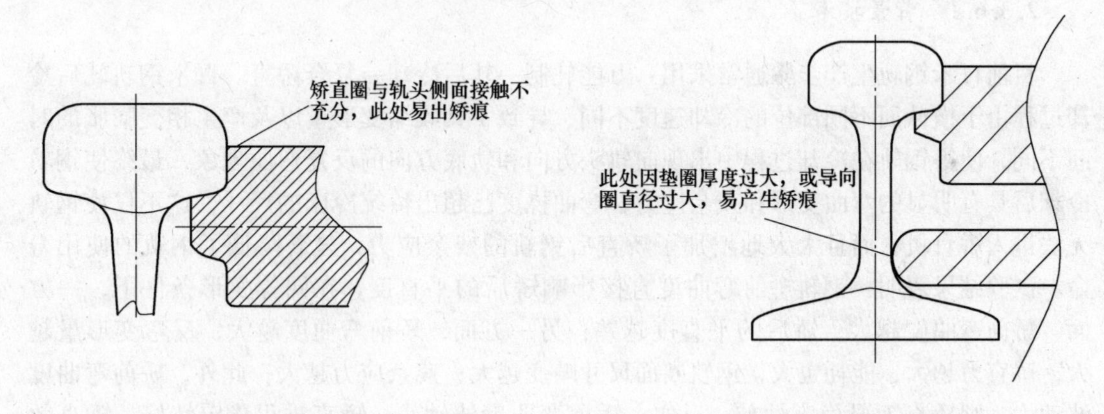

图 2-92　矫直圈与轨头侧面接触不充分　　图 2-93　垫圈厚度过大

消除矫痕的方法有：（1）及时检查矫直辊的磨损情况，观察是否磨起凸台，如果磨起凸台，看看可否通过调整矫直辊轴向避开，如不行，进行换辊处理。（2）及时检查钢轨咬入垂直矫情况，观察矫直辊轴向位置是否正确，工作圈与轨头侧面是否接触充分，如不充分，可适当调整轴向位置。（3）检查钢轨咬入垂直矫时导向圈与钢轨的接触情况，观察钢轨底腰结合处是否有矫痕产生，如有，看可否通过调整轴向消除，如无法消除，进行换辊处理。

2.3.5.2　扭转

产生扭转的原因主要有以下几种：（1）垂直矫轴向调整不当，受力不在同一中心线上，造成力偶。（2）水平辊孔型不齐，受力不在同一中心线上，造成力偶，而产生扭转。

消除办法有：（1）重新调整垂直矫各辊轴向。（2）将孔型调齐，使力作用在同一中心线上。

2.3.5.3　刮伤

孔型不齐，钢轨与挡圈接触，摩擦产生刮伤。消除方法是调齐孔型。

2.3.5.4　腹低

由于矫正压力过大，矫后把重轨腹腔缩小。若发现腹腔缩小，在保证矫直质量的情况下，尽量减少水平矫直机压力。

2.3.5.5　波浪弯曲

水平矫直机上辊、垂直矫直机右辊压力分配不当，易产生矫直波浪，应重新分配各辊压力。

【发明示例】

2.3.6　百米重轨残余应力控制方法

2.3.6.1　背景技术

目前百米钢轨生产步骤通常采用：万能轧制→轧后冷却→复合矫直。百米钢轨轧后冷却过程由于横截面不同部位的冷却速度不同，导致了其收缩变形量以及产生相变膨胀的时间不同，使得钢轨在冷却过程中出现向轨头方向和轨底方向的反复弯曲现象，最终使钢轨冷却后具有明显的弯曲变形和残余应力，弯曲挠度已超出传统冷床的尺寸，这不仅使钢轨无法进入矫直机，而且大大地增加了矫直后钢轨的残余应力，显著降低了钢轨的使用寿命。试验结果表明：钢轨矫前弯曲度直接影响矫后的平直度，在同等变形条件下，一方面，矫前弯曲度越大，矫后的平直度越差；另一方面，矫前弯曲度越大，反弯变形量越大，矫直力越大，能耗也大，钢轨断面尺寸畸变越大；残余应力越大；此外，矫前弯曲度波动大，则矫直工况稳定性差；反之，矫前弯曲度波动小，矫直过程稳定性好，矫直效果好。

传统的钢轨冷床本身已不能满足百米钢轨的工艺需要，面临淘汰。传统的钢轨冷床采用拉钢式冷床，直流电机拖动系统，人工手动操作，钢轨头尾难以实现同步，易对钢轨造成划伤。

本发明的目的在于提供一种百米钢轨平直度高，残余应力小，有效地保证百米钢轨生产线高效运行的残余应力控制方法。

2.3.6.2　具体实施方式

采用大弧度预弯优化工艺参数，百米钢轨轧后送至冷床上，如图2-94所示。在钢轨的实际生产中，由于钢锭的炉号不同、轧制节奏不同等因素，钢轨上冷床的温度也不大相同，本发明百米钢轨的轨底温度为780～850℃，轨头温度为850～930℃。

百米钢轨冷床横移过程分为两个阶段：平移和预弯。平移时每个横移小车等速同起同停，将百米钢轨从入口辊道左侧向右侧平推，将百米钢轨在热态下推直，并且矫正起始点。百米钢轨平移 800 ~ 900mm 成直线后横移小车抬起钢轨然后打弯，弯曲开始位置分别与钢轨两端的距离 $Z=15\sim35$m、17 ~ 20mm，弯曲后百米钢轨的形状为中间平直，两端为曲线。中间平直段与两端点连成的弦的距离为 $L_1=1.8\sim2.8$m。预弯控制模型参考曲线如图 2-95 所示，预弯后的百米钢轨落在冷床的固定梁上，然后预弯小车下降返回。通过活动梁的动作将百米钢轨移送到了冷床出口，最后运送至矫直机进行矫直。

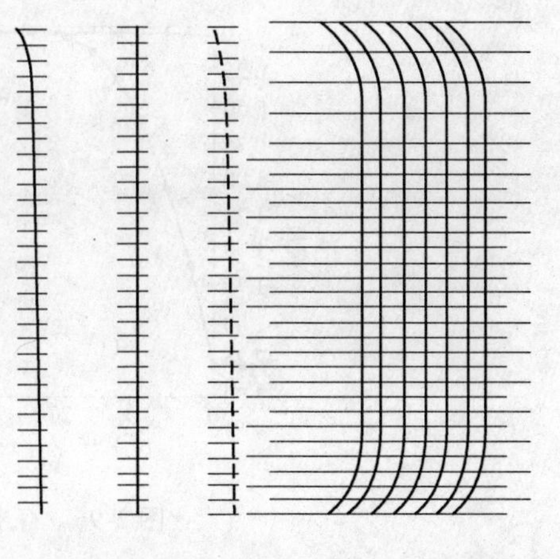

图 2-94　百米钢轨冷床横移过程示意图

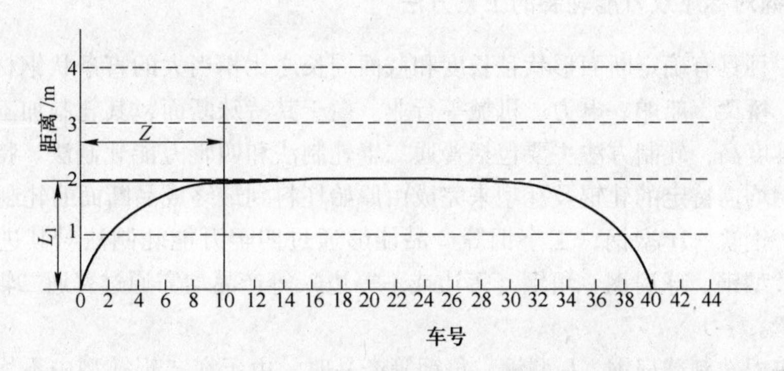

图 2-95　百米钢轨预弯控制模型参考曲线图

依据百米钢轨的几何模型，通过模拟计算结果分析，将百米钢轨的预弯量拟合成如下关于百米钢轨长度的函数：

$$f(Z)=2.28648-0.24818\times Z+0.00855\times Z^2-0.0009\times Z^3\quad(0\leqslant Z\leqslant35)$$

式中　Z——百米钢轨弯曲开始位置分别在距离百米钢轨两端的距离。

通过实施百米钢轨预弯控制模型，使百米钢轨冷却后弯曲的弦高控制在 30 ~ 40mm，如图 2-96 所示，为矫直后残余应力的控制奠定了工艺基础，结合优化的矫直工艺（21.0 ~ 18.5mm→12.5 ~ 14.6mm→4.6 ~ 6.5mm→5.0 ~ 6.0mm），钢轨矫直后残余应力控制在 70 ~ 120MPa 以内。

预弯控制主要有：一是依据钢轨预弯参考曲线作为控制模型实施预弯；二是预弯后钢轨通过活动梁移送时，各活动梁均保持同步，避免在移送过程中因不同步而造成钢轨发生形变。预弯参考曲线是根据百米钢轨在空气中自然冷却且考虑钢轨冷却过程中与冷床的摩擦情况下，按平直钢轨终冷时的弯曲变形等值反向弯曲，终冷时钢轨残余弯曲变形保持水平。预弯参考曲线对应各个小车位置的行程参数值可通过计算机写入数据库中的相应变量，这些变量的值经过计算机的操作人员的适当调整。

实际预弯过程中，百米钢轨两端 Z 尺寸范围内弧度变化较大，即两端约有 8 台左右的小车参与预弯，中间为平直段。在实际的生产当中，由于百米钢轨的对称性，所以两边的

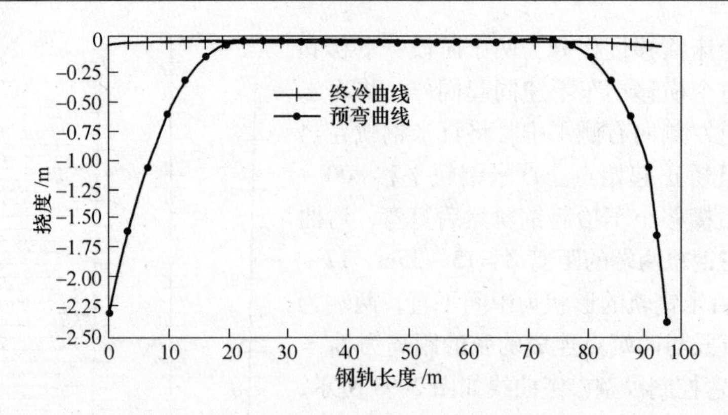

图 2-96　百米钢轨预弯曲线和终冷曲线图

对应点行程相同。预弯要求每台预弯小车按照各自的行程行走。

2.3.7　异型钢对称成双万能轧制的工艺方法

型钢是一种具有确定断面形状且长度和截面周长之比相当大的直条状钢材，广泛用于建筑、交通、桥梁、船舶、电力、机械等行业。由于其特殊断面，其轧制加工生产方法也比较复杂，难度高，轧制方法主要包括普通二辊轧制法和四辊万能轧制法。特定种类、特定规格的型钢均需特定的轧辊及孔型来完成由原始坯料到最终成品断面的轧制。

目前除了钢轨、H 型钢、工字钢等产品能够通过四辊万能轧制法对其进行轧制生产外，其余如 L 型钢、球扁钢、角钢（等边或不等边）等产品均需通过普通二辊轧制法单根轧制进行生产。

在二辊单根轧制球扁钢、L 型钢、角钢等产品时，由于在二辊孔型中不均匀变形，使得轧后轧件内应力较大；在轧制过程中由于在孔型中轧件断面延伸分配不均易形成“耳子”、“折叠”等轧制缺陷。而目前困扰所有型钢生产企业的是由于球扁钢、L 型钢、角钢等对称或非对称断面型钢，由于轧后轧件断面温度分布不均引起轧件在冷却后发生全长弯曲，进而使得发生弯曲后的型钢较难甚至不能进入型钢矫直机进行矫直，从而严重影响型钢产品在后续矫直、锯切等工序的生产节奏。

为实现球扁钢、L 型钢等产品正常生产，国内外型钢企业均采用“短尺冷却、短尺矫直、短尺锯切”的短尺生产工艺，即在终轧后将全长的热态轧件锯切成若干段，通过减少热态轧件长度的方式减少轧件冷却后的弯曲幅度，进而能够进入矫直及后续工序。

此种短尺生产工艺将全长轧件锯切成短尺后再进行后续冷加工的方法带来的生产弊端有：(1) 终轧后的热锯或热剪等锯切设施的锯切工序增加、锯片及能耗增加；(2) 冷床上短尺轧件多、冷床控制程序复杂、生产管理成本增加；(3) 矫直次数增加、生产节奏变慢、矫直轧件的头或尾盲区增加；(4) 冷锯定尺锯切的切头或尾次数增加、锯片消耗大、锯片成本高；(5) 产品成材率降低、生产和管理成本增加、市场竞争力低。

有鉴于此，本发明的目的是提供一种异型钢对称成双万能轧制的工艺方法，解决了单根型钢轧后冷却条件不同导致的冷却弯曲现象，提高了型钢轧制后的表面质量，改善了内应力，降低了生产成本，提高了工作效率。

如图 2-97 和图 2-98 所示，本发明异型钢对称成双万能轧制的工艺方法，包括以下步骤：(1) 将原始坯料在粗轧单元中经两辊轧边机，采用面对称形式粗轧制成双根连体轧件的中间坯料；(2) 由锯剪设施切除中间坯料不规则变形的头尾部；(3) 中间坯料在精轧单元中经万能轧机和两辊轧边机采用面对称形式双根连体同时进行万能轧制，精轧制成双根连体最终断面型材；(4) 轧制成双根连体最终断面的型材冷却至室温，先经剖分设施剖分成单根轧件，再由矫直设施同时矫直两根单根轧件，得到单根最终断面的型材产品。

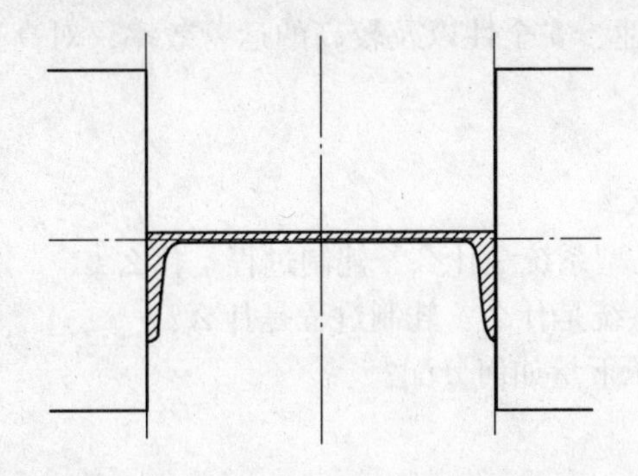

图 2-97　四辊万能轧机面对称形式轧制示意图

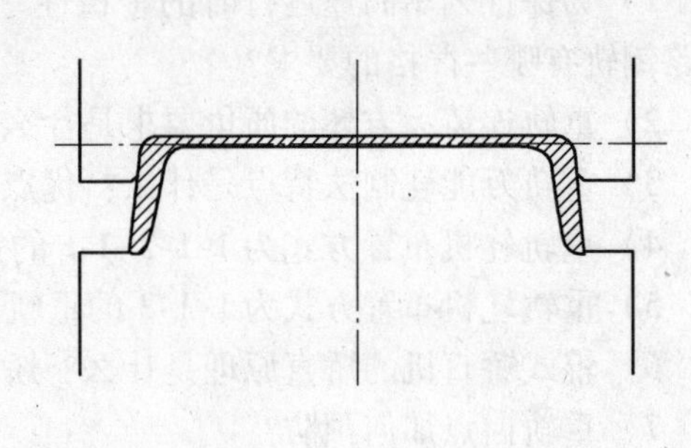

图 2-98　两辊轧边机面对称形式轧制示意图

【项目练习】

(1) **填空题：**

1) 按用途，钢轨分为（　）轨、（　）轨和（　）轨。

2) 按化学成分，钢轨分为（　）轨、（　）轨和（　）轨。

3) 按交货状态，钢轨分为（　）轨和（　）轨。

4) 按最低抗拉强度，钢轨分为（　）级（　）级、（　）级、（　）级、（　）级、（　）级。

5) 按使用温度下的金相组织，钢轨分为（　）轨、（　）轨和（　）轨。

6) 在（　）、（　）或（　）中不容易更换的地方采用（　）钢轨。

7)（　）钢轨主要是通过（　）工艺获得细小（　）组织，是目前公认的综合性能最好的钢轨。标准钢轨的定尺长度为（　）m、（　）m、（　）m 和（　）m。

8) 焊接轨（　）进行（　）热处理；U74、U71Mn、U70Mn 钻孔轨（　）进行（　）热处理时，应在合同中注明。

9) 钢轨的显微组织应为珠光体，允许有少量沿晶界分布的铁素体，不得有（　）、（　）及沿晶界分布的（　）。

10) 重轨成品孔有（　）孔、半万能（　）孔和万能（　）孔三种。

11) 钢轨 UEU 轧机组共有（　）块腹板导卫组成，其中上、下各（　）块。E 轧机通常配有（　）孔型，需要（　）块腹板导卫，每套孔型上配（　）4 块。

12) 钢轨万能轧机的调整主要包括（　）调整、（　）调整和（　）调整。尺寸调整主要包括（　）、（　）、（　）和（　）。形状调整主要为（　）调整。

(2) **解释：**

热预弯；硬弯；矫直；取样；残余应力；欠速淬火；余热淬火；轨端热处理；全长热处理；离线淬火；钢轨平直度；万能孔；轧边孔；U75V；U71Mn；U76NbRE；理论重量；

非金属夹杂物；显微组织；低倍组织；超声波探伤；涡流探伤；轧疤；折叠；刮伤；断裂韧性；疲劳；检查样板；连铸；中心疏松；中心偏析；电磁搅拌；动态轻压下；大方坯；全长弯曲；端部弯曲；波浪弯；扭转；压力矫直；辊式矫直；拉伸矫直；矫直机辊距；压下量；白点；轧制图表；红检；矫直机零度；矫痕。

（3）**问答题：**

1）为保证列车高速运行时的平稳性、舒适性、安全性以及较高的运营效率，对高速铁路钢轨有哪些严格的要求？

2）重轨连铸大方坯的质量要求是什么？

3）重轨万能轧制法特点是什么？优点是什么？

4）重轨轧机布置方式为1-1-2-2-1的重轨孔型系统是什么？轧制过程是什么？

5）重轨轧机布置方式为1-1-3的重轨孔型系统是什么？轧制过程是什么？

6）辊式矫直机的矫直原理是什么？矫直机压下量如何分配？

7）重轨白点如何预防？

8）开坯机启动轧机前做哪些操作？

9）无接触式矫直机零度标定步骤是什么？

10）钢轨端部弯曲如何测量？

11）钢轨轨高、底宽、断面不对称是否合格，如何检查？

12）轧辊黏结异物形成机理是什么？

13）重轨轨高、头宽、腰厚、底宽时，轧机如何调整？

14）目前除了钢轨、H型钢、工字钢等产品能够通过四辊万能轧制法对其进行轧制生产外，其余如L型钢、球扁钢、角钢（等边或不等边）等产品均需通过普通二辊轧制法单根轧制进行生产，为什么？

15）什么叫在线轨头余热淬火？它的条件是什么？

（4）解读标准术语、条款，题目另给。

（5）用CAD画出60kg/m钢轨断面图、开坯机孔型图或万能机组孔型图。

（6）写报告与论文，题目另给，论文格式符合技师专业论文格式。

【项目评价】

项目成绩 = 上课出勤 ×10% + 课上答问 ×10% + 作业 ×10% + 标准解读 ×10% + 视频解读 ×10% + 讲题 ×20% + 作图 ×10% + 论文写作 ×10% + 其他 ×10%。此公式供成绩评定参考。

【课外学习】

（1）刘宝昇，赵宪明．钢轨生产与使用［M］．北京：冶金工业出版社，2009.

（2）［日］中岛浩卫著；李效民译．型钢轧制技术：技术引进、研究到自主技术开发［M］．北京：冶金工业出版社，2004.

（3）董志洪．世界H型钢与钢轨生产技术［M］．北京：冶金工业出版社，1999.

（4）李登超．现代轨梁生产技术［M］．北京：冶金工业出版社，2008.

（5）攀钢集团，http：//www. pzhsteel. com. cn/.

（6）武钢集团，http：//www. wisco. com. cn/.

（7）轧钢技术论坛，http：//lengzhajishu. haotui. com/bbs. php.

（8）维普网，http：//www. cqvip. com/.

（9）钢铁大学，http：//www. steeluniversity. org/.

（10）仿真科技论坛，http：//forum. simwe. com/forum-34-1. html.

（11）仿真播客，http：//v. simwe. com/ansys/.

（12）中南大学金属塑性加工原理精品课程，http：//mse. csu. edu. cn/jpkc/.

（13）上海大学精品课程材料及成形技术精品课程，http：//elearning. shu. edu. cn/display _ course. php？ id =10.

（14）西南交通大学材料成形技术基础精品课程，http：//mse. xjtu. edu. cn/jxtd/clcx/.

（15）山东大学材料科学基础精品课程，http：//www. cmse. sdu. edu. cn/clkx/index. html.

（16）中国大学 MOOC 材料科学基础，http：//www. icourse163. org/course/nwpu-15001号/info.

项目3　钢 筋 生 产

【项目导言】

钢筋是混凝土的主要增强材料，它与混凝土结合成为整体，承受各种荷载作用，使混凝土结构满足安全性能要求。钢筋混凝土在建筑、桥梁、隧道、水工、海港、公路、铁道、核电站等土木工程中得到十分广泛的应用，已成为当今世界上用量最大的建筑材料。目前，我国的建筑结构主要是钢筋混凝土结构，因此，钢筋的用量在建筑钢材产量中占有很大比例。

【学习目标】

(1) 调研钢筋生产厂，了解钢筋生产厂产品、工艺、设备、作业岗位、基层管理和生产技术管理水平，写出调研报告。

(2) 查阅钢筋标准，了解建筑企业对钢筋的形状、尺寸、表面质量、内部质量、组织性能的要求，能口头或书面解读有关标准的术语、条款。

(3) 掌握钢筋分类、主要质量要求、孔型系统和生产工艺流程。

(4) 了解轧机、剪机、冷床、活套等主要生产设备，能解读有关视频。

(5) 了解钢筋生产过程自动化系统。

(6) 明确钢筋常见质量缺陷、产生原因和预防处理方法，能写出有关缺陷问题的小论文。

(7) 了解工厂安全操作规程。

(8) 通过生产线虚拟仿真系统实操培训，能进行轧机、剪机、冷床、活套等设备的基本点检和基本操作，对常见故障、质量缺陷能进行处理。

任务3.1　认识钢筋生产厂

【任务描述】

走进典型的钢筋生产厂，了解工厂生产的产品品种规格、原料、设备布置、设备结构，了解生产线岗位、各个岗位设备操作和自动控制，明确钢筋生产工艺流程及主要工序作用，进一步了解工厂的计划管理、生产管理、质量管理、设备管理和现场管理情况，写出不少于3000字的调研报告。

【任务分析】

调研报告应包括调研目的、调研要求、调研安排、调研单位介绍、调研小结等项内容，图文并茂。报告的重点是调研单位介绍，越全面越详细越好。调研期间，在指导老师带领下，通过听、看、问、写、照，主动搜集生产厂产品、原料、设备、岗位职责和操作、管理各方面第一手资料。也可以通过网络、图书馆、电话、问卷、访谈等途径进行调研。

【相关知识】

混凝土结构用钢材品种较多，主要有：热轧光圆钢筋、热轧带肋钢筋、余热处理钢筋、冷轧带肋钢筋、冷轧扭钢筋、预应力混凝土用钢丝、预应力混凝土用钢绞线、预应力混凝土用钢棒、预应力混凝土用螺纹钢筋等产品（以下统称钢筋）。

热轧带肋钢筋是一种钢筋混凝土用钢，其横截面的基圆为圆形，且表面通常带有两条纵肋和沿长度方向均匀分布的横肋，目前我国国家标准规定横肋的外形为月牙形，并且可以不带纵肋。热轧带肋钢筋在混凝土中上要承受拉、压和弯曲应力，由于表面肋的作用，它和混凝土有较大的黏结能力（握裹力），因而它能更好地和混凝土一起组成复合结构来承受外力的作用。

钢筋混凝土是由混凝土和钢筋组成的复合材料，这种材料具有以下优点：(1) 合理利用了钢筋抗拉强度较高、混凝土抗压强度较高的不同性能特点，可以形成强度较高、刚度较大的结构构件，相比钢构件，可节约钢材，降低造价；(2) 耐久性和耐火性较好，维护费用低；(3) 具有可模性，可以根据使用需要制造成各种形状的结构；(4) 钢筋混凝土结构的整体性好，又具有必要的延性，可用作抗震结构，同时它的防震性和防辐射性较好，也适用于作防护结构；(5) 钢筋混凝土结构刚度大，有利于结构的变形控制；(6) 混凝土的砂石材料可就地取材。

钢筋混凝土结构还有以下一些缺点：(1) 结构自重大；(2) 结构抗裂性差；(3) 结构受压承载力有限，用于承受较大压力时需要增加构件截面；(4) 结构施工复杂，工序较多，包括支模、绑钢筋、浇筑、养护等；工期长，施工受季节、大气的影响较大；(5) 结构一旦破坏，其修复、加固、补强比较困难。

3.1.1 钢筋的分类

钢筋是用钢坯经压力加工而成的条形钢材。直径 6.0~9.0mm 的钢筋一般以成卷盘条供应，直径 10mm 以上的一般为直条。将盘条拔制减径到直径 2.5~5.0mm（最大至 7.0~9.0mm）称为钢丝。将数根钢丝（例如 6 根）围绕一根芯轴钢丝绞合在一起，即为钢绞线（如 7 股钢绞线）。

钢筋种类很多，通常按使用要求、生产工艺、钢种、外形、强度级别进行分类：

(1) 按使用要求，钢筋分为混凝土结构用钢筋和预应力混凝土结构用钢筋。两种结构所用的钢筋，其受力特点、使用要求和钢筋的性能不同。一般来说，混凝土结构使用强度相对较低的钢筋，如热轧带肋钢筋和热轧光圆钢筋，而对于需要采用预应力混凝土结构的大跨度结构和其他有特殊要求的建（构）筑物，则往往使用强度较高的预应力钢筋，如预应力钢绞线或高强螺纹钢筋等。有些钢筋虽然强度不太高，但经过冷拉、冷拔、冷轧等冷加工提高强度后，也用作预应力钢筋。预应力钢筋通常由单根或成束的钢丝、钢绞线或钢筋组成。有黏结预应力钢筋是和混凝土直接黏结的或是在张拉后通过灌浆使之与混凝土黏结的预应力钢筋；无黏结预应力钢筋是用塑料、油脂等涂包预应力钢材后制成的，可以布置在混凝土结构体内或体外，且不能与混凝土黏结，这种预应力钢筋的拉力永远只能通过锚具和变向装置传递给混凝土。

（2）按生产工艺，钢筋分为热轧钢筋（如热轧带肋钢筋、热轧光圆钢筋等）、热处理钢筋（如轧后余热处理）、冷加工钢筋（如预应力钢丝、预应力钢棒、预应力钢绞线、冷轧带肋钢筋等）。

HPB 为 Hot-rolled Plain Bar 的英文缩写，即热轧光圆钢筋。HRB 为 Hot-rolled Ribbed Bar 的英文缩写，即热轧带肋钢筋。所谓带肋钢筋指钢筋表面通过热轧工艺轧制出变形以增加与混凝土之间的咬合力，包括表面带肋钢筋、螺旋纹钢筋、人字纹钢筋、月牙纹钢筋等。RRB 为 Remained heat treatment Ribbed steel Bars 的英文缩写，即余热处理钢筋，是在热轧后立即穿水，进行表面控制冷却，然后利用芯部余热自身完成回火处理所得的成品钢筋。这种钢筋也属于热轧钢筋，其焊接性能与 HRB 钢筋相比，有一定的差异，延性和强屈比稍低。

（3）按钢种，钢筋分为碳素结构钢钢筋、低合金结构钢钢筋、合金结构钢钢筋。目前，我国碳素结构钢钢筋的牌号主要为 HPB235，这种钢筋强度较低，但塑性和焊接性能较好，一般用于中、小钢筋混凝土结构构件中的受力钢筋及箍筋。低合金结构钢钢筋的牌号主要为 20MnSi，根据不同的强度要求添加合金 V 或 Nb、Ti，这种钢筋是目前钢筋的主要品种，它广泛应用于各种钢筋混凝土结构中，作为主要受力钢筋使用。合金结构钢钢筋的牌号主要为 72A、82B 等，分别用于作预应力钢丝、预应力钢绞线的原材料。

（4）按外形，钢筋分为光圆、带肋、螺旋、刻痕等钢筋。根据使用要求钢筋的外形多种多样。

（5）按屈服强度特征值，钢筋分为 335 级、400 级、500 级（600 级已有生产）。根据各个产品标准，钢筋按强度级别分类，见表 3-1。

表 3-1　不同类别钢筋的强度级别

钢筋类别	牌　号	屈服强度 R_{eL}、规定非比例延伸应力 $R_{p0.2}$/MPa	抗拉强度 R_m/MPa	标　准
热轧光圆钢筋	HPB235	235	370	GB 1499.1—2008
	HPB300	300	420	
热轧带肋钢筋	HRB335	335	455	GB 1499.2—2007
	HRB400	400	540	
	HRB500	500	630	
细晶粒热轧带肋钢筋	HRBF335	335	455	GB 1499.2—2007
	HRBF400	400	540	
	HRBF500	500	630	
余热处理钢筋	KL400	440	600	GB 13014—2013
冷轧带肋钢筋	CRB550	500	550	GB 13788—2008
	CRB650	585	650	
	CRB800	720	800	
	CRB970	875	970	

续表 3-1

钢筋类别	牌号	屈服强度 R_{eL}、规定非比例延伸应力 $R_{p0.2}$/MPa	抗拉强度 R_m/MPa	标准
冷轧扭钢筋	LZN Ⅰ、Ⅱ		580	JG 3046—1998
预应力混凝土用钢丝		1100	1470	GB/T 5223—2014
		1180	1570	
		1250	1670	
		1330	1770	
		1640/1580	1860	
预应力混凝土用钢绞线			1470	GB/T 5224—2014
			1570	
			1670	
			1720	
			1820	
			1860	
			1960	
预应力混凝土用钢棒		930	1080	GB/T 5223.3—2005
		1080	1230	
		1280	1420	
		1420	1570	
预应力混凝土用螺纹钢筋	PSB785	785	980	GB/T 20065—2006
	PSB830	830	1030	
	PSB930	930	1080	
	PSB1080	1080	1230	
中强度预应力混凝土用钢丝	620/800	620	800	YB/T 156—1999
	780/970	780	970	
	980/1270	980	1270	
	1080/1370	1080	1370	
预应力混凝土用低合金钢丝	YD800		800	YB/T 038—1993
	YD1000		1000	
	YD1200		1200	
桥梁缆索用热镀锌钢丝			1570	GB/T 17101—2008
			1670	
			1770	
高强度低松弛预应力热镀锌钢绞线			1770	YB/T 152—1999
			1860	

3.1.2 混凝土结构对钢筋的性能要求

混凝土结构的设计和施工对钢筋提出了各种性能要求，主要有以下几方面：

（1）强度。所谓强度指的是钢筋的屈服强度和抗拉强度。钢筋的屈服强度是混凝土结构设计计算时的主要依据。采用高强度钢筋可以节约钢材，取得较好的经济效果。提高钢筋强度除改变钢材化学成分生产新的钢种外，还可以通过改变轧制工艺（控轧控冷）或对钢筋进行冷加工以提高它的屈服点。很明显，钢筋的强屈比能表示结构的可靠性潜力，强屈比大则结构可靠性高，但比值太大时钢材强度有效利用率太低，因此，应保持适宜的强屈比值。

（2）延性。主要表现为对均匀伸长率（最大力下的总伸长率）的要求。钢筋的延性对于混凝土结构塑性设计、结构抗震、防止构件断裂和结构倒塌有重要作用。因此，延性也同样是钢筋的主要性能。

（3）加工适应性。不同的产品使用要求不同，如结构施工时普通钢筋需要弯曲，因而须进行冷弯或反弯试验，不能因这些加工而造成钢筋性能的退化（折断、裂纹、力学性能降低）。

（4）连接性能。普通钢筋的可焊性、焊接质量的可靠性以及焊接后热影响区性能降低；机械连接接头力学性能（传力、变形、恢复力等）的退化等，应受到控制。

（5）疲劳性能。遭受高周、低周反复载荷作用的混凝土结构，承载受力性能的退化取决于其中钢筋的疲劳性能。桥梁、吊车梁中的钢筋，应保证必要的疲劳性能。

（6）耐温性能。处于火灾等高温环境中的钢筋性能软化，强度降低；严寒条件下的冬季施工及冷库等结构中的钢筋可能发生低温冷脆现象。这些不利因素必须得到控制，这就对钢筋提出了耐温性能的要求。

（7）锚固性能。钢筋与混凝土共同受力的黏结锚固性能决定了其承载力、刚度及裂缝，在结构设计中表现为钢筋的锚固长度及有关构造要求。

（8）预应力传递性能。预应力钢筋在混凝土结构中通过黏结作用而建立起所需预应力值的长度，取决于钢筋的外形。传递长度短的钢筋能迅速建立起所需预应力。

（9）耐久性。混凝土结构中的钢筋在恶劣环境下（干湿循环、反复冻融、氯盐锈蚀）应有一定的抗腐蚀性能，这决定了结构的耐久性（维修费用和使用寿命）。

3.1.3 《钢筋混凝土用钢第2部分：热轧带肋钢筋》（GB 1499.2—2007）简介

按《钢筋混凝土用钢第2部分：热轧带肋钢筋》（GB 1499.2—2007），每批钢筋的检验项目有：化学成分（熔炼分析）、拉伸、弯曲、反向弯曲、疲劳试验、尺寸、表面、重量偏差、晶粒度。其主要技术要求有：（1）钢筋应按批进行检查和验收，每批重量小于60t，每批钢筋应由同一牌号、同一炉罐号、同一规格、同一交货状态的钢筋组成。（2）允许由同一牌号、同一冶炼方法、同一浇注方法的不同炉罐号组成混合批，但每批不多于6个炉罐号。各炉罐号含碳量之差不得大于0.02%，含锰量之差不大于0.15%。（3）带肋钢筋按定尺或供需双方协商长度交货应在合同中注明，其允许偏差不应大于+50mm。（4）钢筋每米弯曲度不应大于4mm，总弯曲度不大于总长的0.4%。（5）根据需方要求，钢筋按重量偏差交货时，其实际重量与公称重量的允许偏差应符合规定。（6）钢筋的检查和验收按 GB1499 的规定进行。

按《钢筋混凝土用钢第 2 部分：热轧带肋钢筋》（GB 1499. 2—2007），带肋钢筋的表面标志应符合下列规定：（1）带肋钢筋应在其表面轧上牌号标志，还可依次轧上经注册的厂名（或商标）和公称直径毫米数字。（2）钢筋牌号以阿拉伯数字或阿拉伯数字加英文字母表示，HRB335、HRB400、HRB500 分别以 3、4、5 表示，HRBF335、HRBF400、HRBF500 分别以 C3、C4、C5 表示，断后伸长率不小于 15%，最大力总伸长率不低于 7.5%。（3）厂名以汉语拼音字头表示。（4）公称直径毫米数以阿拉伯数字表示。公称直径不大于 10mm 的钢筋，可不轧制标志，可采用挂标牌方法。标志应清晰明了，标志的尺寸由供方按钢筋直径大小做适当规定，与标志相交的横肋可以取消。（5）牌号带 E（例如 HRB400E、HRBF400E 等）的钢筋，应在标牌及质量证明书上明示。

旧标准中 HRB335 用“2”表示，HRB400 用“3”表示，HRB500 用“4”表示。热轧带肋钢筋分为 HRB335（Ⅱ级，老牌号为 20MnSi）、HRB400（Ⅲ级老牌号为 20MnSiV、20MnSiNb、20MnTi）、HRB500（Ⅳ级）三个牌号。一般Ⅱ级、Ⅲ级钢筋轧制成人字形，Ⅳ级钢筋轧制成螺旋形及月牙形。

牌号后加 E 的抗震钢筋，例如 HRB400E、HRBF400E，除了应满足相对应牌号要求外，还应满足：钢筋实测抗拉强度与实测屈服强度之比不小于 1.25，钢筋实测屈服强度与标准规定的屈服强度之比不大于 1.30，钢筋的最大力下的总伸长率不小于 9%。

3.1.4　孔型知识

3.1.4.1　轧槽与孔型

为了将矩形、方形、异形断面的钢坯变成各种断面形状尺寸的型钢，钢坯要在高温软化的状态下，借助于导卫装置、辊道和翻钢机，以正确的姿态进入并穿过一个个形状逐渐变化的孔洞，完成厚度方向压缩、断面形状尺寸改变、纵向延伸、组织致密、性能改善的过程。用刀具在新辊上切削出轧槽，把轧辊装到轧机上，两个或两个以上轧槽靠近对齐，围成的孔洞在过轧辊轴线的垂直面上具有的断面形状尺寸，就是孔型。如图 3-1 所示，在一对水平辊上配了两个箱形孔。轧制过程中，轧辊会发生不均匀磨损，或粘氧化铁皮，所轧型钢的形状尺寸不合格，需要把用旧的轧辊从轧机卸下，装到机床上磨削，以恢复轧槽（孔型）原来的形状尺寸和表面质量。

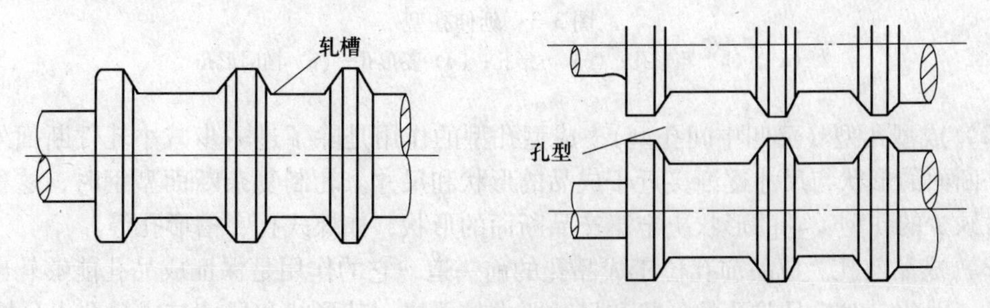

图 3-1　箱形孔型与轧槽、刻槽辊

3.1.4.2　孔型分类

A　按形状分类

孔型按形状可分为两大类：简单断面孔型（如箱形孔型、菱形孔型、六角形孔型、椭圆形孔型、方孔型、圆孔型等）和异型断面孔型（如工字形孔型、槽形孔型、轨形孔型，T字形孔型等）。如图3-2所示。

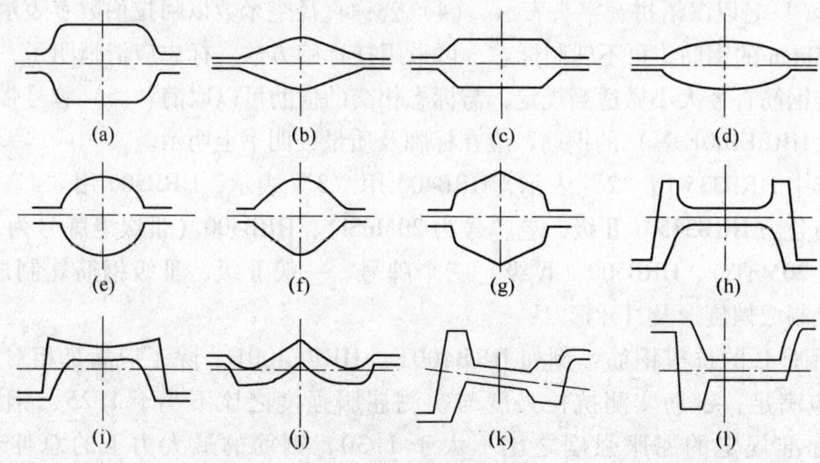

图3-2　孔型按形状分类

（a）箱形孔型；（b）菱形孔型；（c）六角形孔型；（d）椭圆形孔型；
（e）圆孔型；（f）方孔型；（g）六边形孔型；（h）工字形孔型；
（i）槽形孔型；（j）角形孔型；（k）轨形孔型；（l）丁字形孔型

B　按用途分类

根据孔型在总的轧制过程中的位置和其所起的作用，孔型分为以下四类。

（1）延伸孔型（又叫开坯孔型或毛轧孔型）。延伸孔型的作用是迅速地减小坯料的断面积，以适用某种产品的需要。延伸孔型与产品的最终形状没有关系。常用的延伸孔型有箱形孔、方形孔、菱形孔、六角形孔、椭圆形孔等，如图3-3所示。

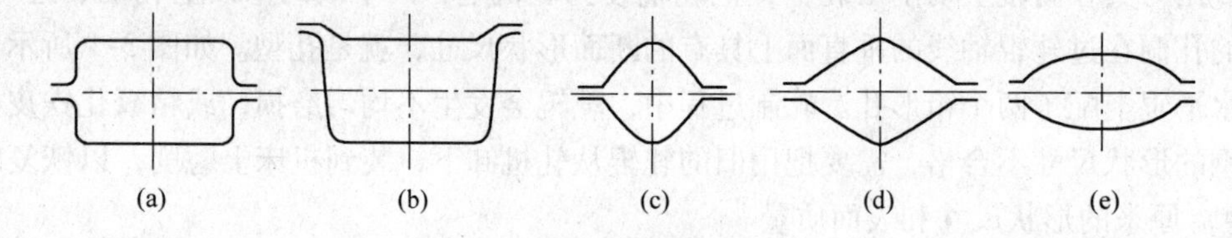

图3-3　延伸孔型

（a），（b）箱形孔；（c）方形孔；（d）菱形孔；（e）椭圆形孔

（2）成型孔型（又叫中间孔型）。成型孔型的作用是除了进一步减小轧件断面外，还使轧件断面的形状与尺寸逐渐接近于成品的形状和尺寸。轧制复杂断面型钢时，这种孔型是不可缺少的孔型，它的形状决定于产品断面的形状，如蝶式孔、槽形孔等。

（3）成品前孔。成品前孔位于成品孔的前一道，它的作用是保证成品孔能够轧出合格的产品。因此，对成品前孔的形状和尺寸要求较严格，其形状和尺寸与成品孔十分接近。

（4）成品孔。成品孔是整个轧制过程中的最后一个孔型。它的形状和尺寸主要取决于轧件热状态下的断面形状和尺寸。考虑热膨胀的存在，成品孔型的形状和尺寸与常温下成品钢材的形状和尺寸略有不同。为延长成品孔寿命，成品孔尺寸按成品的负公差或部分负公差设计。

随着成品形状的不同，上述四种孔型的形状可以是多种多样的，但都是由上述四种孔型组成。

C　按孔型在轧槽上的切削方法分类

按孔型在轧槽上的切削方法分类，如图 3-4 所示。

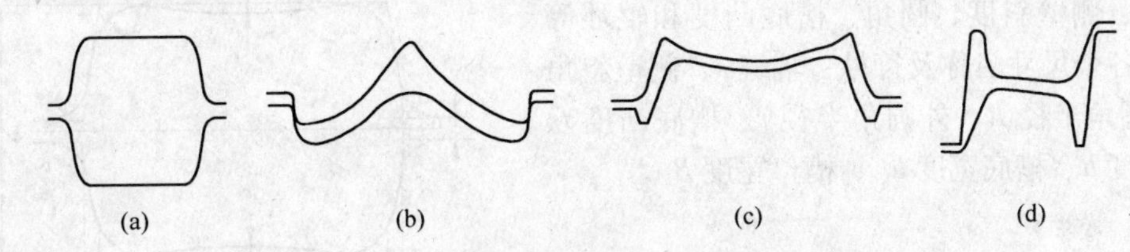

图 3-4　孔型配置方式

（a）开口孔型；（b）闭口孔型；（c）半闭口孔型；（d）对角开口孔型

（1）开口孔型。孔型辊缝在孔型周边之内的称为开口孔型，其水平辊缝一般位于孔型高度中间。

（2）闭口孔型。孔型的辊缝在孔型周边之外的称为闭口孔型。

（3）半闭口孔型。通常称为控制孔型（如控制槽钢腿部高度等），其辊缝常靠近孔型的底部或顶部。

（4）对角开口孔型。孔型的辊缝位于孔型的对角线。如左边的辊缝在孔型的下方，则右边的辊缝就在孔型的上方。

轧制某种型钢所用的所有孔型称为该型钢的孔型系统。图 3-5 是 530 轧机生产的圆

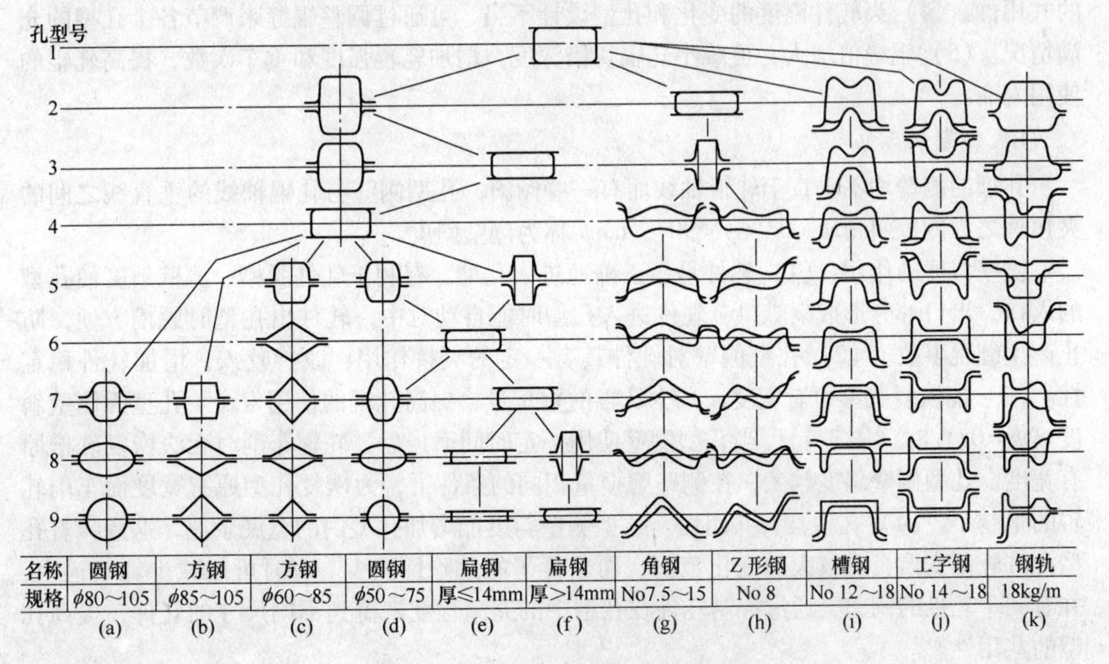

图 3-5　530 轧机各种断面的孔型系统

钢、方钢、扁钢、角钢、Z字钢、槽钢、工字钢、钢轨的孔型系统，各个断面孔型都是传统的二辊孔型。

3.1.4.3 孔型组成及其各部分的作用

型材品种繁多，断面形状差异也很大。因此，生产型材所用的孔型也是多种多样的。但不论什么孔型在组成孔型的几何结构上都有共同的部分，如辊缝、圆角、侧壁斜度、锁口（闭口孔型）等。如图3-6所示，箱形孔型由辊缝、侧壁斜度、圆角、槽底凸度和辊环等组成。各个尺寸名称及符号：辊缝 s、侧壁斜角 ψ、内圆角半径 R、外圆角半径 r、槽底凸度 f、孔型高度 h、槽底宽度 b_k、槽口宽度 B_k。

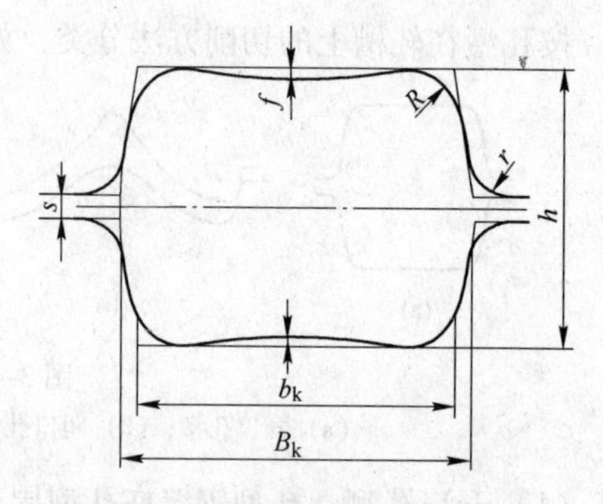

图3-6 孔型的构成和各部分名称

A 辊缝 s

上下辊的辊环之间的缝隙，称为辊缝。孔型图上的辊缝为工作辊缝。

在轧制过程中，在轧制压力作用下，机架（牌坊）和其他零部件会发生弹性变形。这种弹性变形的总和构成了轧辊的所谓“弹跳”。弹跳的结果使孔型高度增加，轧辊辊缝加大。因此，孔型图辊缝的数值应等于预摆辊缝（或称轧前辊缝）与轧辊弹跳之和。

辊缝的作用：(1) 当辊缝值大于轧辊的弹跳值，调整辊缝值能补偿轧辊的弹跳值，保证轧后轧件高度。(2) 当孔型磨损后孔型高度增加，可通过调整辊缝来恢复孔型高度，补偿轧槽磨损，增加轧辊使用寿命。(3) 通过调整辊缝得到不同断面尺寸的孔型，提高孔型的共用性。(4) 当轧件温度的变化和孔型设计不当，可通过调整辊缝来调节各个孔型的充满情况。(5) 辊缝值增大，可减小轧辊切槽深度，增加轧辊强度和重车次数，提高轧辊的使用寿命。

B 侧壁斜度 ψ

孔型的侧壁均不垂直于轧辊轴线而有一些倾斜，孔型侧壁与轧辊轴线的垂直线之间的夹角称之为侧壁斜角 ψ，$0° < \psi < 90°$，$\tan\psi$ 称为侧壁斜度。

侧壁斜度的作用：(1) 轧件易于正确地进入孔型，有利于轧件脱槽。侧壁斜度使孔型的入口、出口部分形成喇叭口，轧件进入孔型时能自动对中，轧件出孔型时脱槽方便，防止产生缠辊事故。(2) 孔型侧壁对轧件具有一定的夹持作用，改善咬入，增加轧件稳定性。(3) 能恢复孔型原有宽度，减少轧辊的重车量，提高轧辊的使用寿命。孔型无侧壁斜度（$\psi=0°$）时（图3-7），当孔型侧壁使用一定时间磨损后，轧辊车削时无法恢复轧槽原有宽度。孔型侧壁斜度越大，在侧壁磨损量相同的条件下，为恢复孔型原有宽度而车削轧辊的量越小。(4) 孔型具有共用性。孔型侧壁斜度能增加孔型内的宽展余地，这意味着孔型允许轧制变形量有较大的变化范围，而出耳子的危险性减少。有时可以减少轧制道次，并有利于轧机的调整，通过控制轧件在孔型中的充满程度来得到不同尺寸的轧件，提高孔型的共用性。

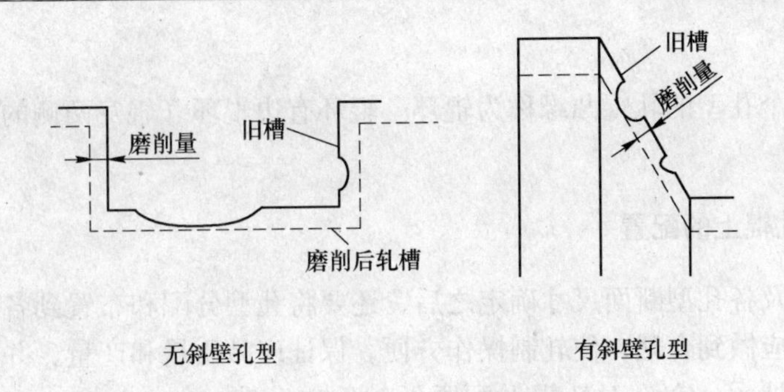

图 3-7　有无侧壁的孔型磨削比较

孔型侧壁斜度固然有上述重要作用，但斜度过大也会使轧件断面形状“走样”。因为侧壁斜度小有利于夹持轧件，其侧面加工良好，断面形状比较规整。

C　圆角

孔型的角部一般都做成圆弧形，由于孔型形状和圆角的位置不同，其所起的作用也不尽相同。

内圆角 R 的作用：（1）防止轧件角部温度急剧冷却，因温差造成轧件角部开裂和孔型急剧磨损；（2）改善轧辊强度，防止孔型的尖角部分应力集中使轧辊断裂；（3）通过改变槽底圆角半径会改变孔型的实际面积，从而改变轧件在孔型中的变形量和宽展量，调整孔型的充满度。对轧件的局部也起到一定的加工作用。

外圆角 r 的作用：（1）当轧件在孔型中略有过充满时，外圆角可形成纯而厚的耳子，避免耳子处形成尖锐折线，从而防止轧件继续轧制时形成折叠缺陷；（2）当轧件进入孔型不正时，外圆角能防止辊环刮切轧件侧面，避免轧件表面出现刮丝等表面缺陷现象；（3）增大复杂断面孔型外圆角半径能提高辊环强度，防止辊环爆裂。轧制某些简单断面型钢时，为保证成品断面达到标准要求，其成品孔型的外圆角半径可取小，甚至为零。

D　锁口

闭口孔型中用来隔开孔型与辊缝的两轧辊间的缝隙，称为孔型的锁口（见图 3-8 中 t）。当采用闭口孔型以及轧制某些复杂断面型钢用的异形孔时，为控制轧件的断面形状而使用锁口。用锁口的孔型，相邻孔型的锁口一般上下交替。

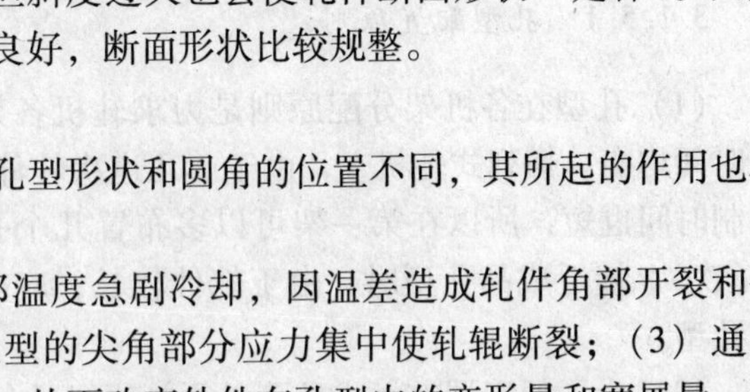

图 3-8　闭口孔型构成

B_k—槽口宽度；b_k—槽底宽度；φ—侧壁角；S—辊缝；R—外圆角；r—内圆角；h—孔型高度；t—锁口

锁口作用：（1）控制轧件断面的形状；（2）便于调整闭口孔型。

E　槽底凸度 f

箱形孔型中槽底做成具有一定高度、形状的凸度，称为槽底凸度。

槽底凸度的作用：（1）轧件断面底边稍凹，便于轧件在辊道上稳定运行；（2）给翻钢后的孔型增加宽展余地，减少出耳子的危险性；（3）保证轧件侧面平直；（4）降低轧槽磨损，提高轧槽的使用寿命。

F 辊环

隔开相邻两个孔型的轧辊凸缘称为辊环。辊环有边辊环（辊身两侧的辊环）和中间辊环之分。

3.1.5 孔型在轧辊上的配置

在孔型系统及各孔型断面尺寸确定之后，还要将孔型分配和布置到各机架轧辊上，这就是配辊。配辊应做到合理，使轧制操作方便，保证产品质量和产量，并使轧辊得到有效利用。如图 3-9 所示，在一对轧辊上配置了对角方孔、椭圆孔、箱形孔。

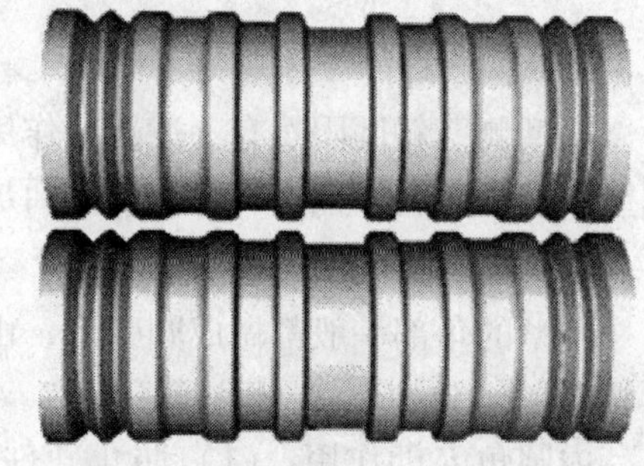

图 3-9 简单断面孔型在轧辊上配置

3.1.5.1 孔型配置原则

(1) 孔型在各机架分配原则是力求轧机各架轧制时间均衡。横列式轧机上，由于前几道次轧件短，轧制时间也短，所以在第一架可以多布置几个孔型(道次)。接近成品孔型时，由于轧件较长，应少布置孔型。

(2) 为了便于调整，成品孔必须单独配置在成品机架的一个轧制线上。

(3) 根据各孔型磨损程度及其对质量的影响，每一道备用孔型数量在轧辊上应有所不同。如成品孔和成品前孔对成品表面质量与尺寸精确度有很大影响，在轧辊长度允许范围内应多配置。

(4) 咬入条件不好的孔型或操作困难的道次应尽量布置在下轧制线，如立轧孔、深切孔等。

(5) 确定孔型间距即辊环宽度时，应同时考虑辊环强度以及安装和调整轧辊辅件操作条件。

3.1.5.2 轧辊压力

轧辊“压力”是两个配对轧辊的工作直径相差的数值（mm）。工作直径是轧槽接触轧件处的直径，由于一个轧槽各处的工作直径往往是不同的，因此应用轧辊的平均工作直径差来描述“压力”值。

在轧制过程中希望轧件能平直地从孔型中出來，但实际生产中由于受各种因素（如轧件各部分温度不均、孔型磨损及上下轧槽形状不同）影响，轧件出孔后不是平直的。这不但给工人操作带来困难，影响轧机产量和质量，而且也会造成人身和设备事故。为了使轧件出孔后有一个固定弯曲方向，生产中常采用不同辊径轧辊。

若上轧槽轧辊工作直径大于下轧槽轧辊工作直径称为“上压力”轧制，反之称为“下压力”轧制。上下两辊工作直径差称为“压力”值。

当采用“上压力”轧制时，由于上辊圆周速度大于下辊，则轧件出口后向下弯曲，故只需在下辊安装卫板。由于上卫板安装复杂，且使用上卫板时机架被堵塞，难于观察轧辊，因此在轧制型钢时大部分采用“上压力”。

孔型设计时“压力”值不应取得太大，因为：(1) 辊径差造成上、下辊压下量分布不均，上、下轧槽磨损不均；（2）辊径差使上、下辊圆周速度不同，而轧件以平均速度出辊，造成轧辊与轧件之间的相对滑动，使轧件中产生附加应力；（3）辊径差会使轧机产生冲击负荷，容易损坏设备。

通常箱形延伸孔型“压力”值不大于2%~3%D_0，其他形状开口延伸孔型不大于1%D_0（D_0为轧辊名义直径），对成品孔尽量不采用“压力”。

上、下压力轧制只限于开坯道次上，在成品道次和成品前道次上，为防止金属内部产生附加应力及减少孔型不均匀磨损，保证产品质量，应尽量避免使用。

3.1.5.3 轧辊中线、轧制线和孔型中性线

上下两个轧辊轴线间距离的等分线称为轧辊中线。

箱形孔在二辊轧机垂直方向上的配置如图 3-10 所示。图中 D_s、D_x 分别为上下辊的假想原始直径，D_{hs}、D_{hx} 分别为上下辊的辊环直径，D_{gs}、D_{gx} 分别为上下辊的工作直径，h_s、h_x 分别为上下辊槽的深度，S 为孔型的辊缝。由图可知，$D_{gs} = D_{hs} - 2h_s$，$D_{gx} = D_{hx} - 2h_x$，$D_{hs} = D_s - S$，$D_{hx} = D_x - S$。

配置孔型的基准线称为轧制线，当“压力”为零时，轧制线和轧辊中线重合；当配置“上（下）”压力时，轧制线在轧辊中线之下（上），两者的距离 X 可按压力大小来决定，如图 3-10 所示。

在孔型上下轧辊辊环直径相等、上下轧槽深度相等的情况下，X 等于压力绝对值的四分之一。

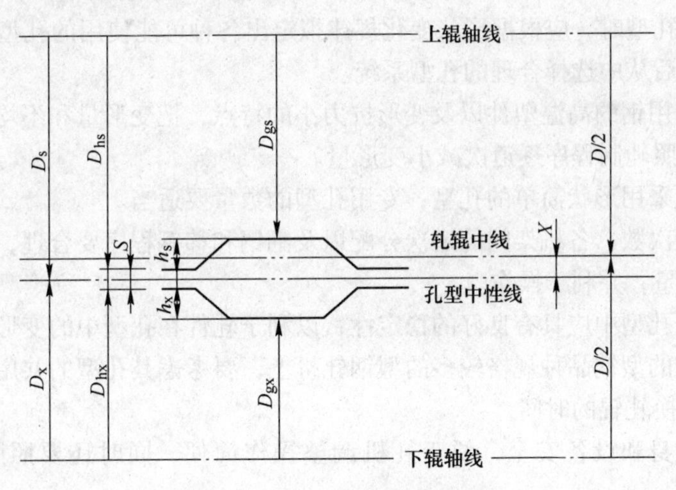

图 3-10 孔型在轧辊上的配置

上、下轧辊作用于轧件上的力矩对于某水平直线相等，该水平直线称为孔型中性线。确定孔型中性线目的在于配置孔型，即将它与轧辊中线重合时，上、下轧辊轧制力矩相等，使轧件出轧辊时能保持平直；若使它与轧制线相重合，则能保证所需“压力”轧制。

在简单对称孔型中，如箱形孔、圆形孔、椭圆形孔等，孔型中性线与孔型水平对称轴重合，即孔型中性线通过孔型高度的中心。对非对称孔型，即异形断面孔型，孔型中性线比较复杂，一般采用如下方法确定：（1）重心法。先求出孔型面积重心，然后通过中心画水平直线，该直线就是孔型中性线。这是最常用的方法，但对水平轴不对称的孔型一般不

能得到满意结果。(2) 面积相等法。该法认为孔型中性线是孔型面积的水平平分线。(3) 周边重心法。把上下轧槽重心间距的等分线作为孔型中性线。(4) 按轧辊工作直径确定孔型中心线。

3.1.6 孔型设计内容

孔型设计是型钢生产的工具设计，完整的孔型设计一般包括以下三个内容：

(1) 断面孔型设计。断面孔型设计是指根据已定坯料和成品的断面形状、尺寸大小和性能要求，确定孔型系统、轧制道次和各道次变形量以及各道次的孔型形状和尺寸。

(2) 轧辊孔型设计。轧辊孔型设计是指根据断面孔型设计的结果，确定孔型在每个机架上的配置方式、孔型在机架上的分布及其在轧辊上的位置和状态，以保证正常轧制且操作方便，使轧制节奏时间短，从而获得较高的轧机产量和良好的成品质量。

(3) 导卫装置及辅助工具设计。导卫装置及辅助工具设计是指根据轧机特性和产品断面形状特点设计出相应的导卫装置，以保证轧件能按照要求顺利地进出孔型，或使轧件进孔型前或出孔型后发生一定的变形，或对轧件起矫正或翻转作用等。而其他辅助工具则包括检查样板等。

3.1.7 孔型设计的基本原则

(1) 选择合理的孔型系统。选择孔型系统是孔型设计的重要环节，孔型系统选择的合理与否直接对轧机的生产率、产品质量、各项消耗指标以及生产操作等有决定性的影响。在设计新产品的孔型时，应根据形状变化规律拟定出各种可能使用的孔型系统，并经充分的分析对比，然后从中选择合理的孔型系统。

(2) 充分利用钢的高温塑性以及变形抗力小的特点，把变形量和不均匀变形集中在前几道次，然后按照轧制程序逐道次减小变形量。

(3) 尽可能采用形状简单的孔型，专用孔型的数量要适当。

(4) 轧制道次数、各机架间的道次分配以及翻钢和移钢程序要合理，以便缩短轧制节奏，提高轧机产量，并利于操作。

(5) 轧件在孔型中应具有良好的稳定性，以利于轧件在孔型中的变形，防止弯扭。

(6) 在生产的型钢品种规格较多的型钢轧机上，要考虑其孔型的共用性，以减少轧辊储备和相应的更换轧辊的时间。

(7) 确保人身和设备安全，便于轧机调整操作简便，同时还要照顾到员工的操作习惯。

【任务实施】

3.1.8 石钢棒材连轧生产线

石钢公司引进的60万吨棒材连轧生产线的工艺设计、轧线的机械设备设计由意大利Techint Pomini公司负责完成，电气控制系统由德国Siemens公司提供。

加热炉设计由法国Stein Heurtey公司完成，生产线的工厂设计由北京钢铁设计研究总院完成。整条生产线具有20世纪90年代末期国际先进水平，并为将来实现热送热装、高线大盘卷生产、型材生产、无头轧制、在线测径等工艺和技术预留了足够的位置。

3.1.8.1　*原料及产品大纲*

坯料：150×150×12000mm 连铸坯，重 2.05t。

产品规格：主导产品为 ϕ14~50mm 圆钢、ϕ10~50mm 带肋钢筋（45~100mm）×（5~12mm）扁钢。定尺长度 6~12m。

钢种：碳素结构钢、优质碳素钢、合金结构钢、低合金钢及弹簧钢。

最高终轧速度：18m/s。

3.1.8.2　*生产工艺流程*

石钢棒材生产工艺流程如图 3-11 所示。

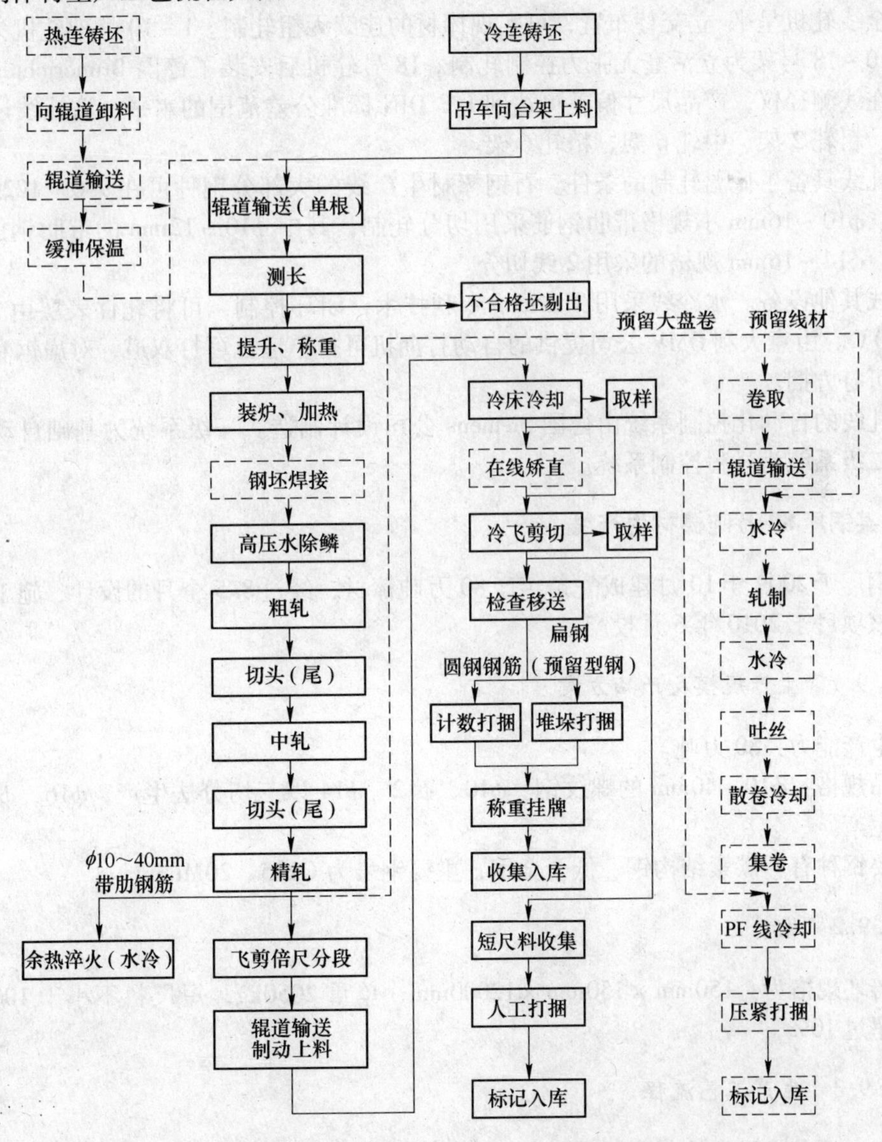

图 3-11　石钢棒材生产工艺流程图

3.1.8.3 工艺设备特点

A 加热炉

单排装料侧进侧出加热炉，有效面积为24m×12.8m，燃烧高炉、焦炉混合煤气，额定加热能力150t/h，最大产量为170t/h。入炉辊道中设有坯料称重测长装置。加热炉装配有汽化冷却系统和二级燃控系统。

B 轧机

全线18架轧机，全部为二辊短应力线轧机，即Pomini的“红圈”轧机，分别为RR464、RR455、RR445型。粗轧机组规格为ϕ580/480mm×760mm×4+ϕ600/500mm×760mm×2，中轧机组规格为ϕ520/450mm×750mm×3+ϕ440/370mm×750mm×3，精轧机组规格为ϕ365/310mm×650mm×6。精轧机组的14号、16号和18号轧机为平立可转换轧机。全线轧机呈平-立交替布置，可实现棒材的连续无扭轧制。1~10号架轧机为微张力轧制，10~18号架为立活套无张力控制轧制。18号轧机后安装了德国Brunorichter公司的移动式在线测径仪，产品尺寸偏差可达到1/3 DIN标准公差范围的水平。该轧线还留有备用机架：粗轧2架、中轧6架、精轧6架。

该轧线具备了低温轧制的条件。石钢棒材生产线的大部分钢种可在950~1020℃范围内开轧。ϕ10~16mm小规格带肋钢筋采用切分轧制，其中ϕ10~12mm的带肋钢筋采用3线切分，ϕ14~16mm规格的采用2线切分。

轧线其他设备。水冷线采用Thermex专利技术，闭环控制，可将轧件表层由950℃急冷到250℃。由意大利OMV公司提供的自动打捆机可打单道也可打双道，对扁钢和大规格圆钢还可打方捆。

全轧线的自动化控制系统由德国Siemens公司设计制造。一级系统为基础自动化控制系统，二级系统为过程控制系统。

3.1.9 某钢厂80万吨棒材生产线

某钢厂于2009年10月建成一条年产80万吨棒材，经过8.5个月的设计、施工安装和调试，该项目于2010年6月投产。

3.1.9.1 生产规模及产品方案

年生产能力：80万吨。

产品规格：ϕ10~40mm的螺纹钢。ϕ10、ϕ12、ϕ14以三切分法生产，ϕ16，ϕ18以二切分法生产。

主要钢种有：碳素结构钢、低合金钢，主要钢号为Q235、20MnSi。

3.1.9.2 原料

连铸坯规格为：150mm×150mm×12000mm，单重2050kg，短尺料不小于10000mm，总数不超过10%。

3.1.9.3 生产工艺流程

冷坯由吊车成批吊放到上料台架上，然后由上料台架将钢坯一根一根送往入炉辊道，不合格钢坯剔除。经称重后，运至加热炉加热。

根据不同钢种的加热制度和加热要求，钢坯加热至1050～1150℃，按照轧制节奏需要，由炉内辊道将加热好的钢坯送到出炉辊道上（不合格钢坯剔除），然后送入1H轧机进行轧制。

全轧线共有18架轧机，分为粗轧、中轧、精轧机组，分别由6架平—立交替布置的短应力线轧机组成，其中第16架和18架为平—立可转换轧机，各架轧机均由直流电机单独传动，在中轧机组及精轧机组前各设一台启停式飞剪对轧件进行切头、切尾及事故碎断。整个轧线采用全连续、全无扭轧制，粗、中轧机组采用微张力轧制，在第11、12架轧机之间、2号飞剪与精轧机组之间和精轧机组各架轧机之间均设置立活套，实行无张力控制轧制。根据产品规格的不同，钢坯在轧机中轧制10～18道次，生产出ϕ10～40mm钢筋（其中：ϕ10～18mm钢筋用切分法生产）。成品最大轧制速度为16.5m/s，设计最大速度为18m/s。

在精轧后设置水冷装置，轧件通过水冷装置，进行在线热处理后，送至成品倍尺飞剪分段剪切；若不需要水冷，则直接由一组变频辊道送往成品倍尺飞剪分段剪切。变频辊道和水冷装置同装在一台可横向移动的小车上，根据生产计划，可将变频辊道（或控制水冷装置）移入或移出轧制线。

分段成倍尺长度的棒材经冷床输入辊道和制动上钢装置抛入步进齿条式冷床上矫直冷却。靠近冷床出口侧设有一组齐头辊道将棒材端部对齐。棒材在冷床上冷却之后，由设置在冷床出口侧的一套卸钢装置成排收集卸钢。冷床输出辊道将成排棒材送至冷剪，由冷剪进行6.0～12.0m定尺剪切，少量短尺棒材在冷剪后由人工剔除收集。剪后棒材由辊道和平托移钢机送至过跨检查台架，在此进行移钢、检验收集。合格的定尺棒材经液压勒紧机勒紧后由人工打捆。

打捆后的棒材经成品称量装置称量后，运至链式移钢收集台架上，进行人工标牌后，横移并收集，再由吊车吊运至成品跨入库堆放。

飞剪和冷剪切下的头、尾及事故碎断的废钢经溜槽落入平台下的收集筐中，其他轧制废品用火焰切割成小段装入收集筐中，用叉车将收集筐中废钢运至指定地点堆放，定期运至炼钢厂。

棒材生产工艺流程如图3-12所示，棒材孔型系统如图3-13所示。

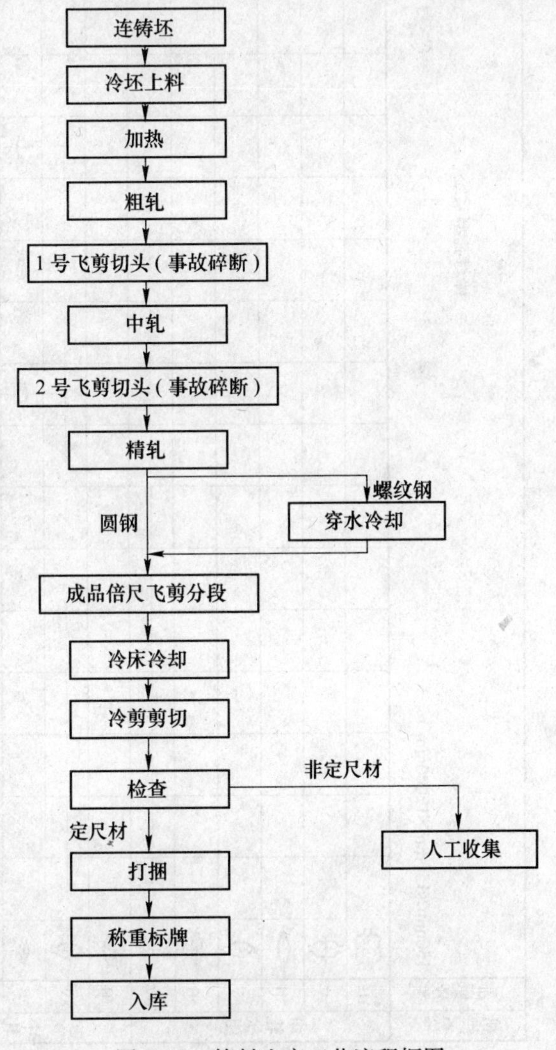

图3-12　棒材生产工艺流程框图

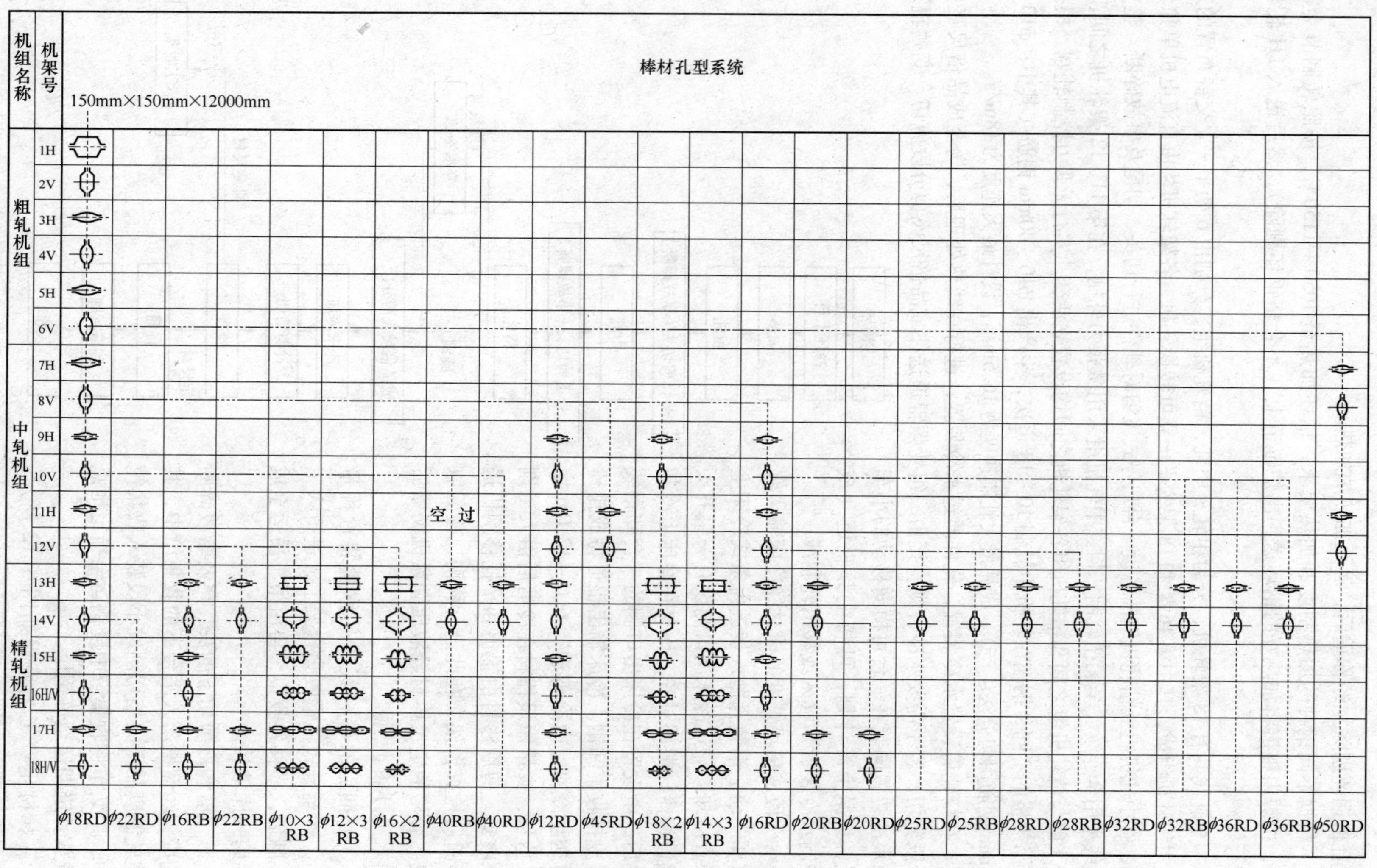

图 3-13 棒材孔型系统图

3.1.9.4　轧机组成及生产能力分析

全线轧机均为无牌坊短应力线轧机，水平机架液压横移，立式机架采用蜗轮升降机构升降；液压马达自动或手动调节辊缝，轧制线固定。根据切分轧制工艺需要，16 号和 18 号轧机选为平立转换轧机。棒材生产线轧机主要参数见表 3-2。

表 3-2　棒材生产线轧机主要参数

机　组	机架号	轧机规格	机架型式	轧辊尺寸 /mm		
				轧辊直径		辊身长度
				最大	最小	
粗轧机组	1H	550H	短应力线	610	520	760
	2V	550V	短应力线	610	520	760
	3H	550H	短应力线	610	520	760
	4V	500V	短应力线	530	460	760
	5H	500H	短应力线	530	460	760
	6V	500V	短应力线	530	460	760
中轧机组	7H	400H	短应力线	420	370	650
	8V	400V	短应力线	420	370	650
	9H	400H	短应力线	420	370	650
	10V	400V	短应力线	420	370	650
	11H	400H	短应力线	420	370	650
	12V	400V	短应力线	420	370	650
精轧机组	13H	350H	短应力线	370	310	650
	14V	350V	短应力线	370	310	650
	15H	350H	短应力线	370	310	650
	16H/V	350H/V	短应力线	370	310	650
	17H	350H	短应力线	370	310	650
	18H/V	350V	短应力线	370	310	650

注：表中 H、V、H/V 分别代表水平轧机、立式轧机及平立转换轧机。

3.1.9.5　主要生产工艺特点

（1）轧线采用全连续轧制工艺，轧机平立交替布置，轧制线固定，对轧件进行无扭、微张（或活套）连续轧制，确保产品质量。

（2）全线轧机采用高刚度短应力线轧机，产品精度高，操作维护方便。

（3）采用切分轧制，较少轧制道次，均衡轧机小时产量，提高轧线设备利用率。

（4）轧制线固定不动，减少导卫、导槽磨损和生产事故，缩短换孔时间。

（5）粗轧机采用无孔型轧制，降低辊耗，简化导卫。

任务3.2 钢筋生产工艺和设备操作

【任务描述】

在了解加热炉、粗轧、中轧、精轧、剪机、冷床等设备的基础上，掌握连铸坯热送热装、切分轧制、质量检验、轧机设定和调整知识。通过上机练习，能进行正常情况下的轧机、剪机、冷床操作；能进行异常工况下的轧机调整操作；能处理常见生产事故，或者能口头说明。

【任务分析】

了解设备、熟悉工艺、吃透规程、反应快速准确是对操作人员的基本要求。通过学习书本，观看视频和现场参观来了解设备；通过学习教材以及一系列练习来熟悉工艺和规程。

【相关知识】

3.2.1 产品可追溯性

3.2.1.1 按炉送钢和按批送钢

在原料的接收、出库、加热、轧制和成品的精整、检验、入库、发货全过程中，按炉号管理，保证全过程中追溯到每支钢坯和每捆钢材相对应的炉号。

按炉送钢制度，就是以炉为单位进行生产及检验组织的管理办法。按炉送钢制度是科学管理轧钢生产的重要内容，是确保产品质量的不可缺少的基本制度。一般情况下，每一个炼钢炉号的钢水其化学成分基本相同，各种夹杂物和气体含量也都相近，大吨位炼钢炉（如大平炉）冶炼的沸腾钢和半镇静钢，每一个罐号的化学成分基本相同。为了确保产品质量均匀稳定，企业内部及供需双方都应执行按炉送钢制度。从铸锭到开坯、从成品检验到精整入库，都要求按炉（罐）号转移、堆放、管理，不得混乱。

对某些优质钢、合金钢来说，按炉送钢不但要求按冶炼炉号供应，而且还要求以铸锭的锭盘为单位供应，甚至要求将钢锭分段供应。

按批送钢，就是指以批（同炉或不同炉）为单位进行生产及检验组织的管理办法。

对于小吨位转炉生产的普通碳素钢，技术标准中规定允许同钢种、不同冶炼炉号的钢组成混合批，但每批最多不得多于十个炉号（也有规定不得多于六个炉号），而且各炉号的含碳量之差不得大于0.02%、含锰量之差不得大于0.15%，每批钢坯（材）的总重量不得大于60t，为了适应现代的大炉子，每批由同一牌号、同一炉罐号、同一产品规格组成，每批钢坯（材）的总重量通常不得大于60t，超过60t的部分，每增加40t（或不足40t的余数），要求增加试样，同样可以作为一批。

一炉钢是指一罐化学成分基本相同，各种夹杂物和气体含量也都相近的钢。从连铸坯到开坯、从成品检验到精整入库，都要求按炉（罐）号转移、堆放、管理。一批钢有混合批和单炉批两类。根据技术标准中规定的同钢种但不同冶炼炉号的钢组成的混合批，一批钢的碳含量、锰含量会有少量差别；由同一牌号、同一炉罐号、同一产品规格组成，重量受限，试样数量有要求的为单炉批。

3.2.1.2 按批号和炉号管理

生产过程中按批号和炉号进行管理，并做好以下记录：（1）接收连铸坯的炉号、钢号、支数、重量、定尺等；（2）钢坯的垛位、状态（指正在生产、存放、剔除）；（3）入库连铸坯的炉号、支数、重量；（4）装炉钢坯的炉号、钢号、支数、重量；剔除连铸坯的炉号、钢号、支数；（5）回炉连铸坯、轧废钢坯的炉号、支数、重量；（6）成品捆数、废品捆数、入库捆数及重量。

生产过程中进行如下标识：（1）剔除、回炉连铸坯的炉号、钢号；（2）按炉号进行的隔号标识；（3）不合格品标识；（4）每捆成品上压牌标识批号、钢号、规格、重量、生产日期等。

3.2.2 连铸坯准备与装炉

3.2.2.1 连铸坯热送热装

连铸坯热装是指从连铸机出来的温度较高的连铸坯直接（或保温后）在400℃以上的温度装入加热炉，然后再进行轧制的过程，它是一项节能降耗、增产增效的新技术。热装的前提是热送，热送是指从连铸机出来的温度较高的连铸坯切成定尺后直接运送到轧钢车间，以备入炉或进保温坑的工艺过程。

间接热装是指如轧机短时间停轧，热连铸坯则从另一组坯料的运动辊道送入缓存保温室存放，并由保温室中的移送机将坯料移向保温室出口附近，当轧机重新运转后，存放的热连铸坯从其输出辊道逐根送出，经测长、提升、称重后入炉，同时从连铸机冷床来的连铸坯也沿统一辊道送入加热炉。此时轧机又恢复到正常的轧制状态，由于连铸坯不是直接从连铸机而是由保温室进入加热炉的，故称之为间接热装。在直接热装中，连铸坯不经过保温室而直接从连铸机进入加热炉进行加热。

过去，由连铸或开坯工序生产的钢坯，都是经冷却和冷清理后，再在加热炉中重新加热到需要的开轧温度，送到轧机轧制。连铸坯的热送热装，在工艺流程中取消了冷装时连铸坯表面清理并取消了一些中间环节，从而缩短和简化了生产工艺流程，使生产线由传统的炼钢连铸与轧钢两个独立的生产工艺变革为炼钢与轧钢集约同步生产工艺，并且节省大量的能源消耗，提高生产率和成材率，降低了生产成本。

A 实现连铸坯热送热装的必要条件

连铸坯热送热装是一个复杂的系统工程，需要许多条件。实现连铸坯热送热装的必要条件主要有：

（1）炼钢车间应具备必要的设备和技术，以保证能够生产出无缺陷的连铸坯和生产过程的稳定和均衡。目前，高温状态下的连铸坯表面缺陷快速检查和修磨技术尚不成熟。要实现连铸坯热送热装，首先炼钢和连铸车间必须生产出无缺陷连铸坯和使生产过程稳定均衡。为此，应采用必要的先进工艺和技术，如炼钢炉采用下渣检测结合气动挡渣等先进挡渣出钢技术，减少钢中非金属夹杂物；采用炉外精炼精确控制钢水成分和钢水温度。连铸过程中采用保护浇铸、气封中间包、结晶器液位控制、电磁搅拌、气雾冷却、多点矫直等技术。

（2）连铸机应与轧机小时产量匹配得当。若轧机小时产量小于连铸机最大小时产量（不考虑连铸机准备时间），则将有许多热坯不能进入轧机而必须脱离轧线变成冷坯；若轧机设计能力大于连铸机最大小时产量则轧机能力将不能发挥造成浪费，故原则上轧机小时产量应与连铸机最大小时产量平衡，轧机设计时应力求各规格产品的小时产量尽量接近。

（3）轧钢车间应尽可能地接近连铸车间，并具有连铸坯热送条件。

（4）炼钢连铸和轧钢工序应统一调度、相互协作。炼钢厂除将热钢坯尽快送到轧钢车间外，还应及时给出铸坯检验合格单和钢坯重量等，因此工厂应有一套完整的、科学的标准化操作规程和较高的生产管理方式，连铸和轧钢应统一安排检修时间，使两个车间的检修尽量同时进行。轧机大换辊尽量安排在轧机小修时间进行，一般换辊、换轧槽也应安排在连铸机不供热坯或连铸的间隙时间内进行。

（5）轧钢车间应有一座冷、热连铸坯均可加热的加热炉，其燃烧系统调节灵活，能适应轧机小时产量的波动和经常性的冷、热坯交替装炉的情况。

（6）对于型钢轧机应有合理的孔型设计，应采用公用孔型系统减少换辊次数。

（7）对于现代化的线、棒材生产线，应设置完善的计算机控制系统，不仅对炼钢、连铸和轧钢生产过程进行控制，而且用于炼钢连铸和轧钢之间的控制、坯料跟踪和生产协调。

B　连铸和轧钢之间的热连接

实现连铸坯热送热装工艺，除选择合适的连铸坯热送方式外，合理地确定连铸和轧钢之间的热连接方案也非常重要。根据对两个车间生产情况的分析，实现热送热装时应考虑下列情况：

（1）在连铸和轧机加热炉之间应设热钢坯储存和保温设施。为充分发挥热装效果，希望即使在轧机短时停轧（换辊、换轧槽）时也不产生冷坯离线，故在装炉辊道与加热炉之间应设缓冲区，以暂时储存钢坯。为了在重新开轧后能吸收掉积存的热坯，轧机（包括加热炉）最大小时产量应高于连铸机最大小时产量20%~25%。

（2）连铸送来的热钢坯如不能及时装炉，可能剔出变为冷坯，因此加热炉前应设热钢坯剔出台架。

（3）生产中需要补充和正常轧制部分冷坯料，因此应设有冷坯上料台架。

（4）线、棒材车间设有一座操作和控制灵活、既可加热热连铸坯、也可加热冷连铸坯、也能适合冷、热连铸坯周期性混装工艺要求的加热炉。

C　连铸坯热装操作要点

（1）热装前在过程计算机上输入产品订单。

（2）在热装过程中，对原料进行人工目视检查，对于有缺陷的连铸坯应下线，在室温状态下按标准进行检查，不符合要求的严禁装炉。

（3）当轧线发生故障时，未装炉的连铸坯应整炉下线。

（4）下线及回炉连铸坯要及时描号，同一炉号的连铸坯应集中堆放，不同钢号的连铸坯严禁混垛。

（5）掉队坯（含回炉坯）按相应钢种的标准规定或按合同规定组织生产。组批可采用下列方式：掉队坯与掉队坯组批；掉队坯与整炉号坯组批。

(6) 原料管理应建立质量记录，准确记录生产批号、炉号、钢号、规格、支数、重量等。

(7) 为保证安全生产，垛间距不小于800mm，垛边与立柱之间不得小于2000mm。

在估算连铸坯热装率时，除考虑连铸和轧钢之间小时产量平衡关系外，还应考虑两个车间的工作制度，炼钢、连铸车间作业率可达85%以上，线、棒材车间作业率为65%~75%。实际生产中影响生产的因素很多，如果两个车间产量匹配较好、热送热装方案合理、企业管理水平高，连铸坯热装率一般可达到60%~80%。

3.2.2.2 连铸坯装炉

按标准进行连铸坯的检查和验收，不符合标准要求的严禁装炉。连铸坯准备与装炉实行按炉管理。入炉连铸坯长度控制在规定范围内。根据产品规格优化定尺要求，装入规定长度的连铸坯。冷装时，把连铸坯的生产批号、炉号、钢号、尺寸、支数、长度、重量等数据输入到计算机中。

3.2.3 切分轧制

切分轧制是在热轧过程中将轧件利用孔型的作用，轧成两个或两个以上的并联轧件，再利用切分设备（轧辊、导卫、切分轮等）把并联的轧件沿纵向切分成两根或两根以上的单体轧件，然后再轧成成品钢材或中间坯料。

3.2.3.1 采用切分轧制技术所需要的条件

A 适合采用切分轧制的钢材品种

切分轧制将钢材纵向分成多线，如果切分连接带控制不好，会在成品钢材表面留下折叠痕迹。所以一般来讲，切分轧制不适宜用以生产表面质量要求高的品种。

此外，还由于在切分轧制时，同时轧制出的几根钢材之间在尺寸和横截面积上始终存在差异，有时还差别较大，所以尺寸精度要求较高的品种不适合切分轧制。.因此，最适合于切分轧制的钢材品种是热轧带肋普通低合金建筑钢筋。

B 轧机布置及轧机传动方式和控制水平

在对老厂进行挖潜改造时，切分轧制在全水平排列或平—立交替排列的连续式轧机上均可实施。但是当设计建造新的棒材连轧机时，应结合其投资规模和产品结构，根据以下原则合理确定轧机的排列形式：

(1) 产品结构比较单一，基本全是钢筋的专业轧钢厂，轧机以全水平排列为好，这样可使设备和工艺达到最佳组合，而且相对于平—立交替排列的轧机而言，建厂投资可大幅度减少，从而得到较高的投入产出比。

(2) 产品结构比较复杂，不仅有钢筋、圆钢等简单断面产品，而且还有扁钢、角钢等需要加工侧边限制宽度尺寸的型钢品种，同时建厂资金比较充裕时，精轧机组应配备平—立可转换轧机。当生产型钢产品时可转换轧机作为立式轧机使用，保证产品质量；当采用切分工艺生产钢筋时可转换轧机作为水平轧机使用，确保切分工艺稳定。

（3）产品结构也比较复杂，按照理想的排列方式也应该采用平—立可转换轧机，但是由于资金比较紧张，只好采用正统的平—立交替排列的轧机，以保证型钢产品的生产和质量；而对于钢筋的切分轧制，只能通过采用立体交叉导槽精确导向，完成双线轧件从水平轧机进入立式轧机，再从立式轧机进入水平轧机，最终轧制成材的工艺过程。

由于连轧过程中机架间的张力对切分轧制的均匀性有着直接的影响，所以轧机应采用单独传动的可调速电机驱动，以便准确、灵活地设定和调整各架轧机的轧制速度，满足连轧生产工艺的基本需要。对于控制水平提出以下两点要求：

1）中、精轧机组要配备三台以上的轧机活套自动调节器；

2）连轧机组的级联调速比例精度要在 ±0.5% 之内。

3.2.3.2　全连轧机组切分方案

在全连轧机组上实施的切分轧制一般是典型的切分轧制工艺方案，只是随轧机排列方式不同其分开后的双线轧件运行方式和导卫装置有所区别。

A　全水平轧机

全水平轧机切分轧制孔型系统如图 3-14 所示。

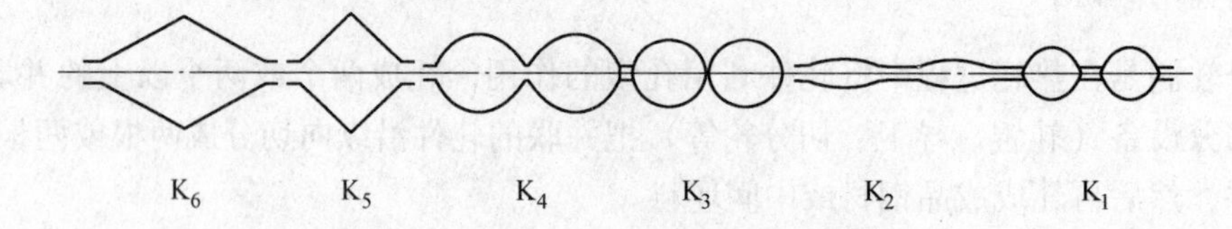

图 3-14　全水平轧机切分轧制孔型系统

K_6—菱形孔；K_5—弧边方；K_4—预切孔；K_3—切分孔；K_2—双线椭圆；K_1—双线成品

导卫装置包括：

K_6：入口滚动导卫，出口扭转翻钢（90°）导卫。

K_5：入口滚动导卫，出口扭转翻钢（45°）导卫。

K_4：预入口滚动导卫和入口滚动导卫，出口导向管子。

K_3：预入口滚动导卫和入口滚动导卫，出口切分导卫和双线活套导槽。

K_2：双线入口滚动导卫，双线出口扭转翻钢（90°）导卫和双线活套导槽。

K_1：双线入口滚动导卫，双线出口导卫。

自动化的无张力轧制和遥控等分装置如图 3-15 所示。

这套自动化控制装置有两个功能：（1）无张力轧制的自动控制。热金属检测装置 HMPD 和 $HMPD_1$ 分别对 K_2 与 K_3 机架之间的活套中靠近轧机操作侧的两个活套的套高进行连续检测，并将检测结果与输入的设定值进行比较，轧机速度控制系统根据比较出的差值自动调整 K_2 或 K_3 轧机的轧制速度，而速度调整的效果又以活套高度的变化反映给热金属检测器。以此种方式循环下去，就形成了轧机速度的闭环反馈调速系统，进而保证了切分轧制过程中无张力轧制的自动控制。（2）轧件等分的在线自动控制。热金属检测器 $HMPD_1$ 和 $HMPD_2$ 分别对 K_2 与 K_3 机架之间两个活套的套高同时进行连续检测，轧件等分控制系统将对两个来源的套高信号进行对比，如果信号差值超过某一设定的范围时（说明切分后的两线轧件尺寸偏差较大，需要进行等分调整），立即对 K_4 架轧机入口处的“等分装

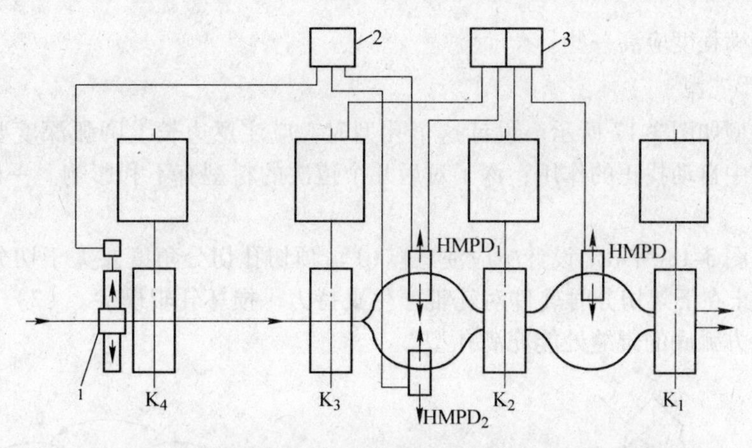

图 3-15 切分过程中无张力轧制和遥控等分自动控制装置

1—等分装置；2—遥控等分控制系统；3—轧机速度控制系统

置”发出信号，完成入口导卫装置与预切分孔型的对正调整，热金属检测器再对等分调整后的两个活套的差值进行检测，这就形成了完善的轧件等分在线自动控制系统。

无张力轧制和轧件等分两个在线自动控制系统有机地结合在一起，确保了切分轧制过程中生产工艺和产品质量的稳定。

B 立—平轧机

立—平轧机切分轧制孔型系统如图 3-16 所示。

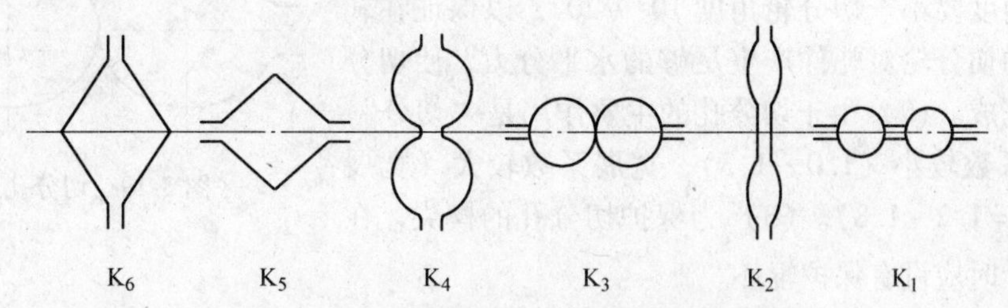

图 3-16 立—平布置轧机切分轧制孔型系统

K$_6$—菱形孔；K$_5$—弧边方；K$_4$—预切孔；K$_3$—切分孔；K$_2$—双线椭圆；K$_1$—双线成品

导卫装置有：

K$_6$：入口滚动导卫，出口导向管子。

K$_5$：入口滚动导卫，出口扭转翻钢（45°）导卫。

K$_4$：预入口滚动导卫和入口滚动导卫，出口扭转翻钢（90°）导卫。

K$_3$：预入口滚动导卫和入口滚动导卫，出口切分导卫和双线立体交叉活套导槽。

K$_2$：双线入口滚动导卫，双线出口导向管子和双线立体交叉活套导槽。

K$_1$：双线入口滚动导卫，双线出口导卫。

导卫装置还有立体交叉导向装置。

3.2.3.3 切分轧制的孔型设计应注意的几个问题

A 延伸孔型

延伸孔多为菱—方和椭圆—方孔型系统，因此在孔型结构上并无特殊之处。需要注意的是孔型的充满程度应高一些。

B 预变形孔型

弧边方孔型如图3-17所示。设计这个孔型时，应注意边长上圆弧深度要适宜，浅了起不到在孔型中自动找正的作用；深了对后几个道次的料型有不利影响。一般掌握在2～4mm即可。

预切孔如图3-18所示。设计中应注意：（1）预切孔切分角度要大于切分孔切分角度10°～20°，防止在下架切分时轧件对轧辊产生夹持力，损坏轧辊楔尖。（2）宽展要充分，确保对应弧边方弧底的辊缝处能充满孔型。

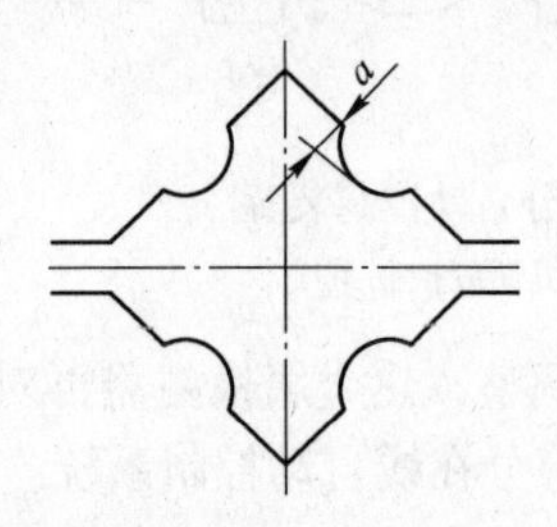

图3-17 弧边方孔型

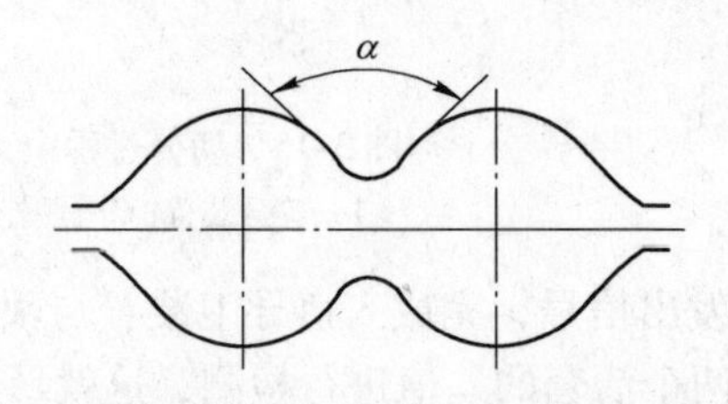

图3-18 预切分孔型

C 切分孔型

切分孔型如图3-19所示。设计中应注意：（1）切分孔型楔尖角度要小于切分轮角度10°～20°，以保证在轧机出口处的切分轮对轧件产生足够的水平分力，使切分过程顺利完成。（2）由于切分孔的主要作用是“切分”，因此延伸系数较小（1.0～1.3），宽展系数较大（宽展量/压下量＝1.2～1.8）。（3）为保护切分孔的楔尖，在作配辊设计时应设有保护辊环。

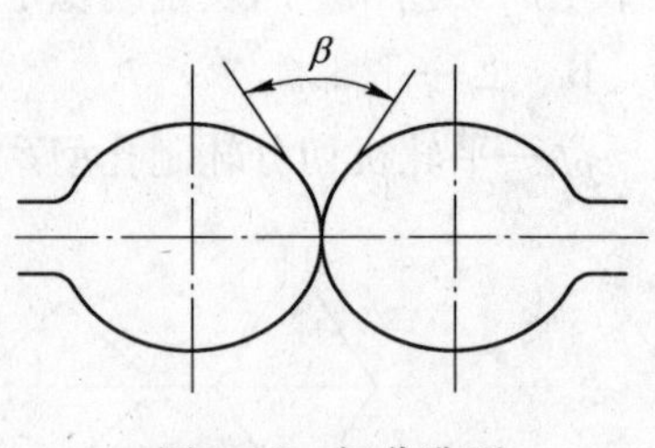

图3-19 切分孔型

3.2.3.4 切分轧制时轧机调整及常见工艺问题分析

A 切分轧制时轧机调整的基本要求

（1）严格执行换槽制度，确保切分孔型系统各架铁型形状正确。对于局部磨损严重、形状变异较大，但又未到规定使用班次的轧槽应立即予以更换。

（2）各架铁型除应满足一般控制要求外，对K_1、K_2、K_3孔铁型还应注意：轧件在槽内要保持良好的充填状态，用木板划料时，以轧件中部两侧圆滑过渡，无明显的凸出或凹入，尾部以略带耳子为宜。

（3）从K_3孔分开后的铁型呈“桃”状时（见图3-20），应先检查轧件尾部尺寸和形状。如果料小应将K_3孔以前的料适当放大；如果尾部料形和尺寸均合乎要求，则应对轧机速度配置进行调整，消除拉钢。

（4）当两线成品尺寸基本正常，成品轧机偶有一线不进，且头部料宽度较小时，应当对K_2孔以前的导卫和孔型进行检查和调整，避免轧件产生弯头。

（5）对发生轧制故障时跑出的中间铁型，要认真检测，并按上述要求进行控制。

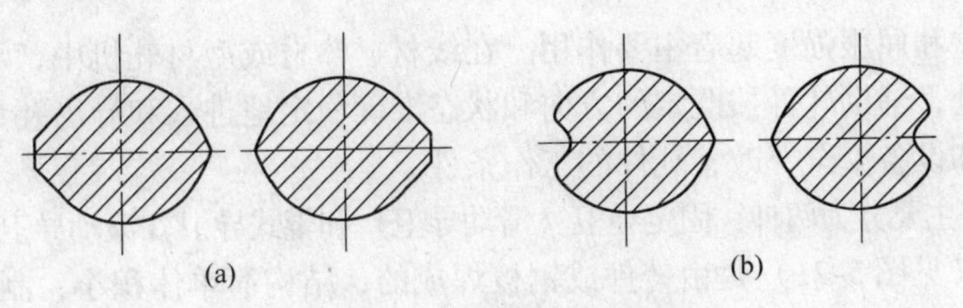

图 3-20　切分后轧件形状

(a) 正常料型；(b)“桃”状料型

(6) 换槽以后对 K_3、K_4孔入口用专用长样棒检测，使预入口导卫、入口导卫装置和轧槽在一条轴线上对正。对 K_3孔出口还要坚持用相应直径的圆钢，从立交导槽的反轧制线方向插入分钢器和双槽卫板，手感无明显阻力。

(7) 遇有停轧机会，要及时对切分导卫、扭转导卫等关键部件进行检查。

B　常见工艺问题分析

切分后的双线轧件尺寸不均匀现象叫两线差，是切分轧制中最常见的一种工艺问题。

常见的两线差种类、产生原因和调整方法为：

(1) 中、尾部相一致的两线差。

产生原因：K_3、K_4轧机入口导卫不正。

调整方法：停 K_3、K_4轧机，参照轧槽走钢痕迹，将两架当中偏斜严重的一个先调整对正孔型，如无效再调整另外一个。

(2) 中部有而尾部没有的两线差。

产生原因：中部一般比头部瘦，轧件再入口里发飘。切不正主要受轧制线不正的影响，同时也要考虑 K_4 孔预切不正的因素。

调整方法：1) 如果同一根钢的中、尾部宽度差较大，或中部两线都偏瘦，则应注意调整速度关系，减轻拉钢；2) 检查 K_4孔出口导卫，使翻钢角度正确，轧件走向平直，用长样棒调整 K_3、K_4 两孔之间的轧制线；3) 检查、调整 K_4孔轧机入口导卫，使其对正轧槽。

(3) 中部的两线差和尾部的相反。

产生原因：K_3、K_4孔其中一架或两架入口偏，轧制线不正，同时存在着拉钢严重问题。

调整方法：参照前两种两线差的调整。

3.2.4　导卫装置

几乎在所有的型材轧制中都使用导卫装置，因为相对简单，所以对它们的研究程度远小于其他装置。然而，众多的产品质量问题及设备、人身事故的发生都与导卫装置有紧密的联系。导卫装置的关键之一是抗磨材料的选择，巨大的导卫材料消耗与频繁地更换导卫装置已成为制约生产正常进行的瓶颈之一。

3.2.4.1　导卫装置的结构与作用

轧机技术中，导卫在金属成形过程中起着重要作用。特别是对长条产品来说，导卫对保证产品的公差和屈服强度起着主要作用。在线材、棒材或型材轧机中，导卫安装在轧机的入口和出口处，辅助轧件按既定的方向和状态准确稳定地进入和导出孔型，减少轧制故障，保证人身和设备安全，改善轧件的工作条件。

轧机的导卫主要分为两种：固定导卫（滑动导卫）和辊式导卫（滚动导卫和扭转导卫）。

滑动导卫（见图3-21）是由铸件或钢板焊成的，结构简单体积小，制造方便造价低。滑动导卫一般用在轧机的出口处，防止轧机缠辊，在轧制型材、钢筋或特殊钢时，滑动导卫更是必需的。

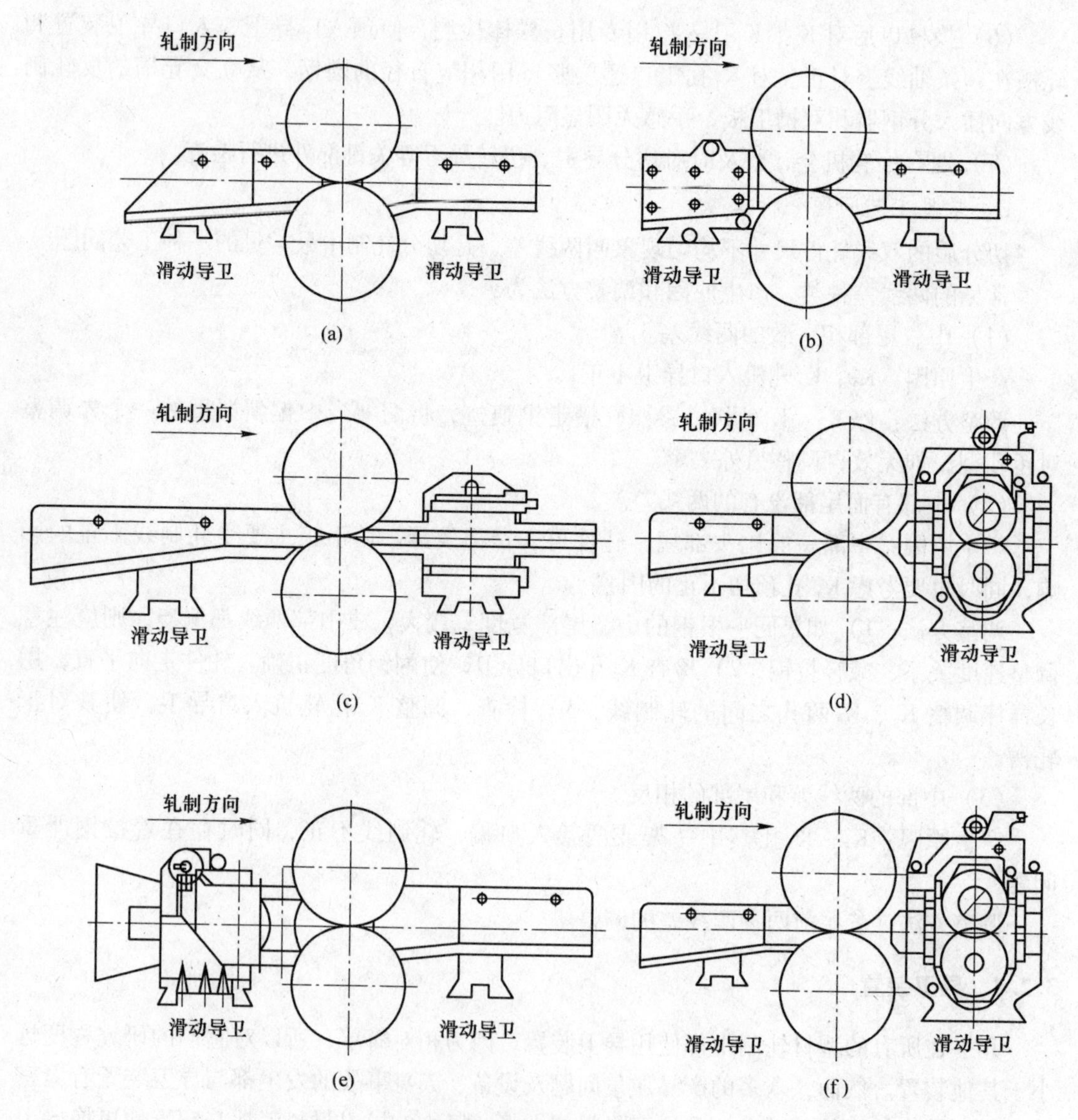

图3-21　滑动导卫的应用图
(a) 1号轧机；(b) 2号轧机；(c) 3号轧机；(d) 4号轧机；(e) 5号轧机；(f) 6号轧机

滚动入口导卫装置多用于引导椭圆轧件进入圆或方孔型变形不稳定的、轧制速度较高的中轧、预精轧、精轧机组，可保证得到几何形状良好、尺寸精度高和表面无刮伤的轧件。导辊的使用寿命相对较长，可减少调整和更换时间，提高轧机的作业率，减少导辊消耗，满足现代高速轧机对导卫装置的使用要求。滚动入口导卫装置的作用原理是靠导板将上一架轧机出来的钢材导入导辊的孔型中，再由导辊夹持钢材进入下一个轧辊的孔型。导辊是滚动入口导卫装置的关键部件。根据所引导轧件的断面尺寸的大小可将导辊分为：用于粗轧机组的大型导辊，用于中轧或预精轧机组的中型导辊和用于精轧机组的小型导辊。滚动导卫的基本结构如图 3-22 所示。

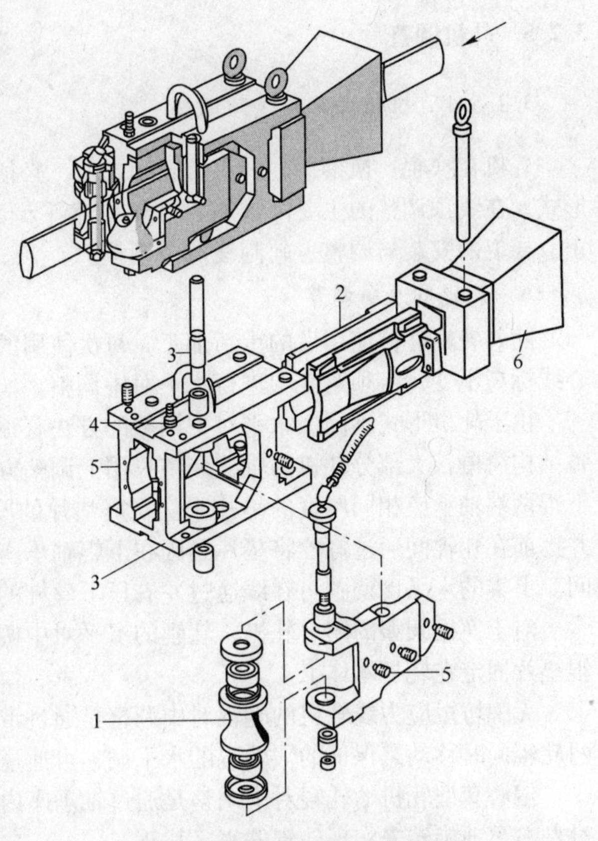

图 3-22　滚动导卫装置结构图

1—导辊；2—导板支撑板；3—箱座；4—入水口；5—润滑口；6—喇叭口

3.2.4.2　导卫装置发展

人们在对导卫材料及其生产、加工工艺研究的同时，对其结构也在做不断改进。由早期的整体式滑动导卫改为组合式导卫，而后又改导板的滑动摩擦为滚动摩擦。在圆钢与方钢的轧制中出现了滚动导卫装置如图 3-23 和图 3-24 所示。由于滚动导卫在提高产品质量和提高轧机的生产能力上远远优于滑动导卫，因此，在先进的轧机上滚动导卫装置已逐渐替代各种滑动接触的导卫装置。国外导辊常用钨钴基、钴基、镍基合金铸成，也有些用金属陶瓷。国内以前使用的材料有灰口铁、白口铸铁、球墨铸铁、24Cr3Ni、35Cr-35Ni、Cr32Ni4、GCr15、Cr13SiMnNiMoTi、ZGCr33Ni19、Cr30Ni5Si2Ti、Cr32Ni6 等。

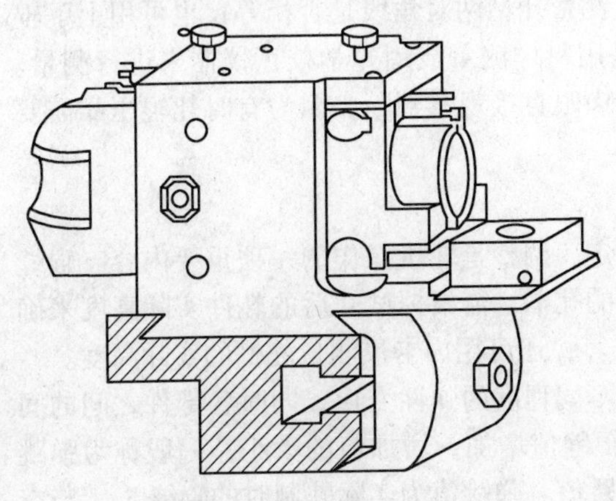

图 3-23　两辊滚动导板

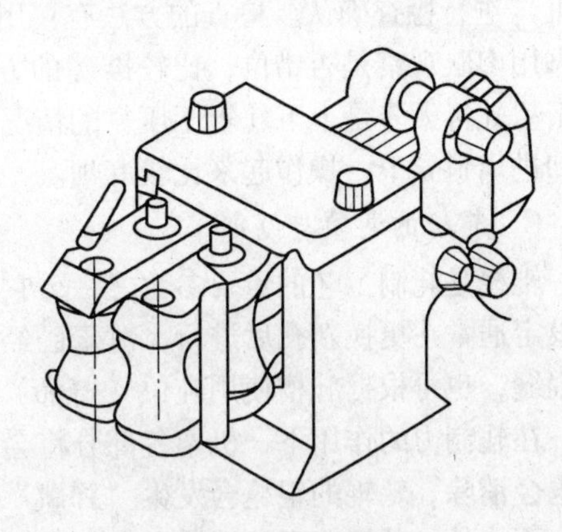

图 3-24　多辊滚动导板

3.2.5 轧机调整

3.2.5.1 粗轧机的在线预调整

轧机在换辊、换槽后，在正常轧制之前，必须按规程要求进行预调整。根据不同轧机形式，在线预调整的主要内容有：轧辊的水平调整、轧辊的轴向调整、辊缝的调整与对正、导卫的安装与调整、轧制线对中调整。

A 轧辊的水平调整

随着轧辊轧槽使用后的重新加工，每次使用的轧辊直径都有所变化，为了保证轧制中心线标高不变，必须对轧辊进行水平对中调整。

由于轧机形式不同，水平对中调整的方法有很大区别。对于闭口牌坊轧机，为了使设备结构简单，大部分轧机的辊缝调整只用上调整方式。这样轧辊水平对中调整应通过增减下辊两端轴承座相同厚度的垫片来实现。垫片的厚度要根据轧辊辊径的大小事先计算好，并提前在轧辊间通过螺栓将垫片紧固在下辊轴承座底部，以减少在现场的轧辊更换安装时间。上辊的水平度调整可在线通过左右压下丝杠的脱开来单独调整完成。

对于换机架型的闭口轧机，轧辊的水平对中调整与闭口牌坊轧机基本相同。一般下轧辊垫片固定在轧机本体上。

无牌坊短应力线轧机的轧辊对中调整是通过带有两个方向相反的丝杠及螺母，使上下两轧辊同时移动来保证的。轧辊的水平调整可通过左右两端脱开单独旋转来完成。

偏心套型轧机的轧辊对中调整是通过轴承座内上下同步调整的偏心套实现的，亦可通过左右单独旋转来实现轧辊的水平找正。

悬臂轧机的水平对中调整是通过安装在现场的悬臂轧机的偏心套在换辊过程中自动实现的。

B 轧辊的轴向调整

由于孔型车削误差较大、轧辊安装不良都可以导致孔型的轴向错位，孔型的错位可使轧件产生弯曲、扭转或出现耳子，造成轧槽磨损不均，轧制不稳定，甚至可导致机架间堆钢事故，所以调整工必须在机架安装前（整体型轧机）或是轧辊安装调整时（换轧辊型轧机）进行检查确认。检查的方法有：用卡尺测量孔型两对角线是否相等，也可用上下辊压靠用肉眼观察是否错位，比较准确的方法是用料样测量或用光学校正仪器来进行测量。对于粗轧机大多是上下轧辊不压靠的情况下用肉眼直接观察判断，因为有时轧辊压靠需要拆卸进出口导卫，操作起来比较麻烦。

C 辊缝的调整与设定

辊缝是轧制工艺的重要参数之一，它的设定、调整是轧机操作的一项重要内容。辊缝的设定通常在更换新孔后进行，对于已经磨损的孔槽，需根据试轧后的轧件实际高度来确定辊缝，也可根据轧槽使用吨位（寿命）来推算，还可用内卡尺测量轧槽的实际高度。

在轧制力的作用下，机架各部分将会发生不同程度的弹性变形，同时各部件之间的间隙也会消除，轧辊的辊缝会发生“弹跳”，使辊缝值增加，增加值的大小，一般称为弹跳值。不论是何种情况下的辊缝设定都应考虑弹跳值。弹跳值为实际轧制时的辊缝 $S_{实际}$ 与空载设定辊缝 $S_{设定}$ 的差值 ΔS，用公式表示为：

$$S_{设定} = S_{实际} - \Delta S$$

式中　$S_{设定}$ ——空载设定辊缝（预摆辊缝）；

$S_{实际}$ ——实际轧制时的辊缝（工作辊缝）；

ΔS ——轧机弹跳值。

通常轧辊辊缝的设定采用如下的方法及操作过程：

对于新轧槽，在轧辊孔槽车削准确的情况下，孔型相应的辊缝值应反映出孔型的高度，但轧辊车削往往存在误差，调整工在测量辊缝的同时，也可用内卡尺来测量孔型高度，以核对孔型车削是否存在问题，从而保证设定辊缝满足合理的轧件高度要求。

设定辊缝的测量有三种方法，即用塞尺塞辊缝、标准辊缝试棒法及小圆钢压痕法。塞尺调整法比较简单，但此时测量的辊缝值还要考虑轧机的弹跳。粗轧机的辊缝较大，不宜使用塞尺，通常选择后两种方法。对粗轧机由于调整精度不太高，两种方法可单独使用，也可同时使用。

辊缝试棒法是用一圆钢做成如图 3-25 所示的形状，使用时辊缝的大小与试棒扁平位置吻合为好。

小圆钢压痕法是选用比设定值大 3mm 左右的较软圆钢，将轧机以“点动”速度空运转，调整工手持同长尺寸精度较高的圆钢条，并将圆钢从辊环处轧过，然后取出测量其压痕厚度，并与辊缝设定值相对照反复调整辊缝，直到压痕厚度与辊缝设定值相等为止。图 3-26 为圆钢压痕设定辊缝时平、立轧机所使用的不同形式的圆钢及压痕形状，注意在使用带有弯曲状的圆钢喂入立辊轧机辊环时，应从轧辊转动方向的出口伸向入口，再将圆钢轧过，以避免发生人身伤亡事故。

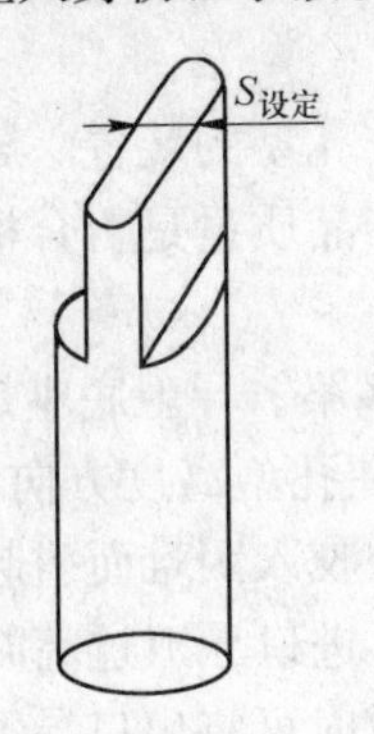

图 3-25　辊缝试棒法示意图

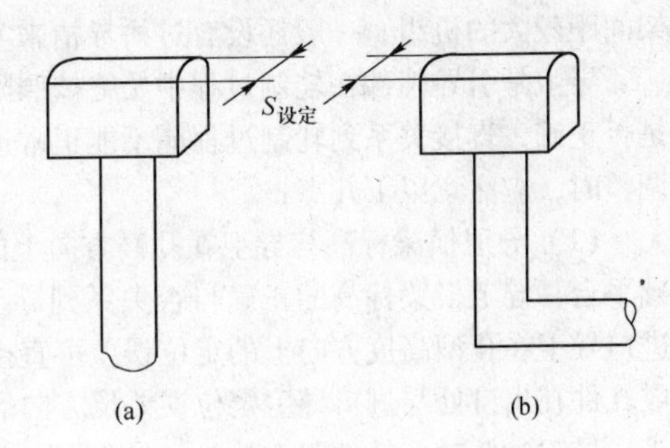

图 3-26　圆钢压痕设定辊缝时圆钢要求及压痕形状
（a）水平轧机用；（b）立式轧机用

不论采用何种方法设定轧辊辊缝都应注意与轧辊水平调整结合进行，即轧辊两端辊缝都要测量，并要求两次使用的圆钢直径及压痕宽度要相近，压痕厚度要求相等。否则两端过大的辊缝将导致轧件偏离轧线而发生堆钢事故。

这里需提醒的一点是：圆钢压痕法测量的辊缝值并非是消除“弹跳”后的实际轧钢辊缝，而是设定辊缝，因为软材质的小圆钢从辊环处轧过，它的作用力远不如轧制力那样大。

设定辊缝值的大小主要取决于某架轧机“弹跳”的大小，因为轧制时辊缝已在孔型设计时计算好。弹跳值的确定有三种方法：

第一种方法是在轧机试生产之前，由设备制造商提供该设备的单位轧制力轧制弹跳（也称弹性变形量），如某厂第一架轧机轧制 ϕ20mm 螺纹钢，钢种为 20MnSi，开轧温度为 1050℃，轧制力为 2328kN，单位轧制力轧制弹跳量为 0.0005mm/kN，弹跳值就应该等于 $2328 \times 0.0005 = 1.2$mm。这样可以根据孔型设计时各道次的轧制力及各类型轧机单位轧制力轧制弹跳来求得弹跳值，而轧制力的大小又与轧制钢种、轧制温度、压下量有关。

第二种方法是用试轧小钢的方法，通过用小圆钢压痕方法来测量轧机空转及轧制小钢时压痕厚度差来确定。由于小钢温度低等原因，轧辊弹跳值比实际轧制大钢时要大些。应考虑减掉一个值才为真正的轧机弹跳值。由于粗轧钢料尺寸较大，一般试轧小钢的方法很少采用。

第三种方法是在正常轧制过程中用圆钢压痕测量轧机空转及轧制时的压痕厚度即为该架轧机轧制某品种时的弹跳值，此种方法简单准确，现场多被调整工及工程技术人员所采用。

在试轧新品种过程中，由于各架次轧制力与原有品种不同，所以轧机弹跳值有所变化，可用第一、三种方法相结合的手段，通过原有品种的弹跳值及轧制力来反算试轧品种的弹跳值。

D　导卫安装及调整

根据粗轧机布置形式及孔型系统不同，可采用不同形式的导卫安装调整方法。对于平—立布置的轧机，孔型系统为平箱—方箱—扁椭—圆—椭圆孔型系统。一般在第 4 架、第 6 架进口为滚动导卫，其他为滑动导卫。对于全部水平布置的粗轧机组，一般在椭孔架出口采用扭转导卫，以实现下一道次翻钢轧制的目的，在圆孔进口采用滚动导卫。对于机架间距较大的机组，一般还设有过桥导槽来实现轧件导向。

导卫是引导轧件在轧制过程中始终按照限定的方向进出孔型的装置。导卫的安装调节是否正确，直接关系到轧制过程能不能正常进行，关系到产品质量是否合格。在导卫安装调整时，应注意以下几点：

（1）导卫横梁标高与导卫在孔高方向上的找正。导卫横梁、导卫底座是固定导卫的基础平台，导卫横梁标高的正确与否关系到导卫安装时能否在孔型高度方向上的准确定位。进口导卫在孔型高度方向上的定位误差可直接导致在入口处咬入困难而引起堆钢，或是造成轧件在出口处与进口导卫定位误差反方向的跑偏、弯头。进口导卫过高时，轧件向下扎头，导卫过低时，轧件向上抬头，“扎头”或“抬头”严重时可将出口导卫顶出或是轧件不能准确进入下一机架而堆钢。出口处导卫在孔型高度方向上定位误差也可导致轧件将导卫顶掉而形成堆钢事故。所以，必须将导卫横梁及导卫在轧线标高方向上找正。

不论是何种形式的轧机，其轧辊车削后，其轧制线标高应保持不变，所以对于二辊闭口牌坊轧机，虽然导卫（板）横梁可以在孔高方向上做调整，但一般都是一次性安装固定好，除非有特殊情况（如堆钢后）需要调整外。为确定导卫横梁轧制线标高，有的闭口轧机也将导卫横梁做成固定不变的，对于卡盘轧机、悬臂轧机、偏心套轧机，导卫横梁（或导卫支架）的标高都为固定型，不需要调整工在现场做调整。对于一些少量调整，可通过更换导卫底座之间的垫铁（片）厚度来实现。

（2）导卫横梁及导卫与孔型的对中。导卫与孔型在横向上的对中是通过移动导卫横梁来实现的。在导卫安装操作过程中，需将横梁移动，相应的导卫位置大致对准孔型，然后再安装导卫，使其与孔型准确对中，并与轧槽在此轧制方向上留有一定的间隙。图3-27为滚动导卫导轮调整位置示意图。

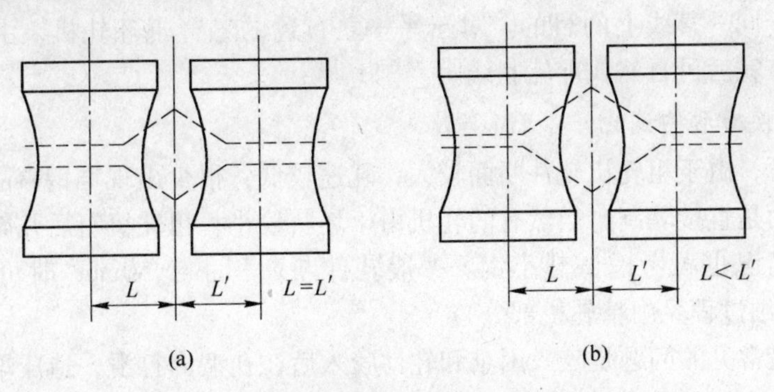

图3-27 滚动导卫导轮调整位置示意图

(a) 正确；(b) 不正确

(3) 导卫的固定。导卫在孔型上下、横向及轧槽深度方向上找正找准，根据轧机及导卫形式不同，可采用螺栓和压板固定或楔铁紧固。

E 轧制线对中

连续轧制要求各机架轧制线处于同一直线上，机架轧制线的偏移，轻者可导致轧槽磨损不均，损坏导卫，重者可直接导致机架间发生堆钢事故。

轧制线对中的含义既包括同一机架的进出口导卫与在轧孔型的对中，又包括整个机组在轧制线上的一致性。关于导卫与孔型的对中方法已在前面介绍过，这里主要介绍机组轧制线的对中方法。

在机架安装（包括筹建及大修）过程中，每个机架轧制线的定位通常是选择整个轧线两端的两个坐标点，通过挂钢丝的方法来确定每一机架的坐标。使钢丝的中线与机架轧制中心线重合，并安装固定机架。现场换辊、换槽后轧制线的对中由于时间关系不可能来采取挂钢丝的方法找准，通常可采用如下三种方法对中轧制线：

(1) 轧制线坐标标记法。对于机架底座及牌坊固定的卡盘轧机、闭口牌坊轧机等，可在底座或牌坊位置做轧制线中心坐标标记（指针等形式）。在机架横移或安装过程中，使导卫中心线与标记重合，即每个机架孔型的轧制中心线自然找准，从而使机组的轧制中心线也相对一致。

(2) 用机架间的导槽位置对中。机架间的导槽可通过挂钢丝的方法在安装过程中一次找准轧制线。机架孔型在横移或安装过程中可以用人工观察，结合直尺横向测量的方法，使机架进出导卫中心线与导槽位置中心线重合，从而对中机架轧制线坐标。

(3) 利用光源观察对中。机组全为平辊轧机，并且机架数目不太多的情况下，机组两端的机架轧制线位置可通过上述两种方法来确定，然后在第一架轧机入口导卫处设置一光源，在机组末架出口导卫处观察，以此来确定中间各机架的轧制中心线位置。

对于平—立交替布置的轧机，可用相邻机架孔型高度方向的位置来确定中间机架孔型辊缝方向的位置。在采用方法（1）或（2）来对1号、3号平辊孔型进行初步轧制中心线对中后，可在1号孔型处设置光源，以3号孔来观察2号立孔的位置，并在上下方向上机架做横移，直到1号、3号孔型中心线重合为准。反过来，经找正对准后的2号、4号孔型，可对3号平辊孔型进行同样的在水平方向上的进一步的轧制线定位对中。

上述几种方法在轧制线对中过程中，根据轧机形式不同，可相互配合使用，以达到各机架轧制线处于同一直线上的目的。对于平—立布置的悬臂辊环轧机，由于轧机本体固定，辊环在安装完后可自然找准轧制线。

F 换辊、换槽后的试轧

通常情况下，由于粗轧机轧件断面较大，轧速较低，很少出现堆钢事故，所以一般不用试轧小钢，而是直接轧制。当然有的轧机由于坯料较小，粗轧机组后几架可能轧件断面也较小，根据情况也可考虑试轧小钢。一般轧件断面积小于80mm² 时可考虑试轧小钢（试轧小钢的详细过程见中精轧机部分）。

新槽试轧最常见的问题是咬入困难和轧件咬入后在孔型内打滑，造成堆钢事故。为了顺利地咬入第一支钢可采取如下措施：

（1）除去新槽上的油污，用砂轮打磨轧槽，增加表面的粗糙度，以增加摩擦力。

（2）适当抬高新槽的孔型高度，一般可抬高0.5~1mm。

（3）将新槽轧机的前面（上游）轧机串级降速2%~5%。

（4）关闭轧槽冷却水，以减小轧件的温降。

（5）第一架轧机试轧时，对于没有夹送辊或拉料辊的工艺，可用顶钢机推坯料尾部以帮助咬入，但顶钢机的推力要控制适当，以免过大的强咬入破坏顶钢机和轧机设备。对于使用球墨铸铁轧辊及辊径在较小范围内使用时，可采用第一根钢坯头部预先割成楔形的方法，以改善咬入状况。切割成的楔形要对称，楔角要大些。

在正常生产组织过程中，应避免相邻机架之间的同时换辊或换槽，应根据生产组织安排，根据轧槽的使用寿命，进行非相邻架之间的交替换辊或换槽，这是因为粗轧机在咬入轧件过程中，存在来自上游机架的推力，而相邻两机架都为新槽，在下游机架咬入时，可能由于上游机架的推力减小而不能咬入。尤其是第一、二架轧机同时为新槽时，第二架咬入更为困难，因为在第一架轧机之前没有其他的推力传递到第二架轧机。紧凑轧机两相邻机架同时使用新槽时，第二架轧机咬入就显得更为困难。通常情况下，采取上述五项措施，可实现大钢顺利轧过，试轧后要将孔型高度和轧制速度逐步调回到标准设定值。

3.2.5.2 粗轧机轧制过程中的调整操作

A 导卫操作

辊式导卫包括辊式入口导卫和辊式出口扭转导卫。辊式入口导卫的辊间距在导卫安装前就已设定，在生产过程中一般不予调整，只有在发生堆钢事故后，为取出卡在导卫导辊之间的轧件而变动辊距的情况下，才需要重新设定。辊间距的设定应通过标准试棒进行，以试棒在两导辊间能推拉带动两辊同时转动为合适。通常情况下为了节省时间，上述工作一般在轧辊间来进行，调整工必须对预先调整好的导卫备件认真检查，根据上、下道的轧件情况进行调整。

辊式出口扭转导卫二辊间距的设定方法与辊式入口导卫操作相同。扭转导卫的二辊间距在生产过程中需要调整，其调整以轧件扭转角度是否合适为依据。判断轧件扭转是否正确，可通过观察轧件进入下一架轧机轧槽时的竖立状态，或者观察轧件出下一架轧机后轧件是否仍在继续扭转来确定，如扭转角过大（即辊间距过小），则轧件出下一架轧机后仍会继续扭转。

一般说来，换钢种时应调整扭转器的辊间距。钢种不同时，轧件的变形抗力就不同，因而在辊间距相同的情况下，轧件的扭转角度亦不会相等，变形抗力大的钢种扭转导卫的辊间距要小一些，变形抗力小时，辊间距应稍大些，这样才能保证轧件扭转角度的正确。

扭转角度的调整，即辊间距的调整，是通过调节扭转器上的调节螺栓来实现的，调整应在扭转器空载时进行。

在轧制过程中应经常用铁锤等工具敲击导卫的紧固螺栓和紧固楔铁等紧固件，检查其松动情况。在事故停车或检修后应立即将整个机组的导卫重新紧固一遍，同时利用停机时间检查导卫内是否有脱落的结疤或氧化铁皮等残留物，以及辊式导卫的导辊是否转动良好等。

B　轧件尺寸的检查

轧件尺寸的检查包括轧件高度、轧件宽度以及轧件形状的检查。

（1）机组末架出口轧件尺寸的检查。由于机组后都设有切头（尾）、事故碎断飞剪，所以在换辊、换槽、换钢种、换轧件尺寸规格及调整轧机后，可通过轧后飞剪取样，并用游标卡尺测量轧件尺寸。测量时卡尺应与轧件垂直，读数应精确到小数点后一位数。轧件的高度尺寸可通过测量切头（尾）来获取准确的结果。轧件的宽度尺寸，由于头（尾）为自由无拉钢轧制，同时温度偏低，一般尺寸较大，可作为参考值。为了获取较为准确的轧件宽度尺寸，可让主控台操作工利用飞剪碎断功能来获取一段较长的轧件，并测量轧件上远离尾部的尺寸。为避免堆钢事故的发生，应尽量少使用飞剪“碎断功能”，应在轧件头部多切几次来获取测量尺寸用的钢样。

轧件头、中、尾的尺寸是有波动的，取样测量的往往是轧件的头尾尺寸，中部尺寸不容易得到。在生产的品种、规格、工艺操作已经成熟的情况下，应尽量少使用或不使用在尾部切取较长轧件的方法。所以在生产中掌握轧件头、尾尺寸与轧件中部尺寸的关系是十分重要的，它是判断机架连轧关系的直接途径，调整工应在平时的经验积累中摸索并掌握所使用的各道次的辊缝、速度与轧件头尾尺寸、中部尺寸的变化关系。

测量轧件尺寸时应注意冷、热轧件尺寸的差异。轧制钢料尺寸一般要求为热轧件尺寸，通常1000℃左右的热轧件尺寸可取冷轧件尺寸的1.013倍（线膨胀系数）。

（2）中间道次轧件尺寸的测量。除非机架间发生堆钢事故，一般很难获得准确的中间轧件尺寸，但是仅了解机组末架轧件尺寸是不够的，有时为了建立良好的连轧关系得到准确的末架轧件，还应严格控制中间道次的轧件。由于粗轧机组轧件速度低，轧件的尺寸检查可直接用外卡钳在线测量运动着的热轧件尺寸，尤其是箱型、方型及椭圆轧件的高度方向尺寸更容易被测量。测量时可预先将外卡钳开度在直尺上按轧件尺寸要求设定好，然后再伸向运动着的轧件。测量的轧件尺寸，根据调整工所用外卡钳与运动轧件接触时的“松紧”程度的不同，可能比实际尺寸要大些，调整工应根据现场经验来摸索这个差值。

用内卡钳测量轧件尺寸存在着较大的误差，一般在1mm左右，但它们可作为平时正常生产时的一种测量手段，在一些对轧件尺寸精度要求较高的情况下，如轧制大规格产品在中轧机前四架出成品，可采用内卡钳测量孔型高度来对辊缝进行重新调整设定，从而保证轧件尺寸。

C　轧件高度及宽度尺寸的调整

由于粗轧机主要是在高温状态下以进行大变形量轧制为主，所以轧件尺寸公差要求相对比中、精轧机较宽，一般六机架粗轧机轧出的轧件尺寸精度控制在 -1.0mm ~ +1.5mm 内即可。

若发现轧件高度及宽度尺寸不符合要求，调整工应根据轧件尺寸的检查结果，及时准确地判断产生轧件尺寸不合的原因，从而采取正确的调整手段。

机组末架轧件高度尺寸超差大体上有两种情况和原因：

第一种是轧件中间高度尺寸与头尾尺寸变化不太大，在正常的尺寸波动范围内，只是在轧件通条长度上高度普遍过大或过小，此种情况与张力关系不大，而产生的原因与各道次的轧件高度尺寸过大或过小有关，应着重调整各道轧件高度尺寸，即辊缝。当末架轧件尺寸在高度上过大或过小超差，而在宽度方向上也是过大或过小超差时，可直接通过压下或放大末架辊缝来调整，调整完后看轧件宽度尺寸是否在正常范围内，再判断是否存在前面各道次轧件高度过小的问题。

第二种是轧件头尾尺寸合适，而中间尺寸过小，此种情况与轧件高度设定关系不大，而主要是与机架间存在张力有关，应着重调整张力，使机架达到初始的张力设定状态。

(1) 轧件高度尺寸与辊缝调节。粗轧机辊缝调节除了根据上述轧件尺寸情况，在线对轧件高度进行测量调节外，为了避免不合理的调整，造成尺寸超差及多次调整，大多采用辊缝补偿调节以保证各道次轧件尺寸的相对稳定。

换辊换槽后，引起轧件高度尺寸变化而导致轧制过程中调整辊缝的主要原因是孔型磨损，而孔型磨损规律又是一个十分复杂的问题，它和轧辊的材质、轧制钢种、轧制温度、轧制速度、孔型冷却效果、压下量、导卫安装、上道来料尺寸大小及几何形状等密切相关。对于粗轧机，由于轧辊辊径大、轧制断面较大、轧制速度低，轧辊多采用耐磨损的球墨铸铁，这样轧槽磨损速度相对比中、精轧机慢，寿命长一些，所以在轧机采用了前面所述的方法进行辊缝的初始调整与设定后，在轧制相当多的轧件后，轧件的高度尺寸变化也不大。当然这并不是说粗轧机的轧件尺寸调整不重要，而是根据要求不同所采用的调整手段与中、精轧机有所不同。调整工多根据各架轧槽、单位轧制量、轧槽磨损深度及轧件精度要求来进行几次分阶段性的补偿轧槽磨损的压下辊缝调整，并尽可能利用交接班时间，有计划、有规律地来完成。对于一些大断面产品的生产，粗轧机轧出轧件尺寸精度要求可能要比上述所提尺寸精度要高。这样粗轧机轧件高度的调整应根据尺寸检测情况与中轧机和主控台一起进行在线灵活调整，以满足成品尺寸需要。

如果轧槽寿命期内总的磨损量为 $W_{总}$，相当的总轧制吨位为 $T_{总}$，而各道次轧件尺寸的要求精度为 Δh，那么该架轧机轧槽寿命期内要进行补偿调节的次数 n 和每次调节量 ΔS 为：

$$n \leqslant W_{总} / \Delta h$$

$$\Delta S \leqslant \Delta h$$

而每次调节的时间用相应的轧制吨位 T 来表示，并有：

$$T \leqslant T_{总} / n$$

或

$$T \leqslant T_{总} \cdot \Delta h / W_{总}$$

$W_{总}$可根据使用过的旧轧槽通过孔高及辊缝按孔型样板图要求经计算得出，$T_{总}$为生产统计数据。

（2）机架间张力的判断及调节。机架间张力对轧件尺寸的影响是一个很复杂的塑性力学过程。图 3-28 所示为三个道次的连轧过程，当轧件由圆孔进椭圆孔时，在 1 号、2 号孔型中产生拉钢，即 2 号和 1 号轧机之间产生张力，此张力使沿轧制方向产生的阻力减小，从而使金属沿轧制方向的流动增加，而向宽展方向的流动减少，使轧件宽度方向尺寸变小。相反分析可得，堆钢过程可使轧件宽度方向尺寸变大。

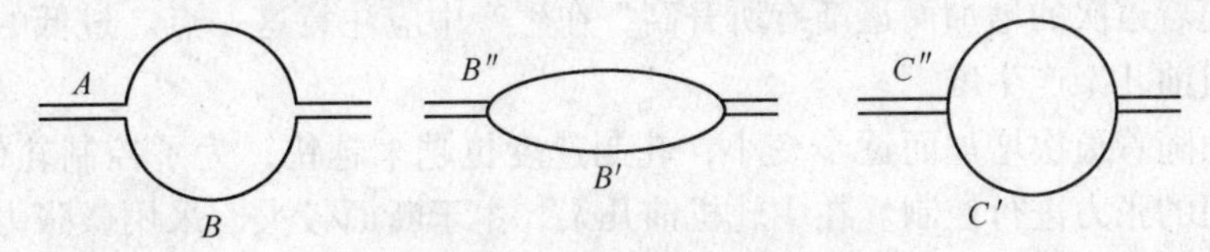

图 3-28　连轧过程分析图

通过以上分析可见，当轧件尾部离开前一机架时宽度又变大了，则说明前一机架与该架之间存在张力，因为张力一旦消失后，该机架轧件宽度就变大了。宽度变化越大，则表明张力越大。这样调整工可通过测量或判断轧件头尾宽度尺寸与中间轧件宽度尺寸的变化来确定机架间是否存在张力。中间轧件宽度尺寸的变化可采用轧件两旁（辊缝处）未轧部分的宽度来判断。现场具体采用两种方式：一是用肉眼观察，二是用烧木印来判断，后者适用于较小尺寸的轧件。

机架间张力的大小可直接由主控台通过电机负荷电流的变化来判断。当轧件咬入第一根钢后，电流值为 a，若轧件咬入第二架后电流值保持不变，则为无张力，当电流值发生变化时，如小于（或大于）a 值，则表明一、二架之间存在拉钢（或堆钢）。

粗轧机在各架轧件高度得到确认后，就可以利用轧机的调速来逐架消除张力了。调整张力应首先从第一架开始，逐架向后调整。如果从末架开始调整，就有可能调好了后面，再调前几架时，又使后面的张力关系重新得以破坏，而引起堆钢事故。

可以使前一架升速，但升速应当是少量的、累进的，边升速边观察该机架轧件在宽度方向上是否有所增大。升速时要注意观察此两机架间轧件是否有微量立活套产生。速度一直升到该架轧件宽度符合要求为止。如果一根轧件在宽度方向上尺寸变化无规律性，则可能是由于局部钢温不均所致；如果有周期性，则可能前面若干道次中，其中有一架轧辊偏心转动，或孔型上脱落一块，俗称“掉肉”，而引起周期性的来料大小不一致。以上情况的发生则要根据具体原因加以处理。

一般来说，调张力的主要方法是调整轧机的转速，但是在实现这一过程之前，必须保证各机架轧件高度尺寸符合工艺要求，切不可又调转速，同时又调辊缝，两项调整同时进行势必造成调整混乱。

3.2.5.3　中、精轧机在轧线上的更换安装

A　工艺要求

中、精轧机的作用是将轧件在高温状态下经过孔槽逐道次压缩变形。根据产品大纲及各车间工艺的不同，第一种情况是由中轧机为精轧机输送形状正确、尺寸合格的轧件。第

二种情况是由中轧机组直接轧制出断面较大的产品，而精轧机组被甩掉（空过），由替换辊道代替，此时中轧机组的作用和精轧机组一样成为成品轧机。所以从这一点看，中、精轧机在机架形式相同时，轧机的安装、调整及产品尺寸控制过程基本相同。这里需要指出一点，对于第一种情况，大多生产小断面产品。对于有些产品仅为简单断面的轧机，为了保证活套数量，也采用第一种情况来生产，即在中、精轧机组各甩掉（空过）部分机架，最终在精轧机组出成品。

在相同的开轧温度情况下，中轧机组轧件温度为三个机组的最低区域，而精轧机组的轧件温度则随着道次的增加而逐渐有所升高，在生产中应注意这一点。过低的开轧温度容易在中轧机组前几架产生堆钢。

轧件断面随着道次增加而逐步变小，轧制速度也越来越快，为了控制轧件尺寸精度，必须对机架间的张力进行控制。在中轧机前几架，由于断面较大，采用微张力控制，并与粗轧机组组成一个完整的微张力自动控制系统。后几架则与精轧机组一起组成一个活套无张力控制系统。这里需要指出两点，第一点是由于粗轧机组与中轧机组间通常设置飞剪，使得机架的间距较大，这样在微张力控制过程中堆钢现象效果不明显。对于中轧机前几架，与粗轧机相比由于轧件断面小、速度快，微张力控制也不如粗轧机明显。堆钢现象也不容易被主控台操作工通过电流记忆法观察到。这些情况要求操作工在中轧机组多增加微张力调节次数，使初始值尽量设定准确。第二点是采用活套堆钢无张力控制的轧件断面尺寸不易过大（一般不超过 ϕ45mm），否则起套辊不易起套。同时由于轧件过大，活套形状弯曲度小，对活套两端的导轮及轧机导卫等附件容易造成损坏。另外，软件在活套区的速度越来越快，容易导致轧件在头部咬入过程中产生堆钢，因此要求主控台操作工做好各机架轧制速度的初始设定。

为了确保产品尺寸精度及表面质量，目前较先进的小型型钢连轧机大多在中、精轧机组采用平—立布置形式，同时考虑到型材产品及螺纹钢切分轧制生产，在精轧机组采用了平立可转换轧机，使轧机对产品的适用性更灵活。

B　中、精轧机的操作设备及在轧线上的更换安装

中轧机采用悬臂轧机的操作设备在线更换安装见粗轧机部分。下面就典型的平立可转换无牌坊短应力线轧机的机架更换安装过程做介绍。

从轧制工艺角度来看，无扭无张力轧制是轧制过程中的最理想状态。无扭为提高轧制速度、进行活套无张力控制创造了条件，同时也简化了导卫装置。无扭无张力轧制改善了轧件长度方向上的尺寸均匀性，提高了轧件表面质量。同时考虑到型材产品及螺纹钢切分轧制工艺的要求，在精轧机立式轧机采用平立可转换形式，使轧机对产品的适用性更灵活。

目前较先进的小型型钢车间的中轧机大多选无牌坊短应力线轧机或悬臂轧机。对于型钢轧机更多地选用无牌坊短应力线轧机，因为长的轧辊辊身可满足型钢刻槽深度及宽度的需要。而精轧机组大多也选用无牌坊短应力线轧机，这样可在轧辊辊身上布置更多的轧槽，以满足轧制工艺的需要。

与其他形式的轧机相比，无牌坊短应力线轧机有如下优点：（1）轧机的应力回线比闭口牌坊轧机的短，所以无牌坊短应力线轧机的刚度要比闭口牌坊轧机的刚度大，通常刚度系数可达 1800～2200kN/mm。（2）轧制过程轴承受力分布均匀，因此轴承使用寿命长。

(3) 辊缝对称调节，使轧制线水平保持稳定。(4) 机架除轧辊辊径不同外，其他部件完全相同，所以同一种机架可以组装成不同轧辊公称直径的轧机，机架具有互换性。(5) 采用机械手换辊装置，在生产准备间可实现快速更换轧辊，节省了在轧线上的换辊操作时间，可提高轧机的作业率。(6) 设备质量轻，体积小，操作维修方便。

无牌坊短应力线轧机的机架主要由轴承座、轧辊和轧辊调整装置、四只拉杆所组成。旧的轧辊可以很方便地从轴承座内抽出（利用“机械手”），然后再装入新的轧辊，这一操作过程类似于往弹夹内装子弹。另外，在生产过程中，轧线上用完的机架也可以很方便地通过换辊滑轨拉出或是用天车直接吊走，再把一个装有新轧辊的机架换上，这一操作过程也类似于更换弹夹。因此，把这种无牌坊短应力线轧机形象地称作“弹夹”轧机，机架的基本结构如图 3-29 所示。

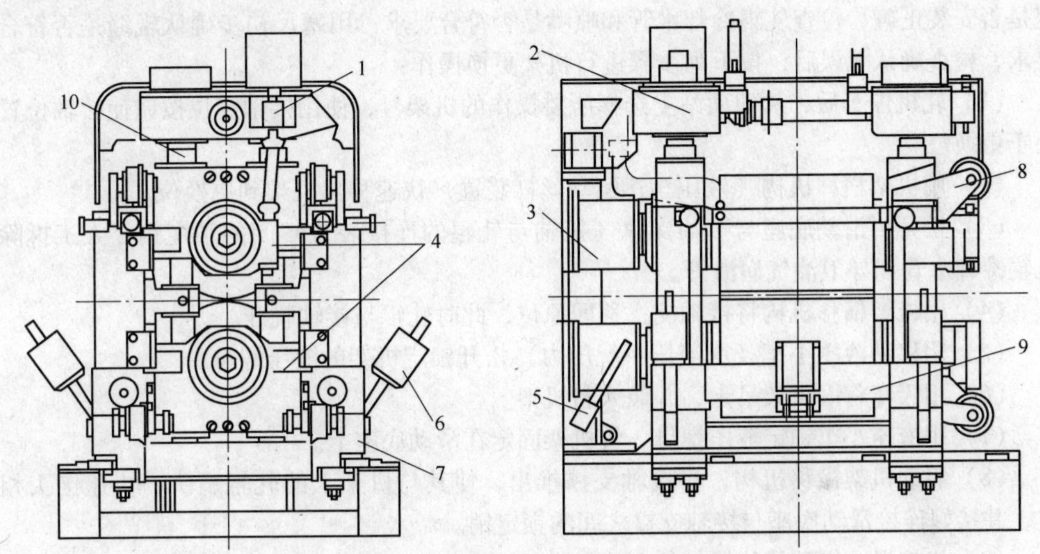

图 3-29　“弹夹”轧机结构示意图

1—轴向调节装置；2—辊缝调节装置；3—接轴支撑；4—轴承座；5—锁定销；
6—机架缩紧螺母；7—可滑动底座；8—走轮；9—导卫横梁；10—拉杆

“弹夹”轧机在轧辊间用专用的“机械手”组装。机械手由两个“U”形筐、一对可滑动底座及用于操作机械手的液压操作台组成，机架放在可滑动底座上，“U”形筐用于放置新、旧轧辊，液压操作台用来实现机架辊缝调节、滑动底座的左右移动、“U”形筐的旋转等机械动作。机械手在进行轧机组装时，要求机架始终处于水平位置，所以在轧辊间还配有机架翻转装置，以便把处于垂直位置的机架转换为水平位置然后进行新机架组装，或将组装好的水平机架翻转成立式机架用于轧线上的立式轧机。

机械手组装机架的操作步骤如下：

(1) 清理现场，准备专用工具，将新轧辊放入“U”形筐中。

(2) 将轧机固定在滑动底座上，拆去轧机上的润滑管线和横梁、导卫横梁、轧辊的固定缩紧螺栓，连接机械手的液压管线。

(3) 调整两轧辊的中心距，使其处于更换位置。在“U”形筐两侧插入垫铁，用于支撑上轧辊。然后启动操作台的机架移动操作杆，使滑动底座分别向左右移动到极限位置。

（4）松开“U”形筐的夹紧液压缸和“U”形筐下部的锁定销，然后“U”形筐旋转80°将新轧辊放置于安装位上，再将“U”形筐夹紧液压缸和锁定销卡紧。

（5）检查机架轴承座和密封，将预先安装在轧辊上的轴承内圈和动迷宫环清理干净，再缓慢地移动滑动底座，将新轧辊装入轧机。注意轴承内圈与轴承接触时不能有碰撞。

（6）重新安装机架横梁、导卫横梁、轧辊的紧固螺栓，然后调整轧辊辊缝到工作位置，安装导卫。

（7）拆去机械手的液压管线，松开滑动底座上的四个机架紧固螺栓，将新机架吊走。这样一架新“弹夹”轧机组装完毕，使用时用天车和过跨小车将轧机运到轧线上。

机架在轧线上的更换操作过程如下：将准备更换的机架从轧辊间吊运到现场，再次检查机架各部位是否完好，核对辊号及孔型是否符合轧制程序要求，检查出口导卫和进口导卫是否安装正确，检查轧辊冷却水管和喷嘴是否符合要求，用塞尺初步确认辊缝是否符合要求，检查确认无误后，按下列步骤进行机架更换操作：

（1）轧机停车后，从地面站上选择所要操作的机架号，使用接轴定位按钮使接轴位置处于更换位。

（2）用机架横移机构（液压马达驱动丝杠装置）快速移出机架到更换位。

（3）松开可滑动底座与接轴支撑（接轴与轧辊的连接装置）间的锁定销，人工拆除轧辊冷却水管和导卫油气润滑管。

（4）用机架横移机构将接轴支撑移回原位，此时轧辊与接轴脱开。

（5）用移动液压小车（或液压系统压力）松开锁定机架的液压螺母。

（6）用天车将旧机架吊走，并装入新机架。

（7）用液压小车锁定液压螺母，将机架固定在滑动底座上。

（8）启动机架横移机构，将接轴支撑推出，使其与机架上的轧辊扁头、快速接头相连，并接好连接滑动底座与接轴支撑之间的锁定销。

（9）机架慢速横移使轧槽与轧制线对中。

上述过程为水平无牌坊短应力线轧机的更换操作过程，对于平立可转换轧机，需要首先将轧机由立式位置转换水平位置，再依次按上述步骤进行操作。机架由立式位置转换成水平位置的翻转过程为：（1）松开传动侧齿轮箱的齿形接手；（2）松开机架的夹紧液压缸；（3）将轧机由立式翻转成水平位置。

3.2.5.4 中、精轧机在轧线上的预调整

中、精轧机在轧线上的预调整包括轧辊的水平调整、轧辊的轴向调整、辊缝的调整与设定、导卫的安装与调整、轧制线的调整。轧辊水平调整及轴向调整方法见粗轧机部分，一般中轧机水平误差及轴错应不超过 ±1.0mm，精轧机调整误差应小于成品椭圆度要求。

对于辊缝设定，除可采用粗轧机部分所述的三种方法外，对于已使用磨损的孔槽，可采用标准孔高试棒，通过测量孔槽高度来设定辊缝。标准孔高试棒的高度为轧件理论高度减去轧机弹跳值。

中、精轧机导卫安装调整及轧制线对中调整的调整方法与粗轧机类同，只是要求调整的精度更高。

在轧制大钢之前，对于新换的轧槽要进行试轧小钢。试轧小钢的目的：一是确认辊缝

给定是否合理，轧件尺寸是否合乎要求；二是导卫安装调整是否存在问题；三是增加轧槽的粗糙度及确认轧槽对轧件的咬入是否有问题。

对于中轧机，由于咬入角较大，仍然存在咬入困难和轧件咬入后在孔型内打滑的问题，尤其是机组前四架。为避免堆钢事故应采取与粗轧机相类似的处理措施，如打磨轧槽、适当抬高辊缝（0.3～0.8mm）。

小钢规格可由机组前飞剪取样，其规格要求与机组前轧件尺寸要求一样。小钢提前放入加热炉内并加热到1000℃左右，轧机按“爬行”速度（轧速的10%）由地面站点动，人工从机组第一架逐架喂入，并用游标卡尺测量小钢高度尺寸。一般来讲，小钢的高度尺寸和实际轧钢过程中的轧件高度是不一样的，一般小钢高度大于实际高度，中轧机大0.4～0.7mm，精轧机大0.3～0.5mm。在用小钢确认辊缝及轧件尺寸过程中应考虑上述因素的影响。

在试轧小钢确认轧件尺寸合适，并完成其他地面操作后，将地面操作选择到主控台位置，由主控台操作出钢（详见主控台部分）。红钢过轧机后，观察轧制和活套情况是否正常，并到相应机组取样测量其尺寸是否符合要求。

3.2.5.5　中、精轧机在轧制过程中的调整

轧制过程中主要的调整过程是通过检查轧件运行及尺寸情况来判断导卫、轧槽使用、速度调整等工艺制度是否合理，从而保证不产生堆钢事故，同时轧出合格的产品。调整的依据是通过“观察”、“取样”、“木印”和“打击”等方法获得的。

观察轧件在机架间咬入过程中出口、是否有“抬头”，如有则进口滚动导卫安装过低；反之轧件头部在轧机若有“下扎”现象，则可判断进口滚动导卫安装过高。观察通条圆轧件，若存在扭转现象，则说明进口滚动导卫导轮间隙或轧件高度尺寸过小。

通过对飞剪切头（尾）或是碎断轧件进行取样可以判断轧槽的磨损情况、导卫的使用对中情况及辊缝是否符合轧件尺寸要求。判断可分下列几种情况：

（1）轧件辊缝印的宽度尺寸不一样，说明进口导卫安装不正。

（2）轧件高度尺寸合适，而宽度尺寸波动较小，说明来料断面尺寸不足或是张力过大。

（3）折叠，说明前一架过充满，应对前面机架钢料进行压缩。

（4）上下不对称（椭圆度不合适），可能是由辊错或是进口导卫量过大、轧件高度过小造成的。

（5）取样上有周期性的麻面、凹坑、压痕，主要是因为轧槽“掉肉”、有裂纹或是轧件有刮丝带入。

烧木印是对轧件作动态检查的简单有效手段。其方法是用一根木条直接贴在运动着的红钢的辊缝位置，然后取出观察烧木的印迹形状，从而判断轧件的充满程度，导卫及轧辊的使用情况等。对于设有活套的中轧区，用钢棒打击轧件，观察其张紧程度来判断机架间张力，并及时与主控台联系进行调整。

中、精轧机大多采用平立布置机型，使上述判断方法行之有效，从而为轧制成品尺寸调整打下了基础。成品尺寸的调整应在上述判断方法的基础上按一定的方法来进行。下面是轧制简单断面成品尺寸的判断调整方法：

（1）通过成品取样测量或是用烧木样的方法观察轧件宽度在整个钢坯的头、中、尾尺寸变化为大、中、小，应判断机架间存在过大的拉钢轧制，应与主控台配合增加一些道次的电机转数（详见主控台操作部分）。

（2）轧件通条尺寸变化不大，高度尺寸合适，宽度少量超差，应调整成品前孔（K_2孔）及成品前前孔（K_3孔）钢料。在宽度超差量大而调整K_2、K_3孔无效时，应调整整个机组的轧件尺寸，甚至检查前一个机组的轧件尺寸是否合适，有必要时进行调整。

（3）在各道次轧件尺寸控制过程中，应在保证基本接近标准轧件尺寸的基础上同时放大或缩小，使各道次变形均匀分配，不能存在个别道次变形大，而有的道次变形小的现象。中间道次轧件的尺寸确定可在交接班通过试轧小钢来标定。随着轧槽的磨损，班中辊缝调整可采用辊缝补偿调节的办法来进行，这样避免了各道次间变形量的不均，从而也使主控台操作工对轧制速度容易掌握及调整，使上下能结合一致。

（4）由主控台的实际轧制负荷及延伸系数与理论值（或是最大值）比较来判断各道次的变形量是否合理。

（5）成品尺寸的椭圆度不合适，应检查成品轧辊孔错或进口导卫的开口是否过大。

3.2.5.6 主控台操作

A 主控台的作用及控制区域设备

主控台是连轧小型型钢车间主轧线生产的中心控制操作室，是全厂的中央信息处理站。它担负着对所控制区域设备的所有工艺参数的设定，在生产中处在组织、协调轧制生产的地位。所以在连轧小型型钢生产轧机的连轧控制过程中，主控台对轧制的正常顺利进行起着关键的作用。它所控制的区域设备主要有以下几项：(1) 加热炉出钢设备及加热炉出口侧的除鳞机、炉外辊道、夹送辊等。(2) 粗轧机组及机组后的飞剪（一般称1号飞剪)。(3) 中轧机组及机组后的飞剪（一般称2号飞剪）。(4) 精轧机组。(5) 活套设备。(6) 淬水线及旁通辊道。(7) 热倍尺飞剪（3号飞剪）及剪前夹送辊、剪后碎断剪。(8) 冷床入口的裙板辊道、转折器。

上述设备完成了钢坯由出钢、轧制到切成热倍尺轧件，而后上冷床的所有工艺要求。

B 主控台盘面设备及操作功能

主控台的设备布置如图3-30所示。

主控台正中为操作台（CP2A-B)，在操作台面板上设置了所有需操作人员人工设定、干预的操作元件（按钮、开关、操作杆、人工智能操作盘、CRT/键盘系统及打印机）。在操作台的正上方为工业电视监视屏来监视全厂各工序的生产过程，在操作台的右侧为全厂通信对讲系统，用来协调各生产工序的生产。这里可以看出操作台是主控台的核心。

操作台上的功能按键位置及形式因厂而异，但都具备了如下的功能按键和操作方式选择键：

（1）自动或手动出钢选择按键。

（2）粗、中、精轧三个机组分别启/停按键，停车分为正常和快速停车两种情况。

（3）1号、2号、3号飞剪分别启/停按键。用启动/停止碎断轧件。

（4）废品监测系统选择键，在“使用”状态下表明废品监测系统投入运行。

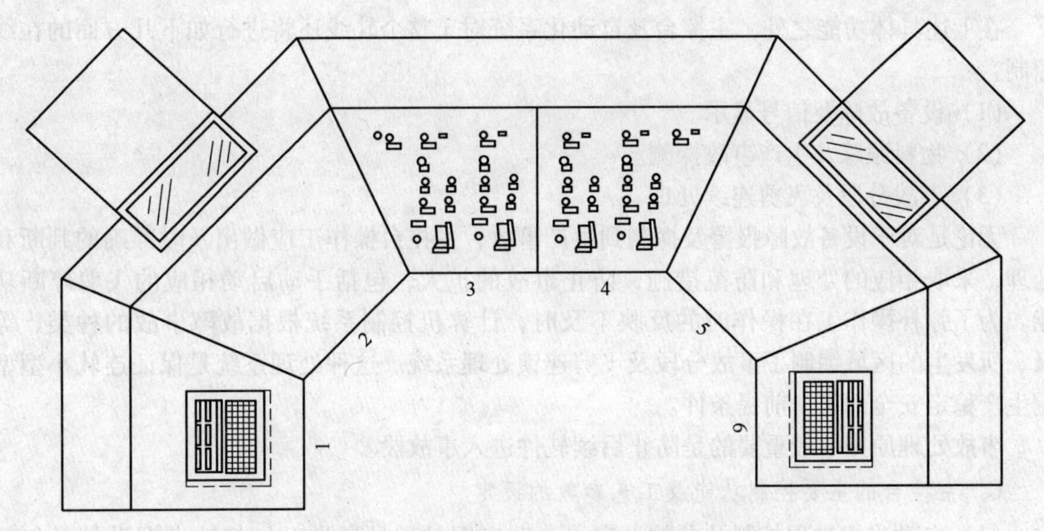

图 3-30　某连轧棒材厂主控台布置示意图

1—CPA：出钢控制 IOS（Intelligent Operating Station 智能操作站），用于控制加热炉出钢辊道、炉外辊道、夹送辊等；2—CPB，MM2000（Man Machine Interface 人机接口）CRT/键盘操作系统，用于主轧区工艺参数的设定和修改；3，4—CPC：轧机级联速度调解杆。剪子碎断、单切功能按钮及剪子复位按钮，区域/全线紧急停车按钮；5—CPE：MM2000 CRT/键盘操作系统，用于成品轧机出口至冷床入口区域的工艺参数设定和修改；6—CPF：水冷线、裙板控制 IOS，用于控制水冷线辊道、裙板辊道、拨钢器等

（5）微张力控制选择键。

（6）轧机调速键，用于对轧机进行在线级联速度调节（升速/降速）。

（7）报警灯光显示及复位键。

（8）轧机冷却水控制键，分别对粗、中、精轧三个机组进行冷却水启/停操作。

（9）程序设定修改使用 CRT/键盘系统，它主要用来完成在线不经常干预的一些初始设定参数的修改及显示一些轧制生产所需的图形画面，主要有以下几项工作：

1）轧制程序的设定。

2）飞剪切头、切尾选择，长度及速度设定。

3）活套控制高度设定，用来在不同轧件尺寸情况下实现最佳活套高度控制。

4）水冷线的水量、水压及轧件温度等淬火工艺参数的设定。

5）热倍尺长度的设定。

6）裙板接手动作周期及裙板辊道速度的设定。

7）热倍尺上冷床制动距离设定。

8）物料跟踪系统显示。

9）轧制速度棒形图的显示，用来显示各种轧制速度与初始设定的偏差。

10）轧制负荷棒形图的显示，用来显示各种轧制负荷，并可直观判断各机架间张力的大小。

11）模拟（仿真）轧制操作及过程显示，在轧机空转状态下模仿实际轧制过程是否存在问题，从而减少试轧堆钢事故。

12）设备各功能的测试检查，来检查设备动作是否正常。

在上述具体功能之外，主控台及自动化系统对于整个轧线还将进行如下几方面的在线控制：

（1）设备故障及信号显示。

（2）物料跟踪及生产事故探测。

（3）事故分段及飞剪连续处理。

无论是对于设备故障报警及探测到生产事故，主控台操作工应做出及时准确的判断和处理，采取相应的处理和防范措施，防止事故的扩大，包括手动启动相应的飞剪碎断功能。为了弥补操作工在操作时的反映不及时，计算机控制系统根据故障事故的种类、等级、所发生的区域编制了事故分段及飞剪连锁处理系统。这种处理系统是保证连轧小型型钢生产稳定安全的第一前提条件。

事故处理原则中最重要的是防止后续轧件进入事故段。

C　主控台的主要控制功能及工艺参数的设定

（1）自动出钢过程控制及参数设定。自动出钢过程是通过对加热炉出钢设备（包括加热炉步进梁、炉内辊道或顶钢机）、炉外辊道的速度、夹送辊的闭合过程进行顺序控制来实现热钢坯的加热和钢坯由炉内到1号轧机的输送过程。操作工在选择“自动”出钢方式的同时，要通过CRT/键盘系统来完成对辊道速度、夹送辊速度、是否选择高压水除鳞的设定和选择。

（2）轧制程序的设定。轧制程序设定的内容包括轧辊直径、轧制规格、所选择的机架、各机架的轧制速度、飞剪的超前速度、切头切尾选择及坯头（尾）长度，上述设定及选择通过CRT/键盘系统来完成。

1）设定轧辊（辊环）的实际直径。轧制速度的设定也是主电机转数的设定，电机转数与轧制速度及轧辊工作辊径的关系为：

$$n_{电} = \frac{60iv}{\pi D_k} \times 1000$$

式中　$n_{电}$——电机转速，r/min；

v——轧件线速度，m/s；

D_k——轧辊工作直径，mm；

i——减速比。

上式中i为主电机转数与轧辊转数之比，在设备选定后为一常数，所以电机转数只与轧件线速度和轧辊的工作辊径有关。轧辊工作辊径是指轧件实际速度所对应的轧辊轧槽某处的直径，它的大小应比轧辊辊环直径小，在孔型设计时，轧辊工作辊径有详细的计算公式（一般用等效矩形法），在这里不作介绍。但品种孔型系统确定好后，轧辊实际辊环直径与工作辊径的差值也随之确定。为了减少运算的麻烦，操作人员在换辊后只需输入轧辊实际辊环直径，计算机可按下式通过运算求出轧辊工作直径：

$$D_k = D_0 - h_k$$

式中　D_0——轧辊辊环直径；

h_k——轧辊辊环直径与轧辊工作辊径的差值。

各架次h_k值的大小根据各品种规格采用孔型系统的不同而不同，确定的h_k值应事先存储在计算机孔型数据中，以便在计算$n_{电}$时使用。

2）机架选择、轧制速度设定及轧制程序编码。根据不同的品种规格，采用的孔型系统及变形延伸道次也不同，所以必须确定各品种规格轧制时所使用的机架和各机架的轧制速度。为了简单起见将机架选择、各机架的常规轧制速度用列表的方式事先存储在计算机轧制程序数据库内，并对不同品种的轧制程序编码，操作工只需输入一个品种编码，所用轧制程序就会直接显示在设定屏幕上，并根据此轧制线速度求得各架电机转数。

在上述所存储的轧制程序中，各架轧制速度的确定应根据连轧生产的速度制度来确定。某架次的轧件线速度为：

$$v_n = \frac{v_{n+1}}{\mu_{n+1}}$$

$$v_n = (1 - \varphi_{n+1})v_{n+1}$$

式中　v_n ——第 n 架次的轧件线速度，m/s；

v_{n+1} ——第 $n+1$ 架次的轧件线速度，m/s；

φ_{n+1} ——第 $n+1$ 架次轧件面缩率；

μ_{n+1} ——第 $n+1$ 架次轧件延伸系数。

在速度设定过程中应注意以下几点：

①试轧新品种时初始设定各机架间轧制速度的依据是轧制程序表（已事先存储在计算机中），因为它是孔型设计优化计算的结果，是依据无堆拉连轧条件计算出来的理想速度值。在此基础上可按连轧秒体积流量关系及速度制度内容考虑设定一定的堆拉钢值，即对电机转数进行少量调整。

②对于同一成品规格，成品机架可采用不同的轧制速度，成品轧制速度的设定很重要，因为它直接关系到各机架轧制速度的设定及轧机小时产量。在编制轧制程序时，都将按照最大机时产量在轧机最大工艺允许速度范围内来制定各规格的成品轧制速度。一般小规格产品轧制速度高，大规格速度低。成品轧制速度的设定应灵活掌握。低的轧制速度有利于轧件咬入不易堆钢。张力容易判断，且在轧制时易稳定。但速度过低时，轧件在粗轧机组由于受轧槽冷却水冷却可使轧件温度降低过多。从而易在粗轧机后两架或中轧机前三架产生堆钢。同时过低的成品轧制速度可使第一架轧机的轧制线速度小于 0.1m/s，而产生热裂破坏轧槽。通常情况下对于试轧的第一根钢，可使成品轧制速度低一些，正常后再逐步提升到正常的轧制速度。

3）1 号、2 号飞剪参数设定。1 号飞剪选择切头，切头长度为 200 ~ 400mm。切尾选择可根据情况区别对待。轧制速度较低时，粗轧机温降大，轧件尾部易将中轧机出口导卫拉掉，此时可以选择切尾，以提高成材率。

2 号飞剪切头切尾都应选择，剪切长度为 300 ~ 600mm，以保证轧制正常及产品质量。

飞剪剪刃在剪切轧件时，并非按轧件垂直断面将轧件剪断，而是带有一定的斜角，否则飞剪在剪切过程中可能产生堆、憋钢现象。另外飞剪在剪切轧件头部时，剪切速度应超前于上游机架轧件速度。在剪切尾部时，轧件尾部已离开了上游机架，剪切速度应滞后于下游机架进口轧件速度。而下游机架进口轧件速度正好与上游机架出口轧件速度相等，这样飞剪在剪切轧件头、尾时，剪切速度必须超前（滞后）上游机架出口轧件速度，所以引进了飞剪剪切超前（滞后）速度系数的概念。

飞剪剪切超前（滞后）速度系数的大小可通过下式来表示：

$$L_S = \frac{v_{fi} - v_{zj}}{v_{zj}} \times 100\%$$

$$v_{fj} = (1 + L_S) v_{zj}$$

式中 L_S ——飞剪超前（滞后）速度系数，当为正值时为切头超前系数，当为负值时为切尾滞后系数；

v_{fj} ——飞剪剪切速度，m/s；

v_{zj} ——飞剪上游机架出口轧件速度，m/s。

根据现场经验，这里推荐采用如下的飞剪超前（滞后）速度系数设定值：1号飞剪：切头5%~15%，切尾3%~10%；2号飞剪：切头5%~15%，切尾3%~10%。

飞剪的碎断轧件长度与飞剪的超前（滞后）速度系数和剪子形式有关，而与轧制速度无关。

另外，飞剪超前（滞后）速度系数设定值的大小，将影响飞剪剪切完轧件后的复位角度，在剪刃不能正常复位的情况下，可适当调整该系数来修正剪刃复位角度，使飞剪工作正常。

4）3号飞剪前夹送辊的速度设定。

3号飞剪前夹送辊的主要功能有：对于小规格品种实行全夹送，即在轧件头部到达3号飞剪处夹送辊闭合夹送轧件，以防止在成品机架与冷床入口处堆钢，尤其是在使用穿水冷却时水冷段内容易堆钢；其次是对于大规格产品在轧件尾部离开成品机架时夹送辊闭合，使轧件保持轧制速度，以免两个热倍尺在冷床入口处不易被拉开。

全夹送速度的控制设定是通过控制电机的扭矩来实现的，在夹送辊闭合开始全夹送轧件时，由于与轧件速度相比存在一定的速度超前，电机扭矩增加，这样操作可直接通过设定所增加的电机扭矩值来实现夹送辊超前速度的控制。通常情况下，超前速度系数在5%~10%之间时增加的电机扭矩可用增加的电流值百分量来表示，并实现夹送过程中的恒扭矩调速，增加的电流值一般可取1%。

夹送辊夹尾时轧制速度对应的电机转数应根据夹送辊孔槽形状及辊环直径来计算，夹送辊实际夹送轧件的工作直径应等于辊环直径减掉一个孔型补偿系数，此种方法与轧辊孔槽轧制时有些类似。

5）3号飞剪、碎断剪及裙板辊道速度设定。

3号飞剪切热倍尺及碎断剪在事故状态下碎断轧件的超前速度系数设定原理与1号、2号飞剪切头及碎断过程相同。通常情况下碎断由于速度高，超前速度系数较高，一般选择10%~20%。下面着重介绍一下3号倍尺飞剪与裙板辊道的速度关系及超前速度系数的设定。

相对于成品轧机的冷床入口裙板辊道速度应考虑与轧制速度相比有一定的速度超前系数，以便使轧件在上冷床之前拉开一定的距离，使热倍尺能正常分开上冷床。目前从3号剪至冷床末端，裙板辊道分三段进行速度设定，一般超前速度系数首先选择为第一段超前5%，第二段超前10%，第三段超前12%。如果轧件被3号分段飞剪剪切后没有弯曲，就按此系数进行生产，如果上根尾部有弯曲，可以适当加大各段超前速度系数。但第一段最大值不得高于10%，否则辊道磨损大，同时轧件增速效果也不会太好，现在大多选择在5%~10%的范围内。另外在辊道速度设定时，操作工应注意考虑对由于辊子直径磨损变小所带来的实际线速度下降的补偿，产品品种及规格的不同也应对辊道超前速度系数做适当的调整。如轧制螺纹钢筋时，由于它有月牙，轧件与辊道摩擦效果好，所以超前速度系数可以略小些；而生产圆钢时则相反。另外对于大规格产品，由于轧制速度低、刚性好，所以超前速度系数也可略小些；而轧制小规格产品时则相反。

3号分段飞剪的超前速度系数应与辊道超前速度系数相匹配，保证轧件切开后轧件头尾不产生弯曲为准，一般速度过低头部易弯，速度过高尾部易弯。另外产品规格大的品种，轧件断面大，不易产生弯曲，同时速度低，剪切力大，飞剪实际速度比设定值有少量下降，所以大规格产品，3号分段飞剪的超前速度系数应选择大些；小规格产品应与上述情况相反。表3-3是某厂典型的3号分段飞剪超前速度系数。

表3-3　某厂3号飞剪的超前速度系数

品　种	$\phi12$	$\phi15$	$\phi20$	$\phi22$	$\phi25$	$\phi28$	$\phi32$
超前速度系数	5.3～10.3	5.6～10.6	6.0～11.0	8.0～12.0	9.2～14.0	10.0～15.0	15.0～19.0

6）热倍尺长度设定。

热倍尺长度的设定应考虑冷定尺长度、冷床长度、切定尺前的切头尾长度及热轧件的线膨胀系数。热倍尺长度一般用下式表示：

$$L = (al + h_t)\lambda$$

式中　L——热倍尺长度，m；

a——热倍尺长度与冷定尺长度的倍数；

l——成品冷定尺长度，m；

h_t——头尾切掉长度，m；

λ——轧件线膨胀系数。

a、l值的大小在冷床允许的情况下越大越好，以减少切头尾次数，提高成材率。通常情况下，冷床两头可考虑各留有最好约5m的长度，以防轧件制动距离不等而超出冷床，h_t的大小可考虑设定头尾各切250～350mm。轧件在热状态下（1030℃）线膨胀系数λ可取为1.013左右。如冷床长132m，成品定尺长度为12m，则L值的大小可为$L=(10\times12+0.6)\times1.013=122.17$m。

另外，热倍尺长度可根据钢坯料的长度、成品规格大小及倍尺优化工艺要求综合考虑选定。

D　开车前的准备工作及试轧

主控台操作工在正式开车之前，除了完成前述工作内容之外，还要做好以下几方面的准备工作：

（1）所有选择器都处于“允许运转”或“关”的位置。

（2）任何电源在开车前一定时间内应提前供电，并在主控台里显示已作好“供电准备”，以便于轧机等设备进行地面操作调整。

（3）各机架上允许控制连锁处于允许状态，其中包括过载、磁场电源等。

（4）机电人员已检查确认主机设备无故障，可以运转。

（5）带连锁的辅助传动处于运转或允许运转状态，其中包括机械设备稀油润滑系统、液压系统、干油润滑系统、油气润滑系统、压缩空气系统等。

(6) 轧辊冷却水系统已启动泵，并且正常，三个机组的控制开关试供水正常。

(7) 地面站操作人员确认有关的轧机调整操作是否完成，并掌握轧辊辊缝调整变化情况，以便对轧制速度进行合理的修正。在地面站工作全部完成之后，确认地面操作站选择开关是否打到“主控台”位置。

(8) 操作工在按动“轧机准备复位”按钮时，指示灯接通。

试轧过程包括：

(1) 主控台操作工在完成并确认上述开车前准备内容后，按动“轧机启车报警”按钮，观察确认地面操作维修人员是否离开设备转动部位和区域，然后再启车。为了防止对电网造成过大的冲击，开车可采用由粗轧机组到中轧机组到精轧机组的顺序分段启车。

(2) 轧机启车并转动到设定速度后，可对轧线进行模拟轧制或仿真轧制，进行空负荷试车。模拟轧制由操作工利用人工干预来模拟轧件流向，而仿真轧制是一套完整的空试轧件系统，它的仿真过程可完成由第一架开轧到成品轧件热倍尺上冷床的所有设备动作。我国TG棒材厂有一套完整的仿真轧件软件系统。在上述两种方法进行空负荷试轧过程中，操作工可检查确认轧机级联调速、飞剪切头切尾、活套起套动作、热倍尺飞剪剪切轧件及冷床入口裙板动作、冷床步进动作等所有实际轧制情况。模拟轧制及仿真轧制对更换新品种及设备检修后开头车，减少生产事故尤为重要。

(3) 在完成上述工作并确认无误后，通知加热炉及精整操作台人员准备进行试轧，再次启动“试轧报警”按钮，然后开始完成由加热炉到轧机的钢坯出炉操作。

E 轧制过程中的控制操作

在理论上，稳定的连轧过程要求机架间的秒体积流量相等，但在实际连轧过程中，钢坯等多种因素的影响会干扰已形成的稳定连轧状态。与此同时各机架间的张力、前滑、压下量、宽展也将随之变化，从而使连轧状态及各架轧件尺寸处于一种动态变化过程。为保证轧制的正常进行，在动态连轧过程中必须保证轧件不堆钢、不被拉断且轧件尺寸变化符合成品尺寸精度要求。这就要求主控台操作工在调整操作过程中，针对不同情况采取不同的措施，使连轧过程及热倍尺上冷床分钢动作达到较理想的状态。具体讲，主控台的调整操作应注意以下几方面的内容。

(1) 张力与速度调整。连轧张力控制调整过程分为微张力控制过程和无张力控制过程，微张力控制在粗、中轧机中使用；无张力控制使用在中、精轧机的活套区。

1) 机架间的张力对轧件尺寸的影响。在张力轧制的连轧过程中，要保证轧件在通长方向上尺寸相等是不可能的，因为轧件的前端和后端始终处于无张力自由轧制状态，所以轧件头尾尺寸要比中间尺寸大。当机架间张力过大时，会导致轧件中间尺寸远远小于头尾尺寸，过大的尺寸差将导致轧制废品，甚至将轧件在机架间拉断，直接在活套区产生拉钢事故。所以调整工要及时作出正确的判断并及时调整轧机速度使张力变小，防止在机架间产生过大张力而发生拉钢事故。

2) 张力对前滑、后滑的影响及张力调整的总原则。连轧轧制过程中存在着前滑和后滑，当张力值固定不变时，前、后滑也相对保持稳定。当两机架间张力由小变大时，上游机架前滑增加，后滑减少；下游机架后滑增加，前滑减小。由此可见张力作用使得轧制过程中的前、后滑发生了变化，从而轧件金属的秒体积流量发生了变化。上游机架前滑增加，后滑减少，在某种程度上补偿了上游机架金属体积流量不足的缺陷。换句话说在张力未超过轧件的弹性变形极限之前，前后滑的变化量补偿了大部分金属秒体积流量不足的影响。当张力过大时，前、后滑的变化不能完全补偿金属秒体积流量不足的影响，此时轧件会被拉小或拉断。

从以上分析可见，在粗、中轧采用微张力或小张力轧制时，能生产出符合尺寸精度要求的产品。

机架张力的变化引起的金属秒体积流量及轧件尺寸的变化，在连轧轧制过程中，这种变化将由上游机架向下游机架方向传递。在各个机架间存在着张力轧制时，各机架间金属秒体积流量及轧件尺寸变化将是一个很复杂的过程。所以在采用调整轧机速度来消除张力时，要从首架开始，逐架向后调整，并采取向上游机架联级调速的方式进行。如果从末架开始调整，就有可能调好了下游机架再调整上游机架时又重新调整，甚至由于上游机架张力的减少，使得金属秒流量在向下游机架传递过程中使下游机架已调整好的张力关系破坏，而引起堆钢事故。

在升速调整机架间的张力时应本着少量、累进的原则，边升速边观察机架间的张力情况，特别要注意机架间轧件是否有抖动或立套产生，直到认为张力合格为止。

一般来说，张力调整的主要方法是通过调整轧机速度来实现，但是在实现这一过程之前必须保证各机架的轧件高度尺寸符合工艺要求，在张力调整认为合适之后可检查轧件宽度尺寸是否合适。切不可又调转速又同时调辊缝，两项同时调整势必导致调整混乱，甚至造成堆钢事故。在认为某架轧制高度尺寸不符合工艺要求的情况下，地面调整工可先将辊缝调整好，调整量通知主控台操作工，然后主控台操作工再调整电机转数，做到台上台下一致，这样才能建立起稳定合理的连轧状态。

3）粗、中轧机之间微张力控制原则及判断调节。为了补偿由于钢温波动、轧槽磨损、来料尺寸波动等因素造成的连轧不平衡状态，粗、中轧机必须采用微张力（小张力）控制操作，其张力控制应遵循如下原则：

①保证轧制的顺利进行，不能造成轧件堆钢或拉断现象。

②应使轧件头、中、尾尺寸偏差尽可能小，一般粗轧机组和中轧机组出口轧件头、中、尾宽度尺寸波动应分别控制在总宽度的 2.0% 和 1.6% 以内。这就要求主控台操作工要多与地面操作工结合，了解轧件尺寸波动变化情况。

③考虑到椭孔及圆孔具有不同的咬入变形特点和孔槽磨损差异，一般来说椭孔磨损大于圆孔，圆孔由于侧壁斜度小，对轧件的宽展限制要比椭孔强，所以轧件在椭进圆时容易产生堆钢。另外轧件在微堆状态下，椭圆轧件只沿高度方向上抖动，易弯曲。而圆轧件可在所有方向上抖动，从而不易堆钢。由以上可见，一般椭—圆机架间的张力要比圆—椭机架间的张力稍大一些。

粗、中轧机架间的张力判断除了前述的地面调整工采用打击法判断机架间张力等方法外，主控台操作工可以直接在主控台上通过轧机负荷电流的变化来判断，并进行及时的在线调节，使机架保持微张力轧制过程。其方法为：当轧件头部咬入第一架轧机后，其轧机负荷电流值为 a，当轧件头部咬入第二架轧机后，若电流值保持不变，则机架间无张力；若电流值发生变化，小于（或大于）a 值时，则表明机架间存在拉钢（或堆钢）现象，此时操作工应及时将第一架轧机的电机转数升高（或降低）一定数值来消除过大的拉钢（或堆钢）张力状态。

需指出的是过大的张力初始速度设定（一般速度失配3%以上），自动微张力控制系统将无法在短时间内将张力全部消除，尤其是在中轧机组，必须先选择手动调速方式，采用上述的张力判断及调节方法将轧机初始速度设定尽量调节到小张力状态。

4）中、精轧机活套区机架间速度及活套调节。活套区内机架间速度的调节应与粗、中无活套区内微张力调节配合进行。往往粗、中轧机微张力的调节使轧件尺寸产生变化后也影响到活套区内速度调节。活套区机架间速度及活套高度的调节原则及方法为：

①在粗、中轧区微张力速度调节基本正常的情况下，活套区内机架的轧件头、中、尾的速度变化应越小越好，操作工可根据活套及机架速度为相对稳定状态的连轧关系来对机架速度进行修正。

②机架初始速度设定应考虑有一定的拉钢值，这是因为在自由活套自动调节过程中，活套高度由小向大调整，活套容易控制。当机架间速度初始设定为堆钢轧制时，活套初始高度过高，这将使活套调节不稳定，甚至超出活套扫描器的高度范围而在活套器内堆钢。一般在活套内机架间的速度较高，速度不当易产生堆钢。通常初始速度的设定可以由较大的拉钢值（1%~3%）逐渐向小调整。当然这种调节过程时间越短越好（通常在过1~3根钢坯后调节为好），以免造成轧件头部尺寸过小。

③活套高度的设定应根据轧件断面大小及断面形状来进行。断面较大的轧件活套高度设定应小些，因为轧件刚度较大，不易弯曲；断面较小的轧件活套高度设定可略大些，对于椭圆轧件起套比圆轧件相对稳定，可略大些。另外活套起套辊的机械起套高度设定应与主控台活套高度设定相结合，起套辊过高将导致轧件拉钢或刮丝，过低将导致活套内堆钢。

表3-4是某厂主控台典型的活套高度控制设定值。

表3-4 某厂主控台活套高度控制设定值

机架号	11	12	13	14	15	16	17	18
活套号	1	2	3	4	5	6	7	
活套高度值/mm	170	170	200	170	200	180	200	

（2）辊缝（轧件尺寸）调整与电机转速、张力调整的关系。辊缝调整和转速调整都可以使连轧张力发生变化，可以说是张力控制调整的两个方面，规范的调整改变了轧件面积，直接改变了相邻机架间的金属秒流量关系。同样，轧机转速调整也是如此。所以没有正确的辊缝设定（调整）及相应的行之有效的转速调整，就不可能建立起良好的连轧张力关系。

前面讲过，轧机转速的调整应当建立在辊缝（轧件尺寸）正确的基础上，但对于设定好的辊缝值往往由于轧槽磨损、钢种变化、钢温变化及初始设定的误差，地面调整工还要在轧制过程中对辊缝进行在线"补偿调整"，以保证轧件高度尺寸。"补偿调整"辊缝带来了新的轧件高度尺寸的变化，从而导致了金属秒体积流量出现了新的不平衡，为此要对相应机架大电机转速进行调整。

当n架的辊缝值需要减小（或增加）ΔS时，即轧件高度减小（或增加）Δh_n时，轧件面积缩小（或增加）ΔA_n，这样使$n-1$架与n架之间产生堆钢（或拉钢），使n架与$n+1$架之间产生堆钢（或拉钢）。所以轧机电机转速的调整应使$n-1$架降速（或升速）

Δn_{n+1}，使 n 架升速（或降速）Δn_n，从而建立起新的金属秒体积流量平衡关系。

辊缝调节 ΔS 即轧件高度变化 Δh，轧件面积的改变 ΔA_n 可用下式表示：

$$\Delta A_n = \Delta A_h + \Delta A_b$$

式中　ΔA_n ——第 n 架次辊缝变化时轧件面积的变化值；

ΔA_h ——第 n 架次辊缝变化时由于轧件高度变化而产生的轧件面积变化；

ΔA_b ——第 n 架次辊缝变化时由于轧件宽度变化而产生的轧件面积变化。

当辊缝值增加时，ΔA_h 为正值，ΔA_b 为负值，轧件面积增加；反之，当辊缝值减小时，ΔA_b 为正值，ΔA_h 为负值，轧件面积减小。

由于轧件的宽展系数大多都小于 1.0（通常在 0.25 ~ 0.60 之间），所以宽度的变化量 Δb 较小，同时高度方向尺寸又处在辊缝边缘部位，与轧件宽度比也很小，所以 ΔA_b 只是一个很小的变化量。同时，很难用一个简单的公式来表达出 ΔA_b。因此考虑到现场实用性，在不影响调整精度的前提下将 ΔA_b 忽略，即认为：

$$\Delta A_n \approx \Delta A_h$$

ΔA_h 的大小应等于轧件高度变化 Δh 与轧件宽度 b 的乘积，即

$$\Delta A_n = \Delta h \times b$$

式中　Δh——辊缝变化量，即轧件高度变化；

b——轧件宽度尺寸。

用等效矩形法可以将轧件面积写成：

$$A = b \times \bar{h}$$

或

$$\bar{h} = A/b$$

所以由调节辊缝导致轧件面积变化所占轧件总面积的百分比应为：$\phi_A = \Delta h/\bar{h} \times 100\%$。

可以认为在轧制过程中轧件面积及宽度基本接近孔型设计时的参数，式中 A、b 为一定值。这样各品种各架次的 $\bar{h}$ 值为一定值，因此可根据金属秒体积流量相等的关系，可以很快地根据调整变化值计算出 $n-1$ 架降速（升速）及 n 架升速（降速）的百分比。

例：第九架的轧件 $\bar{h}$ = 28mm，辊缝缩小 0.8mm，缩小辊缝之前正常的速度关系为：第八架 910r/min、第九架 950r/min，则第八、九架电机转速调整为：

第八架级联降速：　$910 \times \dfrac{0.8}{28} = 26\text{r/min}$

第九架级联升速：　$950 \times \dfrac{0.8}{28} = 27\text{r/min}$

在实际进行轧机电机转速调整时应注意以下问题：

1）在级联升速过程中，考虑到计算误差及其他方面的影响，可将升高转速调下一定数值或是逐渐升高，以防止堆钢。

2）在调整辊缝后，地面调整工应及时将调整的机架及大小调整量通知主控台操作工，在过大钢之前，主控台操作工应将轧机转数重新设定好，并在轧大钢时结合电流记忆法进行在线逐步调整，防止产生过大的堆拉钢。

3）上述计算过程对于开发新品种更有实际意义，对于具有一定实践经验的主控台操作工，可根据平时的经验，直接估算出在多大辊缝调量的情况下相应的轧机转数修正多

少，以减少在线计算时间对轧机作业率的影响。

4）在微拉钢轧制状态下，过小的辊缝调整可以不对电机转数进行调整，通常在粗轧机辊缝调整小于0.4mm、中轧机辊缝调整小于0.3mm、精轧机辊缝调整小于0.2mm时，可不相应做电机转数调整，这样也不会破坏轧制的正常进行。

（3）换辊换槽后轧制速度的调整及试轧。换辊换槽后。主控台操作工除按前述要求对轧机速度进行初始设定外，为了减少堆钢及形成稳定的连轧关系可采用如下的方法进行轧制速度在线调整：

1）用电流记忆法，在每根钢坯头部，对粗、中轧机间的轧制速度进行在线手动跟踪调整。

2）为了使操作用足够的时间来观察电机负荷的变化，对前几根钢，可将整个轧线速度降低一些，如按设定速度的70%~80%来轧制。正常后，逐步升速，并达到设定速度轧制。

3）中、精轧机活套区的速度要采用逐渐累积的调整方法，以防止轧件飞出而堆钢。调整数值大小可参考自由活套轧制在稳定状态时的连轧关系及通过观察活套初始起套高度来决定其调整量。

（4）钢坯温度变化与调整操作。在轧制过程中，由于某些原因可能使加热炉的出钢温度有些变化，从而各道次轧制温度也发生变化。钢坯温度降低可使各道次的轧件宽展变大。同时轧制力的增加，使轧机弹跳值也有所增加，从而使轧件高度也有少量增加。这样使轧件面积增加，因此机架间产生堆钢轧制。这就要求操作工消除机架间堆钢轧制状态，适当降低上游机架的电机转数。粗、中轧机可通过电流记忆法来进行调节，中、精轧机活套区可根据活套初始起套高度进行调节。

这里需要指出的是：对于生产中钢温度的变化波动，主控台操作工要根据轧机负荷情况及时与加热炉烧火工进行沟通协调，尽量防止钢温大起大落。过低的或过高的钢坯温度可能导致堆钢事故及出现废品。

（5）钢坯断面变化与调节操作。钢坯断面的正、负公差波动可能使轧件宽度及机架间张力受到影响，对于波动范围较小的可以做调整，但对波动范围较大的（一般发生在不同炉批之间）应采取相应的调整措施。一般来讲通过调整第一、第二架的转速即可得到补偿。尺寸波动情况可通过与装钢工联系或是观察主控台轧机负载变化情况来获得，并通过电流记忆法来实现调整。

（6）热倍尺长度的调整。热倍尺在上冷床时分钢过程是否准确，是保证精整区能否实现顺利生产的首要条件。通常情况下由于制动裙板的动作设定后已为定值，所以对于轧制速度较高、长度较短的最后一根倍尺，制动过程中尾端停留位将远离冷床端部，从而不能实现正常齐头。这样在生产中要限制最末一根倍尺的最小长度。一般轧制速度在18m/s左右时，要求最末根倍尺的最小长度应大于45m/s。但热倍尺根数及末根长度往往随着钢坯断面、长度变化及成品规格变化、尺寸波动而变化，这样在生产过程中，根据情况可通过调整热倍尺长度来保证末根热倍尺最短长度。

（7）热倍尺轧件上冷床分钢及制动距离的调整。热倍尺在分钢过程中头部“串槽”或是“挂尾”都将导致热倍尺上冷床时乱钢，操作上应注意分钢动作是否合理正常，若存在上述问题应及时调节。“串槽”可通过减少轧件制动延时时间或距离来调整；反之，

“挂尾”可通过增大轧件制动延时时间或距离来调整。

分钢过程中、前、后两根热倍尺钢保证有拉开距离也很重要，这样要求操作工根据轧制速度、产品规格，适当调整裙板辊道速度，调整过程中应注意对端部制动距离的影响。

生产中的停车或轧制节奏的快慢使冷床入口裙板温度发生变化，进而也影响轧件与裙板之间的摩擦系数，导致轧件在制动过程中距冷床的端部距离发生改变，在 18m/s 轧制时，可产生 1.5m 左右的变化，这样操作工可通过修改轧件制动延时时间或距离来实现轧件制动距离的一致。在进行制动延时时间或距离调节时，应注意不能发生上述的“串槽”或“挂尾”现象。当端部制动距离调整与“串槽”或“挂尾”调整相矛盾时，应考虑更换制动裙板接手位置。增加制动裙板长度，反之应减少制动裙板的长度。

【任务实施】

某钢筋生产厂虚拟仿真系统。

3.2.6　生产厂简介

产品名称及执行标准见表 3-5，连铸坯断面尺寸及允许偏差见表 3-6。

表 3-5　产品名称及执行标准

序号	名称		规格	执行标准
1	圆钢	碳素结构钢	ϕ14 ~ 32	GB/T 700—2006
		高强度圆环链用热轧圆钢		Q/LYS 176—2002
		JG500W 高强度热轧圆钢		Q/LYS 180—2002
		热轧钢棒尺寸、外形、重量及允许偏差		GB/T 702—2008
		钢筋混凝土用钢第 1 部分：热轧光圆钢筋	ϕ14 ~ 20	GB 1499.1—2008
2	钢筋混凝土用钢第 2 部分：热轧带肋钢筋		ϕ12 ~ 32	GB 1499.2—2007

表 3-6　连铸坯断面尺寸及允许偏差　(mm)

坯料来源	规格	边长允许偏差	对角线长度差	定尺长度偏差	执行标准
内供	150 × 150	±5.0	<7	+80	YB/T 2011—2004
外购	150 × 150	±3.0	≤6		JGY006—2002

轧机系统由 18 架连轧轧机组成，其中粗连轧机组由 6 架闭口高刚度平—立交替布置的轧机组成，7 ~ 12 号为中轧机组，13 ~ 18 号为精轧机组，连轧机组全部采用可调速的单驱动直流电机。

ϕ12、ϕ14、ϕ16 钢筋孔型系统为箱—方—箱—方—椭圆—圆—椭圆—圆—椭圆—圆(方)—椭圆—圆—菱—变形菱—双立椭圆—双圆—椭圆—圆，ϕ18、ϕ20 钢筋孔型系统为箱—方—箱—方—椭圆—圆—椭圆—圆—椭圆—圆(方)—菱形—变形菱—双立椭圆—双圆—椭圆—圆，ϕ22、ϕ25 钢筋孔型系统为箱—方—箱—方—椭圆—圆—椭圆—圆—椭圆—圆（方）—椭圆—圆—椭圆—圆—椭圆—圆，ϕ28、ϕ32 钢筋孔型系统为箱—方—箱—方—椭圆—圆—椭圆—圆—椭圆—圆（方）—椭圆—圆—椭圆—圆。

钢筋生产流程：将坯料吊至受料台架上，由辊道送至加热炉炉门口，由悬臂辊输送到步进式加热炉内加热，加热至规定温度由悬臂辊送出，进6架粗轧轧机、6架中轧轧机和6架精轧轧机轧制成品，经倍尺飞剪分段，送至120m×12.5m冷床空冷，经过450t冷剪切头、切尾、切定尺，送入收集台架检验，经质检人员检查后，计数，进入自动打包线，齐头、包装后，称重，入库。

3.2.7 虚拟仿真系统操作

3.2.7.1 查询加热炉报表界面

（1）选择日期，在左侧的是起始日期，在右侧的是终止日期。

（2）选择学号、计划号信息。

（3）点击查询按钮，查询的结果将会显示在查询结果中。

（4）点击“显示”按钮，可以将选中的记录对应的信息填充到excel表格。

（5）点击“退出”按钮，返回主界面。

注意：在显示信息的excel报表中想查看每一块钢坯的温度曲线情况时，需要点击“钢坯温度曲线”上方的钢坯号，点击后右边出现一个小三角，然后点击小三角，拖动里面的上下滚动条，选择想要查看的钢坯号。

3.2.7.2 查询轧制报表

（1）选择学号、类型。

（2）选择日期，在左侧的是起始日期，在右侧的是终止日期。

（3）点击查询按钮，查询的结果将会显示在计划信息列表中。

（4）点击“导出汇总表”按钮，导出当前列表中所有数据的汇总，选中列表中某一条信息，点击“导出详细表”按钮，导出当前信息的详细信息。

（5）点击“退出”按钮，返回主界面。

3.2.7.3 加热炉操作流程

首先打开虚拟界面，然后登录控制界面系统。输入学号和密码，身份验证通过后，进入小型材加热炉主画面，点击钢坯运行，进入钢坯运行界面。

在钢坯运行界面，点击“上料台架”，进入坯料验收对话框，选择计划号选中相应的计划。点击“生产计划单查询”，可以查看已经选择加入的计划。程序刚开启时，进度条呈红色显示，表示钢坯温度场模型启动中，启动模型需要三分钟，三分钟后进度条变为绿色，代表钢坯温度场模型已启动。只有在钢坯温度场模型启动后才允许装钢。

点击“上料”按钮，虚拟界面会有相应的上料动作，将钢坯送到炉外辊道上。经过入炉辊道将钢坯运到入料炉门前。点击“装钢”按钮，虚拟界面中的装料挡板下降，炉门打开，钢坯进入炉内，然后炉门关闭，装料挡板上升。步进梁切换到全自动状态，点击正循环，进入正循环自动操作。当装钢位显示条会由红色变为绿色，表示当前可以进行装钢。钢坯装入炉内后，钢坯温度场模型会对钢坯的温度进行计算，并会有相应的计算结果，详细说明参考“钢坯温度场模型功能”说明。设定炉内各个段的温度。装钢完成后，界面右下角显示可以出钢状态，即原来的红色矩形框变为绿色。当“钢坯运行”界面显示的装钢时间和装钢间隔数值相等时，进行下一钢坯的装入。

可以按照上述操作流程进行下一块钢坯的装炉操作。当钢坯通过步进梁的正循环移动到出料侧炉门前一段距离时，出料位显示条由红色变为绿色，表示可以进行出钢操作。点击“出钢”，虚拟界面中出炉处出料口挡板下降，炉门打开，钢坯出炉，然后炉门关闭，出料口挡板上升。操作完成后，可以通过管理界面程序进行操作报表的查询。

3.2.7.4　轧制操作流程

（1）在“轧制生产仿真系统主界面”上把模式“检修”状态切换到“生产”状态。

（2）在系统主界面切换按钮上点击“工艺概况”按钮。

（3）在工艺概况界面上点击“计划选择”按钮，在弹出的计划选择对话框中选择用户要选择的计划号，然后点击“确定”按钮。点击【计划查询】会弹出刚刚选择的计划。

（4）点击“操作台”按钮，弹出台界面，然后分别将 1～18 号架轧机状态由“就地”状态切换到“集中”状态，再分别将粗轧区、中轧区、精轧区的轧机启动。

（5）在系统主界面切换按钮上点击“轧机监控”按钮。

（6）在轧机监控界面上点击【监控曲线】弹出曲线监控界面，点击 1～18 号架轧机，分别查看轧机的设定转速、电流、实际转速参数体现的曲线图。

（7）在轧机监控界面上点击【轧机孔型调整系统】进入轧机孔型系统。默认选择第一架轧机。点击平辊调整中向下箭头，则被选中的轧机的高度变小；如果点击向上箭头，则被选中的轧机高度变大；点击立辊调整中向下箭头，则被选中的轧机的宽度变小；如果点击向上箭头，则被选中的轧机宽度变大。“改变步长”可以修改平辊、立辊中变大或变小的数值，点击“1.0”弹出“轧机孔型”可以输入数据。

（8）在系统主界面切换按钮上点击“张力活套”按钮。

（9）在张力活套界面上点击“动态速降补偿”按钮，弹出动态速降补偿界面，在 1～18 架轧机上输入补偿设定值，动态速降补偿设定值在 0～3% 之间。如果设定的值超过 3，则会出现以下提示：“请输入合理的动态速降补偿值”。

（10）在张力活套界面上点击“活套参数”按钮，进入活套高度设定界面。活套修正量的范围是 0～10%，超出该范围，会出现以下提示：“请输入合理的活套修正量”。起套延时系数的范围是 200～500，超出该范围，会出现以下提示：“请输入合理的起套延时系数”。

（11）在张力活套界面上点击“微张力控制”按钮，弹出张力控制选择界面，在界面中输入张力设定值。

（12）在系统主界面切换按钮上点击“轧制参数”按钮，弹出轧制参数界面。

（13）在轧制参数的界面上点击“打开”按钮，弹出打开对话框，选择要轧制的直径参数文件，然后点击“打开”按钮，所选择的参数将显示在该界面对应的界面中。

（14）点击轧制参数界面上的“计算”按钮，最后一排的转速将会被计算出来。

（15）点击轧制参数界面上的“下载”按钮，出现提示：“是否将数据下载到 PLC?”，点击“确定”，数据将下载到 PLC 中。如果工作辊径和延伸率分别设置为 0 和 1，则表示该机架离线，在轧机监控界面上该机架显示离线。

（16）在系统主界面切换按钮上点击“工艺概况”按钮。

(17) 点击工艺概况界面上的“开始轧制”按钮，此时系统将会开始轧制。虚拟界面将会显示小型材的整个轧制的过程。

3.2.7.5 冷床步进梁操作流程

(1) 选择卸钢状态为“自动”，然后选择步进梁速度，高/中/低速。

(2) 选择动齿工作为1号，选择步进梁控制方式“手动/自动”。

(3) 点击液压泵，液压泵启动红灯亮，如果棒材满了点击“步进梁清空启动”按钮，步进梁清空启动绿灯亮。

(4) 开启运输小车方式为自动，最后选择布料链的启动方式为自动模式。如果想以手动方式开启，需要将开关置为手动然后，点击相应的单动、点动按钮进行控制。

3.2.7.6 冷床升降裙板操作规程

“取消”指的是将原有的“卸钢高速、中速、低速”取消，其速度设定可由工艺键盘完成。

“手/自动”指的是卸钢操作是人工进行（手动）还是控制系统按照程序自动进行。操作台的操作只有在“手动”情况下才能进行，“自动”情况下无效。转换开关由自动到手动，此部分即由自动控制部分切除。操作台上其他部分“手/自动”的说明同此。

“点动”指的是操作人员每点按一下按钮，裙板即执行“高—低—中”和“中—高”两步中的一步且依次和循环执行。

“单动”指的是操作人员每点按一下按钮，裙板即执行一个“高—低—中”和“中—高”两步动作的周期。

3.2.7.7 冷床动齿梁操作规程

“高速、中速、低速”，动齿速度切换。“1号/1、2号/2号动齿”指的是对“1号动齿工作”、“1、2号动齿同时工作”和“2号动齿工作”三种工作方式的选择。“点动”和“单动”。

“单动”指的是操作人员每点按一下按钮，动齿即完成“抬起—放下”一个周期。

“清空启动”指的是在生产即将完成或是冷床之前流程出现故障的情况下，为了将冷床之后的流程继续正常运行，操作人员点动“清空启动”按钮，冷床则继续倒出剩余钢材，直到系统接到“清空停止”命令。

“清空停止”指的是在冷床上的钢材已经清空时，操作人员点下此钮，动齿即停止动作。

3.2.7.8 冷床步进链操作规程

“向后点动”指的是操作人员按住此钮，步进链即按照“点动速度”倒转。

“向前点动”指的是操作人员按住此钮，步进链即按照“点动速度”继续向前。

3.2.7.9 冷床升降运输小车操作规程

“向上点动”指的是操作人员按住此钮，小车即按照“向上点动速度”动作。

“向前点动”指的是操作人员按住此钮，小车即按照“向前点动速度”动作。

“向下点动”指的是操作人员按住此钮，小车即按照“向下点动速度”动作。

“向后点动”指的是操作人员按住此钮，小车即按照“向后点动速度”动作。

“单动”指的是操作人员点按一下此钮，小车即按照“托料位—上托—前行—停止位—放料—后退—托料位”的步骤动作一个周期。

3.2.7.10　冷剪操作流程

机械控制钢筋定位，然后进行剪切。冷剪切头、切尾、切定尺监控操作。

（1）当一堆轧件运到辊道上时，在辊道作用下向前运动，可以通过操作台控制辊道实现轧件向前或者向后移动。

（2）当轧件运动到定尺剪切机时，停止辊道，控制剪刀下落，剪掉轧件的头部，剪刀回到初始位置，轧件头部掉落下落。

（3）控制挡板升起，控制辊道，使轧件向前运动，当轧件遇到挡板时就停下来，控制剪刀下落剪定尺，剪刀回去，挡板下降，剪下来的轧件继续向前运动，剩下的轧件也向前运动，当剪下来的轧件位置超过挡板时，挡板又上升挡住剩下的轧件就这样不断地切定尺轧件。

（4）辊道上轧件不足定尺时，控制轧件的运动，剪掉轧件的尾部，轧件的尾部落下，轧件继续向前运动。首先将输入辊道按钮置为前进状态，前进绿灯亮，然后依次开剪切辊道为前进状态。然后调节到适当位置，单击“剪切”按钮，选择挡板下降。最后选择输出辊道前进，前进绿灯亮。以上操作如果微调的话可以选择停止或者后退使棒材调节到最佳的位置，然后进行剪切和运送。

任务 3.3　钢筋质量缺陷及处理

【任务描述】

产品质量是生产企业的生命，工厂要有发现缺陷、控制缺陷的体系和机制。在熟悉设备操作的基础上，掌握钢筋常见缺陷的特征、检查方法、形成原因及控制措施；能写出有关缺陷、事故问题解决的小论文。

【任务分析】

从人员、机器、原料、方法、环境各个方面分析缺陷产生原因，抓住主要原因，提出解决措施。

【相关知识】

GB1499 标准的检验规则中将螺纹钢的检验分为特性值检验和交货检验。特性值检验适用于：（1）第三方检验；（2）供方对产品质量控制的检验；（3）需方提出要求，经供需双方协议一致的检验。交货检验适用于钢筋验收批的检验。对于组批规则、不同检验项目的测量方法及位置、取样数目、取样方法及部位、试样检验试验方法等，标准中都做了详细的规定。此外，对复验与判定，标准做出了“钢筋的复验与判定应符合 GB/T17505

的规定”的要求。

3.3.1　常规检验

在螺纹钢生产线上，为及时发现废品，减少质量损失，通常把质量的常规检验设置在成品包装前的输送台架上。因此，大多数厂家把包装前输送台架称为检验台架，质检人员在此完成螺纹钢的外形尺寸及表面质量的检验和其他检验项目的取样工作。

3.3.1.1　外形尺寸

钢筋的外形尺寸要求逐支测量，主要测量钢筋的内径、纵横肋高度、横肋间距及横肋末端最大间隙、定尺长度及弯曲度等。测量工具为游标卡尺、直尺、钢卷尺等。

《钢筋混凝土用钢第2部分：热轧带肋钢筋》（GB1499.2—2007）中第8.3条关于尺寸测量具体规定有：

（1）带肋钢筋内径的测量精确到0.1mm。在测量时，一定要用卡尺卡紧钢筋内径两侧（能代表钢筋直径的两个测点）。卡尺与两侧形成的面应与横截面平行或与钢筋纵肋垂直，绝不能歪斜，稍有倾斜对精度0.1mm的标准要求来说，测量所得数值误差会相应增大。

（2）带肋钢筋肋高的测量可采用同一截面两侧肋高平均值的方法，即测取钢筋的最大外径，减去该处内径，所得数值的一半为该处的肋高，应精确到0.1mm。在测量时一定要测取钢筋内径加两侧肋（最宽处）为最大外径，不应歪斜形成椭圆度增大数值。

（3）带肋钢筋横肋间距可采用测量平均肋距的方法进行测量。即测取钢筋一面上第1个与第11个横肋的中心距离，该数值除以10即为横肋间距，应精确到0.1mm。

标准在更新，但热轧带肋钢筋尺寸测量规定没有改变。测量时还要注意：应在钢筋长度的两端及中间予以测量。横截面直径应在每处两个相互垂直的方向上各测一次，取其算术平均值，选用3处横截面中的最小值。

长度测量一般采用抽检的方法，按一定的时间间隔进行测量，其长度偏差按定尺交货时的长度允许偏差为±25mm，当要求最小长度时，其偏差为+50mm，当要求最大长度时，其偏差为-50mm。

弯曲度也采用定时抽检的方法进行测量，一般用拉线的方法测量中弯曲度，弯曲度应不影响正常使用，总弯曲度不大于钢筋总长度的0.4%。当发现有明显弯曲现象时应逐支测量。

3.3.1.2　表面质量

钢筋的表面质量应逐支检查。通常采用目视、放大镜低倍观察和工具测量相结合的方法来进行。其要求是钢筋端部应剪切正直，局部变形应不影响使用。钢筋表面不得有影响使用性能的缺陷，表面凸块不得超过横肋的高度。

3.3.1.3　取样

GB1499要求每批次钢筋应做两个拉伸、两个弯曲和一个反弯试验以检验钢筋的力学性能和工艺性能。这些检验的样品通常也在检验台架上采集，在台架上任选两支钢筋，在其上各取一个拉伸和一个弯曲试样，再在任一支钢筋上取一反弯试样，同一批次不同检验项目的试样分别捆扎牢固，贴上注明批次、生产序号的标签送试验室进行检验。

若需对钢筋的化学成分进行检验时，可在上述试样做完力学性能检验后，任选其一送去进行化学成分检验。

3.3.2　质量异议处理

由于螺纹钢筋在用户使用前都要由工程监理进行最后的质量检验，所以其质量异议也都产生在最终使用之前。螺纹钢筋的质量异议一般可分为四类：

（1）不影响使用性能的质量异议。这类异议大多是由于对钢筋生产标准、钢筋使用性能及使用方法的认识差异所造成，可通过和用户的直接沟通，帮助用户解决使用中的问题，这类异议一般不会造成经济损失。

（2）不影响使用性能，但可造成用户使用成本增加的质量异议。如钢筋在生产、储存、运输过程中产生的弯曲、锈蚀、油污等，可通过让步的方法来处理，对用户给予一定的经济补偿或替用户进行使用前的预处理，降低用户的使用成本，达到使用户满意的目的，这类异议会造成不同程度的经济损失。

（3）严重影响钢筋使用性能的质量异议。由于在生产过程中对质量控制、检验的缺失使不合格品流入到用户手中而产生的质量异议，可通过退货、换货的方法来处理，如果延误了用户的工期，还要对用户进行误工补偿。这类异议一旦发生，可能会造成生产者的重大经济损失。

（4）检验方法、检验设备造成的质量异议。由于螺纹钢筋的生产者和使用者在对钢筋质量进行检验时所使用的方法、设备不可能完全一致，不可避免地会造成检验结果的差异，双方应及时沟通，找出差异产生的原因，若不能达成共识，可提请双方一致认可的质量检测机构重新进行检测。

【任务实施】

在螺纹钢筋的整个生产过程中，由于生产设备、生产环境、工艺参数处于不断地变化之中，从冶炼、连铸到轧制各工序都会产生一些质量缺陷，这些缺陷会不同程度的对最终的螺纹钢筋产品质量产生影响，本节重点对影响最终产品质量的主要铸坯和轧钢缺陷进行分类和分析，以期在螺纹钢的生产中，尽量减少产品缺陷，降低生产过程中的质量损失。

3.3.3　铸坯缺陷

3.3.3.1　偏析

偏析是连铸坯的一个重要的质量问题，连铸坯断面越小偏析越严重。其产生的原因是由于结晶器内钢液凝固时间不一致，柱状晶生长不均衡，使得碳等合金元素及硫、磷等富集于凝固最晚的部分，形成化学成分的偏析。这种偏析通常会伴生着疏松甚至出现缩孔。连铸坯的偏析降低了金属的强度和塑性，严重地影响着钢筋的力学和工艺性能。扩大连铸坯断面尺寸，严格控制钢水过热度，降低磷、硫、锰的含量及采用电磁搅拌可有效地减少偏析缺陷。

3.3.3.2 中心疏松

在连铸坯结晶过程中，由于各枝晶间互相穿插和互相封锁作用，富集着低熔点组元的液体被孤立于各枝晶之间。这部分液体在冷凝后，由于没有其他液体的补充，会在枝晶间形成许多分散的小缩孔，从而形成连铸坏的中心疏松。如果疏松严重，会影响成品钢筋的力学性能。

3.3.3.3 缩孔

连铸时金属由四周向心部凝固，心部液体凝固最晚，会在心部形成封闭的缩孔。如果仅四周及底部的金属先凝固，则在铸坯的上部形成开口的缩孔。封闭的缩孔在轧制时如不与空气接触可以焊合，较大的缩孔在轧制时可能造成轧卡事故。开口缩孔往往会造成劈头、堆钢事故。

3.3.3.4 裂纹

连铸坯的裂纹可分为角部裂纹、边部裂纹、中间裂纹和中心裂纹。角部裂纹在铸坯的角部，距表面有一定的深度，并与表面垂直，严重时沿对角线向铸坯内扩展。角部裂纹是由于铸坯角部的侧面凹陷及严重脱方，使局部金属间产生的拉应力大于晶间结合力所造成的。边部裂纹分布在铸坯四周的等轴晶和柱状晶交界处，沿柱状晶向内部扩展，是由鼓肚的铸坯通过导辊矫直时变形引起的。中间裂纹在柱状晶区域产生并沿柱状晶扩展，一般垂直于铸坯的两个侧面，严重时铸坯中心的四周也同时存在，是由铸坯被强制冷却时，产生的热应力造成的。中心裂纹在靠近中心部位的柱状晶区域产生并垂直于铸坯表面，严重时可穿过中心。是由于铸速过高，铸坯在液芯状态下通过导辊矫直，所承受的压力过大所致。凡是不暴露的内部裂纹，只要在轧制时不与空气直接接触可以焊合，不影响产品质量，但焊合不了的裂纹影响钢筋的力学性能。

3.3.4 钢筋缺陷

3.3.4.1 裂纹

裂纹是指线棒材表面沿轧制方向有平直或弯曲、折曲，或以一定角度向钢材内部渗透的缺陷。一般纵向裂纹（图3-31）在钢材表面呈连续或断续分布；而横向裂纹呈不连续分布。裂纹长度和深度不同，在钢材的长度方向上都能发现。有的裂纹内有夹杂物，两侧也有脱碳现象。由轧后控冷不当形成的裂纹无脱碳现象伴生，裂缝中一般无氧化亚铁，多呈横裂或龟裂。

有裂纹的钢材极易断裂，造成报废。

产生原因：（1）钢坯上未消除的裂纹（无论纵向或横向）、皮下气泡及非金属夹杂物都会在轧制成线棒材后造成裂纹缺陷。钢坯上的针孔如不清除，经轧制被延伸、氧化、熔接就会造成成品的线状发纹。（2）轧制过程中形成裂纹的原因主要有：1）轧槽不合适，主要是尖角和轧槽尺寸有问题。2）轧槽表面太粗糙或损坏。3）粗轧前几道导卫划伤。4）粗大的氧化铁皮轧进轧件表面及内部，而且这通常在粗轧前几道产生。5）导卫使用不

图 3-31　连续的纵向裂纹

当，主要是尺寸太大。6）轧后冷却速度过快，也可能造成成品裂纹，还可能出现横向裂纹。

预防方法：（1）由铸坯造成的表面裂纹，通过优化炼钢和连铸工艺参数加以改善；同时，应加强钢坯验收和装炉前的质量检查。（2）轧钢产生的裂纹，应从以下几方面进行检查，排除故障：1）高压水除鳞是否正常工作，是否某架轧机轧辊的冷却水路被堵塞或偏离轧槽。2）导卫是否偏离轧制线，有否氧化铁皮堵塞在某个导卫中。3）轧槽是否过度磨损或因处理堆钢事故时损伤了轧槽。4）精轧机是否有错辊，导卫是否对中，尺寸是否对应于所轧的规格。5）钢坯加热温度尽量均匀，并控制好开轧和终轧温度。6）根据钢的化学成分合理的调整控冷工艺。

检查判断：用肉眼检查，可通过镦粗、扭转或金相判断；有裂纹缺陷的部位必须切除或判废。

3.3.4.2　表面折叠

线棒材表面沿轧制方向呈平直或弯曲的细线（图 3-32），以任意角度渗入线棒材的表面内，在横断面上与表面呈小角度交角状的缺陷多为折叠。通常折叠较长，但也有间断的、不连续的，并在线棒材的长度方向上都有分布。折叠的两侧伴有脱碳层或部分脱碳层，折叠中间常存在氧化铁夹杂。坯料中如存在缩孔、偏析、夹杂等缺陷，或者坯料修整不好都有可能产生此类折叠缺陷。

图 3-32　折叠

带有折叠的钢材在深加工时，极易起毛刺或断裂。

折叠产生原因：（1）孔型中过充满和欠充满是折叠产生的主要原因。（2）机架间张力太大与孔型欠充满是同样的道理。（3）导卫对中不好可出现单侧过充满从而造成折叠。（4）轧机调整不当，轧件尺寸不对或导卫磨损严重也可能产生间断折叠。（5）坯料加热温度不均匀，轧制温度的波动较大或不均匀较严重。（6）前道次的耳子及其他纵向凸起物折倒轧入本体所造成，再轧制后形成折叠。（7）导卫板安装不当，有棱角或粘有铁皮使轧件产生划痕，再轧制后形成折叠。（8）材料缺陷如长形缩孔、偏析、外部夹杂等，这些缺陷阻碍材料正常形变行为时，形成折叠。

预防方法：(1) 检查轧辊冷却，粗轧机中氧化铁皮堆积过多也可能是产生间断折叠的原因。(2) 是否有某个导卫偏离了轧制中心线引起过充满。(3) 检查滑动导卫中是否有异物堆积，滚动导卫中导辊是否正常。(4) 通过轧机的轧件尺寸是否正确，是否过充满或欠充满。(5) 检查张力情况。检查坯料出炉温度，沿坯料长度上温度不均也可导致间断性过充满。

检查判断：用肉眼检查，或通过镦粗、扭转或金相检查；按相关标准进行判定。

3.3.4.3　耳子

线棒材表面沿轧制方向的条状凸起称为耳子（图3-33），有单边耳子也有双边耳子。高速线材轧机生产中由于张力原因，产品头尾两端很容易出现耳子。

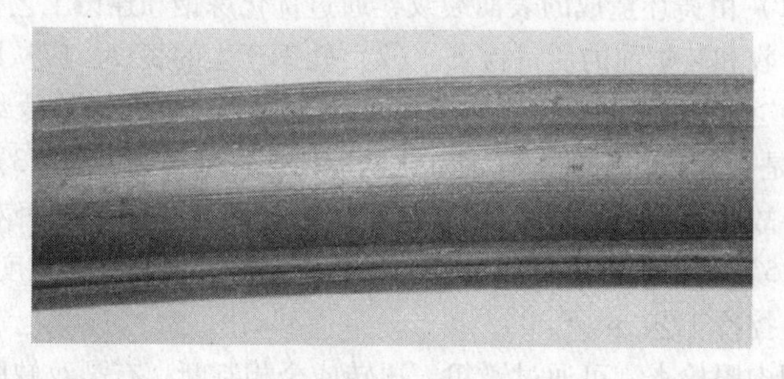

图3-33　耳子

带有耳子的钢材机械性能不均匀，当用于深加工时，产生不均匀变形，降低拉拔性能，且对模子产生不均匀磨损。

产生原因：(1) 轧槽与导卫板安装不正、对中不好或调整不当。(2) 轧制温度的波动较大或不均匀，影响轧件的宽展，低温段则出现耳子。(3) 坯料的缺陷，如缩孔、偏析、分层及外来夹杂物，影响轧件的正常变形。(4) 来料尺寸过大或辊缝调节不当。(5) 张力过大，导致线材头尾出现耳子。(6) 轧件抖动会产生断续耳子，一段在线材的一侧，另一段在线材的另一侧。

预防及消除方法：(1) 正确安装和调整入口导卫。(2) 提高钢坯加热质量，控制好轧制温度。(3) 合理调整张力。(4) 控制来料尺寸，精轧机组入口轧件尺寸必须正确。(5) 如果只是在线棒材一侧有耳子，则检查成品轧机入口导卫对中、对正是否良好。(6) 如果轧件抖动，需进行检查并做到以下几点：精轧机组的辊环工作直径正确；入口轧件尺寸正确；辊缝调节正确；导卫调节正确；使用减振导卫；若钢种变化，轧件的宽展量也会变化，应做相应调整。

检查判断：用肉眼和测量工具检查。

3.3.4.4　弯曲

钢材纵向不平直的现象叫弯曲（见图3-34）。按钢材的弯曲形状，呈镰刀形的均匀弯曲称为“镰刀弯”；呈波浪形的整体反复弯曲称为“波浪弯”；端部整体弯曲称为“弯头”。

弯曲严重的钢材，在使用中，影响焊接和安装。

产生原因：(1) 轧钢操作调整不当或轧件冷却温度不均，使轧件各部分延伸不一致。(2) 成品出口导卫板安装不当。(3) 冷床拉钢小车的划爪不齐、拉钢多、拉钢速度快、长钢材夹短钢材同时拉钢时，造成局部弯曲。(4) 冷床不平，轧件冷却后自然产生弯曲。(5) 热钢材在辊道上高速撞挡板，以及钢材在横移过程中，端部与某些突出物相碰撞，可产生弯头。(6) 钢材在吊运、中间存放过程中保管不当，在热状态下进行操作时，易产生各种弯曲。

图3-34　弯曲

棒材“S”弯产生原因：(1) 坯料温度不均，造成条形在轧制中延伸系数变化，致使条形抖动。(2) 轧制线不对中，或进出口导卫没对正。(3) 电机转速波动较大。(4) 轧辊出现椭圆度超差。(5) 料形收得太小，致使进口夹板夹持不稳。(6) 调整工速度没控制好，堆—拉关系不平衡等。

预防方法：(1) 加强轧制操作，正确安装导卫装置，在轧制中控制轧件不应有过大的弯曲。(2) 加强冷床设备维护，保证辊动冷床各辊转动速度一致，保持牵引移钢冷床的划爪在一条直线上。(3) 加强冷床工序的操作，保证切头长度并防止撞弯钢材。(4) 减少撞挡板力度，在冷床辊道前安装弹簧挡板。(5) 加强中间仓库和成品管理，防止将钢材压弯或被吊车钢绳挂弯。(6) 优化水冷工艺，保证钢的冷却均匀性。

检查判断：用肉眼检查，用量具测量钢材各种弯曲的弦高；钢材经一次矫直后，如镰刀弯曲仍不合格，一般产品可以重新矫直，使其达到标准要求。其他形式的弯曲根据缺陷程度按相关标准判定。

3.3.4.5　表面凸起及压痕（轧疤）

表面凸起及压痕（轧疤）是指线棒材表面连续出现周期性的凸起或凹下的印痕，缺陷形状、大小相似。凸起及压痕主要是轧槽损坏（掉肉或结瘤）造成的。

3.3.4.6　分层

线棒材纵向分成两层或更多层的缺陷称为分层。钢坯皮下气泡、严重疏松、在轧制时未能焊合以及严重的夹杂物都会造成线材分层。化学成分严重偏析，如硫在钢液凝固过程中富集于液相，形成低熔点的连续或不连续的网状 FeS，轧制时也会形成分层。

3.3.4.7　划痕

划痕是像沟槽一样沿纵向延伸，一般呈直线或弧形沟槽，其深浅不等，连续或断续地分布于盘条的局部或全长。

产生原因：(1) 导卫中有堆积物。(2) 导卫安装不当或导辊断裂。(3) 导卫有毛刺。(4) 轧机的对中性不好，或导卫对中性不好。(5) 导卫开口度较大。

检查排除：(1) 定期清扫并及时修理导卫装置。(2) 正确安装导卫装置，防止轧件遇导卫装置产生点、线接触。(3) 选择不容易产生热黏结的材质做导卫装置。

3.3.4.8 结疤（翅皮或鳞层）

结疤（翅皮或鳞层）是指在线棒材表面与线棒材本体部分结合或完全未结合的金属片层。前者是由成品以前几道次轧件上的凸起物件轧入基体形成的，后者是已脱离轧件的金属碎屑轧在轧件表面上形成的。它无规律分布在线材表面，高倍组织常表现为缺陷处钢材基体有氧化特征，伴随有氧化质点、脱碳及氧化亚铁。结疤是铸坯表面或表层缺陷轧后残留或暴露在钢材表面上形成的。

坯料表面质量不好，漏检坯料上原有的结疤，或连铸坯表面未清除干净的翘皮等均可形成结疤。在轧制中产生结疤的原因有：(1) 坯料过热。(2) 坯料修磨不好。(3) 轧槽过度磨损。(4) 辊环“掉肉”。(5) 轧机导卫有毛刺。

检查排除：(1) 坯料过热会产生过量的氧化铁皮，应严格执行加热工艺制度，避免过热。(2) 轧制过程中较大块的氧化铁皮轧入轧件的表面形成结疤缺陷，因此要使用高压水除鳞消除氧化铁皮。(3) 轧机停稳以后，要仔细检查轧辊及导卫表面是否有毛刺、磨损、掉肉等问题。

3.3.4.9 缩孔

线棒材截面中心部位的孔洞称为缩孔。缩孔内含有非金属夹杂物，并有非铁元素富集。缩孔是坯料带来的，连铸方坯按“小钢锭理论”有时出现周期性的缩孔，与钢锭缩孔相仿，轧后在线棒材上形成孔洞。

3.3.4.10 麻点或麻面

线棒材麻点是由于孔型表面粗糙造成遍及棒材表面的不规则的凹凸缺陷。

产生原因：(1) 孔型的轧制量过多。(2) 轧槽冷却水管理不善或者冷却方法不当。(3) 轧辊材质软，组织不均匀。(4) 轧槽冷却不当或严重磨损。(5) 冷却水的 pH 值不合适，WC 辊环中的黏结剂被腐蚀，从而使 WC 颗粒在轧制过程中脱落出来。

预防方法：(1) 适当规定每个轧槽的轧制吨位。(2) 改善轧槽冷却水的水量、水压和冷却方法，定期检查水质情况，检查轧辊的冷却水管是否堵塞。(3) 选择适合的轧辊材质。

3.3.4.11 凹坑

凹坑是表面条状或块状的凹陷，周期性或无规律地分布在钢筋表面上。

产生原因：(1) 轧槽、滚动导板、矫直辊工作面上有凸出物，轧件通过后产生周期性凹坑。(2) 轧制过程中，外来的硬质金属压入轧件表面，脱落后形成。(3) 铸锭（坯）在炉内停留时间过长，造成氧化铁皮过厚，轧制时压入轧件表面，脱落后形成。(4) 粗轧孔磨损严重，啃下轧件表面金属，再轧时又压入轧件表面，脱落后形成。(5) 铸锭（坯）结疤脱落。(6) 轧件与硬物相碰或钢材堆放不平整压成。

3.3.4.12　表面夹杂

表面夹杂一般呈点状、块状或条状机械黏结在钢筋表面上，具有一定深度，大小形状无规律。炼钢带来的夹杂物一般呈白色、灰色或灰白色；在轧制中产生的夹杂物一般呈红色或褐色，有时也呈灰白色，但深度一般很浅。

产生原因：(1) 铸坯带来的表面非金属夹杂物。(2) 在加热轧制过程中偶然有非金属夹杂物（如加热炉耐火材料、炉底炉渣、燃料的灰烬）粘在轧件表面。

3.3.4.13　扭转

扭转是指钢筋绕其纵轴扭成螺旋状。

产生原因：(1) 轧辊中心线相交且不在同一垂直平面内，中心线不平行或轴向错动。(2) 导卫装置安装不当或磨损严重。(3) 轧机调整不当。

3.3.4.14　重量超差

重量超差是指螺纹钢筋每米重量低于标准规定的下限值，常与尺寸超差伴生。

产生原因：(1) 孔型设计不合理。(2) 负公差轧制过程中，当成品孔换新槽时，负差率过大。(3) 轧钢调整不当。(4) 成品前拉钢。

3.3.4.15　尺寸超差

热轧带肋钢筋尺寸存在的缺陷包括：

(1) 米重超差。国标中规定，各种规格棒材的重量偏差为：$\phi6 \sim 12$mm 热轧带肋钢筋：±7%；$\phi14 \sim 20$mm 热轧带肋钢筋：±5%；$\phi22 \sim 50$mm 热轧带肋钢筋：±4%。对按理论重量交货部分，既要保证负偏差有一定的量，又不能超过标准。生产过程中，应按规定按时称重，控制好换辊、换槽后的负偏差轧制。经常和操作台保持联系，防止因活套的波动而对米重产生影响。

(2) 横纵肋尺寸超差。产生纵肋小而超差的原因主要是：成品前的红坯尺寸偏小或张力及活套存在拉钢。产生横肋超差的原因主要是：成品前 K_2 的红坯尺寸两旁偏小。防止横纵肋尺寸超差，主要是控制好红坯尺寸、张力及活套。

(3) 凸块超标。国标中规定棒材成品的表面允许有凸块，但不得超过横肋的高度。生产中，成品上有小凸块时，应尽早更换成品槽，防止凸块突然增大。

影响线棒材尺寸精度的主要因素：有温度、张力、孔型设计、轧辊及工艺装备的加工精度、孔槽及导卫的磨损、导卫板安装和轧机的机座刚度、调整精度、轧辊轴承的可靠性和电传控制水平和精度等。其中，张力是影响线棒材产品尺寸精度的最主要因素。

孔型设计与轧件精度也有密切关系，一般讲椭圆—立椭圆孔型系列消差作用比较显著；小辊径可以减少宽展量，其消差作用比大辊径好。孔型设计中应特别注意轧件尺寸变化后的孔型适应性，即变形的稳定性、不扭转不倒钢不改变变形方位。

3.3.4.16　屈服点不明显

屈服强度是钢筋最为重要的力学性能指标之一。这是因为在生产实际中，绝大部分的工程构件和机器零件在其服役过程中都处于弹性变形状态，不允许有微量的塑性变形产生。若发生过量塑性变形，将导致结构失效。为避免因塑性变形导致失效的情况出现，在金属材料的选用中有一个衡量失效的指标，这一指标就是屈服强度。在实际检测工作中，热轧带肋钢筋时常出现无屈服平台现象。《钢筋混凝土用钢第 2 部分：热轧带肋钢筋》(GB1499. 2—2007) 规定，对于没有明显屈服强度现象的钢筋可以用规定非比例延伸强度 ($R_{P0.2}$) 代替。但是碳素结构钢盘卷钢的国家标准《钢筋混凝土用钢第 1 部分：热轧光圆钢筋》(GB1499. 1—2008) 仅要求测下屈服强度 (R_{eL})。因此，应对热轧带肋钢筋无屈服点现象进行分析研究，并提出改进措施。

金属有明显屈服的条件为：(1) 必须能形成溶质气团；(2) 晶粒内位错密度不能过高，否则显著的加工硬化将使屈服现象消失。贝氏体、马氏体是产生无屈服现象的主要原因，许多钢厂对螺纹钢无屈服现象做了大量的研究，得出的结论是，当贝氏体含量为10% (宣钢)，15% (昆钢)、20% (韶钢) 时，易产生无屈服现象。贝氏体形貌及含量见图3-35 和表3-7。

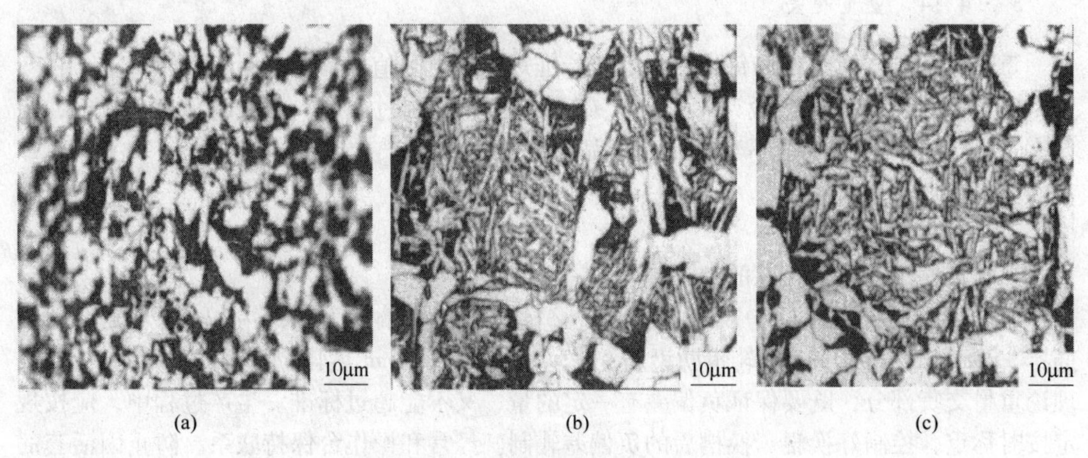

图 3-35 无屈服试样组织 (500×)

(a) 表层组织；(b) 次层组织；(c) 中心组织

表 3-7 贝氏体含量测定结果

试样类型	批 号	规格/mm	1/2 半径处贝氏体含量/%	过渡层厚度/mm
无屈服	06121097	$\phi22$	24. 3	0. 5
	06121098	$\phi22$	25. 1	0. 5

由于钢中贝氏体含量较高是无屈服现象的主要原因，所以要避免无屈服现象的产生，必须降低钢中贝氏体含量。屈服点不明显的控制措施：

(1) 钢筋组织的形成与化学成分和冷却制度有关。从冷却制度上看，在冷却过程中要避开贝氏体产生的温度段，需使钢筋在终轧温度到 550℃ 的冷却过程中降低冷却速度，使铁素体和珠光体有充分的转变时间。高线冷却是可进行适当控制的，可通过调整风冷辊道的速度、风机风量及保温罩开闭等来控制贝氏体的生成量；而对棒材，钢筋上冷床后的冷却速度无法进行控制，因此要减少贝氏体的产生，则可适当对碳和锰的含量进行调整。化学成分对钢的组织有显著的影响，从 CCT 曲线看，碳和锰含量的提高使曲线向右移动，有利于贝氏体的形成。为了减少贝氏体的产生，采取的方法是稳定并适当提高碳含量，降低锰含量。

由于固溶铌增加了奥氏体的稳定性，抑制了铁素体在奥氏体晶界的形核，从而减少了铁素体的产生，促进了贝氏体组织的形成。因此，铌微合金化钢筋存在少量的贝氏体是由铌在钢中的作用机理决定的，生产中应控制铌的合适含量，以得到理想的性能指标。

(2) 氮含量可促进贝氏体的产生。有人进行过如下试验：氮含量为0.008%的试样，冷却速度达到3℃/s以上才产生贝氏体；氮含量为0.02%的试样，冷却速度达到1℃/s即产生贝氏体。小规格钢筋这种趋势更强。因此，应控制氮含量。

(3) 研究结果表明，对于碳含量较低的钢筋，残余元素钼、钨含量较高时，若冷却速度略高时，则容易产生贝氏体组织，抗拉强度虽高，但塑性降低，屈服强度降低或无屈服点。因此，应防止炼钢所用废钢、合金料等原料带入这些元素。

3.3.5 论文写作

3.3.5.1 论文格式

论文格式就是指进行论文写作时的样式要求，以及写作标准。直观地说，论文格式就是论文达到可公之于众的标准样式和内容要求。论文常用来进行科学研究和描述科研成果文章。它既是探讨问题进行科学研究的一种手段，又是描述科研成果进行学术交流的一种工具。它包括学年论文、毕业论文、学位论文、科技论文、成果论文等，总称为论文。

3.3.5.2 论文结构

论文一般由题名、作者、摘要、关键词、正文、参考文献和附录等部分组成，其中部分组成（例如附录）可有可无。论文各组成的排序为：题名、作者、摘要、关键词、英文题名、英文摘要、英文关键词、正文、参考文献、附录和致谢。

题名应简明、具体、确切，能概括论文的特定内容，有助于选定关键词，符合编制题录、索引和检索的有关原则。命题简明扼要，提纲挈领。

作者署名置于题名下方，团体作者的执笔人，也可标注于篇首页脚位置。有时，作者姓名亦可标注于正文末尾。

目录是论文中主要段落的简表，短篇论文不必列目录。

摘要是文章主要内容的摘录，要求短、精、完整。字数少可几十字，多不超过三百字为宜。

摘要是对论文的内容不加注释和评论的简短陈述，要求扼要地说明研究工作的目的、研究方法和最终结论等，重点是结论，是一篇具有独立性和完整性的短文，可以引用、推广。

关键词是反映论文主题概念的词或词组，通常以与正文不同的字体字号编排在摘要下方。一般每篇可选3~8个，多个关键词之间用分号分隔，按词条的外延（概念范围）层次从大到小排列。关键词一般是名词性的词或词组，个别情况下也有动词性的词或词组。

(1) 引言：引言又称前言、序言和导言，用在论文的开头。引言一般要概括地写出作者意图，说明选题的目的和意义，并指出论文写作的范围。引言要短小精悍、紧扣主题。

（2）论文正文：正文是论文的主体，正文应包括论点、论据、论证过程和结论。主体部分包括以下内容：提出问题——论点；分析问题——论据和论证；解决问题——论证方法与步骤；结论。

为了做到层次分明、脉络清晰，常常将正文部分分成几个大的段落。这些段落即所谓逻辑段，一个逻辑段可包含几个小逻辑段，一个小逻辑段可包含一个或几个自然段，使正文形成若干层次。论文的层次不宜过多，一般不超过五级。

技师专业论文格式和范文见有关资料。

【发明示例】

3.3.6　一种600MPa级抗震螺纹钢筋及其制造方法

3.3.6.1　背景技术

螺纹钢筋广泛应用于大坝、厂房、道路桥梁等基础建筑中，在相同的使用条件下，提高螺纹钢屈服强度可以减少钢筋直径，节约钢材用量，降低工程成本，同时也可降低钢体结构自重，缩短工程周期。截止到2011年，我国400MPa及以上强度级别的钢筋使用量仅占总量的40%，而国外大多采用的是400MPa及以上级别的钢筋。近年来，国家出台了一系列措施，大力推广高强度螺纹钢筋，如2011年7月1日新推出的《混凝土结构设计规范》明确要求建筑施工应优先使用400MPa级螺纹钢筋；即将实施的螺纹钢筋标准GB1499.2的修订稿中也新增了600MPa级螺纹钢HRB600。螺纹钢筋的高强度化已成为未来钢筋发展的一种趋势。以600MPa级螺纹钢替代400MPa级螺纹钢，可节约用钢量44.4%，节能减排效果显著。开发600MPa级螺纹钢筋有利于促进产品的升级换代。

目前已有600MPa级螺纹钢筋专利，如专利公开号为102383033A，专利名称为《一种600MPa级含钒高强热轧钢筋及其生产方法》专利文献，提供了一种600MPa级高强热轧钢筋制备方法：采用转炉+LF精炼，冶炼过程中全程吹氮气，以及加入氮化钒、氮化硅等含氮合金来增氮固氮，精轧过程中采用低温大压下量轧制。其公开的钢筋成分为：C 0.21%~0.25%；Si 0.35%~0.60%；Mn 1.35%~1.55%；V 0.08%~0.12%；N 0.005%~0.04%；S≤0.040%；P≤0.040%。其存在以下局限：（1）精轧采用低温大压下量轧制，对轧机性能要求较高，不适于老式轧机生产，在现阶段难以广泛应用；（2）全程吹氮气以及氮含量过高容易造成坯料皮下气泡过多，影响成品质量。

3.3.6.2　发明内容

本发明的目的在于通过合金成分和工艺优化设计，提供一种适于广泛生产的600MPa级抗震螺纹钢筋及其制造方法。该高强钢筋的屈服强度 R_{eL} 大于600MPa，抗拉强度 R_m 大于730MPa，断后伸长率 A 大于14%，最大力总伸长率 A_{gt} 大于9%，强屈比大于1.25。该钢不仅能够满足新标准GB1499.2征求意见稿对600MPa级螺纹钢筋的性能要求，而且还能够满足新标准对抗震钢筋性能的要求。

为实现上述发明目的，本发明采用了如下技术方案：

一种600MPa级抗震螺纹钢筋，其包含的化学成分及其重量百分比为：基本成分：

C 0.21%~0.26%，Si 0.61%~0.80%，Mn 1.30%~1.60%，V 0.15%~0.21%；可选成分：Nb 0.001%~0.050%，Ti 0.001%~0.050%，Cr 0.10%~0.50%，B 0.0001%~0.0050%，Mo 0.001%~0.010% 中的任意一种或两种以上的组合；其余为 Fe 和不可避免的杂质。

本发明中各组分的机理及作用：

C 是钢中最经济的提高螺纹钢强度的元素，增加 C 含量能够显著提高强度，但同时也降低钢的塑性和韧性，恶化钢的焊接性能，为保证钢筋具有较高强韧性、良好的焊接性能，C 含量的范围设为 0.21%~0.26%。

Si 是炼钢常用的脱氧剂，能够固溶于铁素体中，提高钢的弹性极限和屈服极限，但 Si 也会降低钢的塑性和韧性，恶化焊接性能，Si 含量的范围设为 0.61%~0.80%。

Mn 在钢中起固溶强化作用，可以提高钢的强度，但含量过高会使钢中出现贝氏体，降低钢的塑性，因此，Mn 含量的范围设为 1.30%~1.60%。

V 是钢中重要的合金化元素，能够与 C、N 结合形成 V（C，N）化合物，在热轧过程中阻止奥氏体晶粒长大，具有较强的析出强化和细晶强化作用，可以显著提高螺纹钢筋的强度；当 V 含量过低时，强化效果不明显，含量过高时会增加淬透性，促进贝氏体的产生，因此，V 含量的范围设为 0.15%~0.21%。

Nb 与 C、N 都有较强的结合能力，形成稳定的化合物，能够细化晶粒，提高钢的强度，但 Nb 是一种比较昂贵的合金元素，因此，Nb 可作为辅助元素添加。

Ti 很容易与 C、N 结合，形成稳定的化合物，Ti 的碳氮化物通常在 1400℃以上的高温状态下析出，冶炼过程中难以控制，并且，Ti 含量较高时易形成粗大的 TiN 颗粒，恶化性能，因此，Ti 仅可作为辅助元素添加。

Cr 的加入可以细化珠光体组织，提高钢的强度，但其含量过高会降低塑性和韧性。

B 的加入可有效改善钢的致密性和热轧性能，提高强度。

Mo 有细化珠光体的作用，从而提高钢的强度和延展性。

本发明钢的碳当量在 0.54 以下，具有良好的焊接性能。本发明制造 600MPa 级高强度抗震螺纹钢筋的方法为：采用“转炉或电炉冶炼 + 小方坯连铸连轧 + 冷床冷却”短流程工艺，冶炼过程中以钒铁和钒氮合金形式加入钒，钒铁（FeV50）和钒氮合金（V78N15）加入量比为（4~7):1；采用热装热送工艺，将连铸坯加热至 1050~1150℃，开轧温度为 900~1100℃，终轧温度为 950~1050℃；轧制后不穿水冷却，轧件上冷床温度为 950~1050℃，在冷床上自然冷却至室温。

本发明的有益效果至少在于：（1）轧制过程中采用常规轧制工艺，对精轧机性能无特殊要求，适用于广泛生产；（2）冶炼全程不吹氮气，可有效控制坯料的皮下气泡；（3）本发明钢成分设计合理，碳当量小于 0.54，轧制后不进行穿水冷却，因而获得的产品组织均匀、力学性能稳定，具有良好的加工性能和焊接性能。

3.3.6.3　具体实施方式

以下结合若干较佳实施例对本发明的技术方案作进一步阐述，但这些实施例绝非对本发明有任何限制。本领域技术人员在本说明书的启示下对本发明实施中所作的任何变动都将落在权利要求书的范围内。

根据表 3-8 成分及下述工艺制造了 600MPa 级高强度抗震螺纹钢筋。采用转炉冶炼，在吹氩站加入钒铁（FeV50）和钒氮合金（V78N15），两者加入量比为（4～7）:1，之后连铸成 150mm × 150mm 小方坯；坯料采用热装热送工艺，加热温度为 1100℃；采用连续式棒线材轧机进行轧制，轧制规格为 ϕ20mm 和 ϕ32mm，开轧温度为 1050℃，终轧温度为 1020℃；轧制后不穿水，轧件上冷床温度为 1040℃，在冷床上自然冷却至室温。实际检验的化学成分及其重量比见表 3-8。显微组织为铁素体 + 珠光体组织，未观察到贝氏体，铁素体晶粒度在 10 级以上。表 3-9 为力学性能，抗拉强度 R_m 大于 730MPa，屈服强度 R_{eL} 在 600MPa 以上，伸长率 A 在 14% 以上，最大力总伸长率 A_{gt} 大于 9%，强屈比大于 1.25。所制造的 600MPa 级螺纹钢筋既能满足新标准对 HRB600 的性能要求，又能满足抗震性能要求。

表 3-8 600MPa 级高强度抗震螺纹钢筋化学成分 （质量分数，%）

编 号	规格/mm	C	Si	Mn	V	N	B	碳当量
1	ϕ20	0.24	0.66	1.41	0.16	0.010	—	0.51
2	ϕ20	0.25	0.65	1.39	0.17	0.010	0.0010	0.52
3	ϕ32	0.25	0.66	1.40	0.17	0.011	—	0.52

表 3-9 600MPa 级高强度抗震螺纹钢筋的力学性能

编 号	规格/mm	R_m/MPa	R_{eL}/MPa	A/%	A_{gt}/%	R_m/R_{eL}
1	ϕ20	772	609	19.2	11.9	1.27
2	ϕ20	794	627	18.6	11.0	1.27
3	ϕ32	780	610	16.6	11.8	1.28

【项目练习】

（1）**填空题：**

1）按使用要求，钢筋分为（ ）用钢筋和（ ）用钢筋。

2）按生产工艺，钢筋分为（ ）钢筋、（ ）钢筋、（ ）钢筋。

3）按钢种，钢筋分为（ ）钢筋、（ ）钢筋、（ ）钢筋。

4）按外形，钢筋分为（ ）、（ ）、（ ）、（ ）等钢筋。

5）按屈服强度特征值，钢筋分为（ ）、（ ）、（ ）级。

6）每批钢筋的检验项目有：（ ）、（ ）、（ ）、（ ）、（ ）、（ ）、（ ）、（ ）。

7）每批钢筋应由同一（ ）、同一（ ）、同一（ ）、同一（ ）的钢筋组成。

8）钢筋标志，HRB335、HRB400、HRB500 分别以（ ）、（ ）、（ ）表示，HRBF335、HRBF400、HRBF500 分别以（ ）、（ ）、（ ）表示。

9）牌号后加 E 的抗震钢筋，除了应满足相对应牌号要求外，还应满足：（ ），（ ），（ ）。

10）根据孔型在总的轧制过程中的位置和其所起的作用，可将孔型分为四类：（ ）、（ ）、（ ）、（ ）。

11）按孔型在轧槽上的切削方法，孔型分为（ ）、（ ）、（ ）、（ ）。

12）箱形孔型由（ ）、（ ）、（ ）和（ ）等组成。

13）当“压力”为零时，轧制线和轧辊中线（　）；当配置“（　）”压力时，轧制线在轧辊中线之（　），两者的距离 X 在孔型上下轧辊辊环直径相等、上下轧槽高度相等的情况下，等于压力绝对值的（　）。

14）上、下轧辊作用于轧件上的力矩对于某水平直线相等，该水平直线称为（　）线。

15）上下两个轧辊轴线间距离的等分线称为（　）线。

（2）**单项选择题：**

1）型钢轧制生产中，某道次发现了折叠，这是因为前边某道次有（　）存在。

A. 表面裂纹　　B. 扭转　　C. 耳子

2）微张力轧制是各道次的（　）基本不相等。

A. 温度与线速度乘积　　B. 截面积与线速度乘积　　C. 宽度与线速度乘积

3）轧制终了的钢材在大气中冷却的方法称为（　）。

A. 强制冷却　　B. 缓冷　　C. 自然冷却

4）轧件通过箱型孔一段后突然绕其纵轴旋转，断面发生畸形，轧件产生宽而厚的耳子，这种现象称为（　）。

A. 倒钢　　B. 扭转　　C. 折叠

5）轧件的前后张力加大时，宽展（　）。

A. 减少　　B. 增大

C. 不变　　D. 增大、减少都有可能

6）椭圆—方孔型系统的缺陷是（　）。

A. 延伸系数小　　B. 轧件得不到多方向压缩

C. 不均匀变形严重　　D. 轧件周边冷却不均

7）钢材表面出现周期性凹凸缺陷是（　）引起的。

A. 轧辊缺陷　　B. 导卫缺陷　　C. 加热缺陷

8）实践表明，生产效率最高的轧机布置形式是（　）。

A. 横列式　　B. 布棋式　　C. 连续式

9）连轧过程中，实现无张力轧制的手段是采用（　）来完成。

A. 滚动导板　　B. 活套　　C. 轧槽

10）在现代轧制生产中，控轧控冷可以使（　）。

A. 铁素体晶粒细化，使钢材强度提高，韧性得到改善

B. 铁素体晶粒长大，使钢材强度提高，韧性得到改善

C. 铁素体晶粒细化，使钢材强度降低，韧性得到改善

11）在现代轧钢生产中，积极推广先进的控制轧制，就是（　）。

A. 能控制轧制节奏　　B. 能控制不出现轧制缺陷

C. 能提高其机械性能

12）轧制实践经验表明，在相同的变形条件下，轧制时合金钢的宽展量比碳素钢的宽展量（　）。

A. 大　　B. 相同　　C. 小

13）摩擦系数对轧制中的宽展是有影响的，正确的说法是（　）。

A. 摩擦系数增大，宽展量增大
B. 摩擦系数降低，宽展量增大
C. 摩擦系数增大，宽展量变小

14）在轧制过程中，钢坯在平辊上轧制时，其宽展称为（ ）。
A. 自由宽展　　B. 强迫宽展　　C. 约束宽展

15）在轧制生产中使用（ ）轧辊，轧制成品表面质量最好。
A. 钢　　B. 铸铁　　C. 碳化钨

16）轧辊的孔型侧壁斜度越大，则轧辊的重车次数（ ）。
A. 越小　　B. 没什么影响　　C. 越大

17）在轧制生产过程中，（ ）可能导致缠辊事故。
A. 爆套筒　　B. 轧件劈头　　C. 跳闸

18）在热轧型钢生产中，轧件在孔型内受到压缩，轧件的长度和宽度都将发生变化，规律性的表现应该是（ ）。
A. 宽展等于延伸　　B. 宽展大于延伸　　C. 宽展小于延伸

19）平均延伸系数与总延伸系数之间的关系是（ ）。
A. $\mu_{均} n = \mu_{总}$（n 是轧制道次）　　B. $\mu_{均} = n\sqrt{\mu_{总}}$
C. $\mu_{均} = \mu_{总}$

20）选用六角—方孔型系统，其优点是（ ）。
A. 轧制延伸系数大　　B. 轧件变形均匀，轧制平稳
C. 去除氧化铁皮能力好

（3）**判断题：**

1）飞剪的作用是横向剪切轧件的头、尾。（ ）
2）产品的合格率就是合格品数量占总检验量的百分比。（ ）
3）轧制节奏时间越短，坯料越轻，成品率越高，则轧机的小时产量越高。（ ）
4）打滑现象发生时，轧件速度小于轧辊线速度，所以变形区全部为后滑区。（ ）
5）过热这种加热缺陷，经过退火处理也无法挽救，只能报废。（ ）
6）轧钢就是金属轧件在轧机的轧辊之间塑性变形。（ ）
7）在其他轧制条件不便的情况下，轧辊表面越粗糙，摩擦系数越大，宽展越大。（ ）
8）常用的延伸孔型有箱形孔、菱形孔、方形孔、椭圆孔、六角孔等。（ ）
9）随着轧制速度的提高，摩擦系数升高，从而宽展减小。（ ）
10）提高轧制速度，有利于轧件咬入。（ ）
11）铁碳相图是研究碳素钢的相变过程，以及制定热加工及热处理等工艺的重要依据。（ ）
12）总延伸系数等于各道次延伸系数之和。（ ）
13）最小阻力定律，在实际生产中能帮助我们分析金属的流动规律。（ ）
14）在轧制中，终轧温度过低会使钢的实际晶粒增大，能提高其机械性能。（ ）
15）轧钢产品的技术条件是制定轧制工艺过程的首要依据。（ ）
16）当变形不均匀分布时，将使变形能量消耗降低，单位变形力下降。（ ）
17）在轧制生产过程中，塑性变形将同时产生在整个轧件的长度上。（ ）

18）轧辊的咬入条件是咬入角大于或等于摩擦角。（ ）

19）前滑是轧件的出口速度大于该处轧辊圆周速度的现象。（ ）

20）轧制生产实践表明，所轧制的钢越软，则其塑性就越好。（ ）

21）在轧钢生产中，金属的轧制速度和金属的变形速度是截然不同的两个概念。（ ）

22）在检验钢材中发现麻面缺陷，麻面的产生有两种可能，一方面有炼钢工序的因素；另一方面也有轧钢工序的因素。（ ）

23）型钢轧制中，轧辊孔型的切削深度取决于轧辊强度的保证。（ ）

24）钢轧辊的优点是强度高，缺点是表面硬度不高，容易磨损。（ ）

25）金属中的相是合金中物理、化学或结晶学方面明显不相似的部分。（ ）

（4）**名词解释：**

孔型；样板；活套；孔型系统；切分轧制；产品可追溯性；轧辊“压力”；轧制线；轧辊中线；孔型中性线；HRB335；HRB400；HRB500；HRBF335；HRBF400；HRBF500；HRB400E；HRBF400E；预应力钢丝；预应力钢棒；预应力钢绞线；铁型；堆钢；缠辊；跳闸；耳子；麻面；折叠；控制轧制；控制冷却；超细晶；成材率；热送热装；热装率。

（5）**问答：**

1）粗轧机的在线预调整的内容是什么？

2）小型轧机设定辊缝的测量有哪三种？操作过程是什么？

3）简述塞尺塞辊缝法、标准辊缝试棒法、小圆钢压痕法。

4）机组轧制线如何对中？说明方法和过程。

5）粗、中轧机之间微张力控制原则是什么？如何判断调节？举例说明。

6）中、精轧机活套区机架间速度及活套如何调节？举例说明。

7）简述“观察”、“取样”、“木印”和“打击”四种检查方法。

8）简述钢筋裂纹、折叠产生原因和预防措施。

9）简述钢筋耳子、表面夹杂、麻面、划伤、扭转、尺寸超差产生原因。

10）简述600MPa级钢筋生产关键技术。

（6）在虚拟仿真系统上，完成钢筋将产生耳子、折叠、镰刀弯、成品尺寸不合格、麻点、刮伤、扭转、结疤等缺陷时，小型轧机的实际操作过程。

（7）简单断面孔型设计，包括断面孔型、轧辊孔型和导卫设计，轧辊工作直径、辊缝设定计算，并用CAD绘制孔型图、导卫图，题目和要求另给。

（8）写报告与论文，题目另给，论文格式符合技师专业论文格式。

【项目评价】

项目成绩＝上课出勤×10%＋课上答问×10%＋作业×10%＋标准解读×10%＋视频解读×10%＋上机实操×20%＋设计×10%＋报告论文写作×10%＋其他×10%。此公式供成绩评定参考。

【课外学习】

（1）苏世怀．热轧钢筋［M］．北京：冶金工业出版社，2009.

（2）王子亮．螺纹钢生产工艺与技术［M］．北京：冶金工业出版社，2008.

（3）［日］中岛浩卫著；李效民译．型钢轧制技术：技术引进、研究到自主技术开发［M］．北京：冶金工业出版社，2004.

（4）首钢集团，http：//www. sggf. com. cn/.

（5）沙钢集团，http：//www. sha-steel. com/.

（6）轧钢技术论坛，http：//lengzhajishu. haotui. com/bbs. php.

（7）维普网，http：//www. cqvip. com/.

（8）钢铁大学，http：//www. steeluniversity. org/.

参 考 文 献

[1] 刘宝昇，赵宪明．钢轨生产与使用［M］．北京：冶金工业出版社，2009.
[2] 苏世怀，等．热轧H型钢［M］．北京：冶金工业出版社，2009.
[3] 苏世怀，等．热轧钢筋［M］．北京：冶金工业出版社，2009.
[4] 郭新文，等．中型H型钢生产工艺与电气控制［M］．北京：冶金工业出版社，2011.
[5] 李曼云．小型型钢连轧生产工艺与设备［M］．北京：冶金工业出版社，1999.
[6] 王子亮，等．螺纹钢生产工艺与技术［M］．北京：冶金工业出版社，2008.
[7] 仇曙川．H型钢轧机计算机控制系统的设计与实现［D］．沈阳：东北大学，2001.
[8] 牛海山．板坯轧制H型钢异型坯过程的有限元模拟和实验研究［D］．沈阳：东北大学，2006.
[9] 王京瑶，耿志勇，彭兆丰．我国长材轧制技术与装备的发展（一）——钢轨和大型H型钢［J］．轧钢，2011，(4).
[10] 吴琼，刘卫华．H型钢孔型设计技术［J］．轧钢，1999，(5).
[11] 李宝安．一种轧制H形或工字形钢的工艺方法［P］．中国：2004100357265，2006-03-15.
[12] 曹杰，奚铁，章静．H型钢万能轧制变形分析［J］．重型机械，2005（1).
[13] 莱芜钢铁集团有限公司孙会朝，马新，孙庆亮，等．H型钢轧制设备［P］．中国：201220598002.1，2012-11-13.
[14] 杜立权．H型钢的轧制与发展［J］．鞍钢技术，1998，(4).
[15] 闵建军，高静，李磊．武钢高速重轨万能轧机工艺设备特点［J］．轧钢，2009，(5).
[16] 李永宽，黄进春，刘彩玲．鞍钢一炼钢大方坯连铸机［J］．重型机械，2000，(6)．
[17] 林刚．万能法轧制钢轨BD孔型系统研究［J］．四川冶金，2008，(2).
[18] 张金明，杜斌，刘鹤．万能轧机轧制高速钢轨孔型系统分析［J］．世界轨道交通，2007，10.
[19] 毕科新．H型钢开坯及万能轧制变形过程数值模拟［D］．包头：内蒙古科技大学，2009.
[20] 天津市中重科技工程有限公司田学伯，王尔和．紧凑型卡盘式万能轧机［P］．中国：201110280861.6，2011-09-21.
[21] 程向前．热轧H型钢万能轧机导卫系统探讨［J］．山西冶金，2007，(4).
[22] 金梁．重轨万能连轧过程工艺及变形研究［D］．武汉：武汉科技大学，2009.
[23] 闫治国，刘建国，唐丽娟．钢轨的万能法轧制及轧机调整［J］．世界轨道交通，2007，(10).
[24] 天津市中重科技工程有限公司陈延亮．万能轧机立辊箱结构［P］．中国：201110280790.X，2011-09-21.
[25] 攀钢集团钢铁钒钛股份有限公司陶功明，陈崇木，李春平，等．无接触式矫直机零度标定方法［P］．中国：201010534612.0，2010-11-08.
[26] 张学斌．客运专线钢轨矫直工艺研究［J］．四川冶金，2008，(2).
[27] 陶功明，官旭东．轧辊金属异物粘结原因分析及其清除［J］．轧钢，2010，(5).
[28] 陶功明．钢轨端头缺陷成因分析及其控制措施［J］．轧钢，2009，(3).
[29] 何佳礼，熊建良，刘江．万能轧机导卫对60kg/m重轨表面质量的影响及控制措施［A］．2010年全国轧钢生产技术会议．
[30] 袁志学．中型型钢生产［M］．北京：冶金工业出版社，2005.
[31] 石春有．重轨轧辊技术参数的优化［J］．武汉工刊职业技术学院学报，2012，(4).
[32] 贾宇，喻能利．H型钢外形尺寸专用量具的设计与应用［J］．中国计量，2004，(2).
[33] 周剑华．高速铁路重轨尺寸精度、平直度及残余应力控制的研究［D］．沈阳：东北大学，2008.
[34] 内蒙古科技大学王建国，陈林，吴章忠，等．百米重轨残余应力控制方法［P］．中国：102284503 A，2011-12-21.

[35] 中冶赛迪工程技术股份有限公司谭成楠，阂建军，牛强，等. 异型钢对称成双万能轧制的工艺方法. 中国：201310114770.4，2013-06-12.

[36] 牛海山. 板坯切分法轧制 H900×400 型钢 [J]. 矿冶，2011，(2).

[37] 金宪军，杜坚. H 型钢自动化系统概述 [C]. 长钢：2004 年度 H 型钢筹备组论文集.

[38] 金宪军. TCS 自动控制系统在首钢长钢 H 型钢生产中的应用 [J]. 山西冶金，2012，(6).

[39] 程向前，闫忠英，丁建军. CCS—紧凑型易更换式轧机技术介绍 [J]. 山西冶金，2003，(3).

[40] H 型钢常见缺陷手册. http：//wenku. baidu. com/view/30f4f1d219e8b8f67c1cb9ae. html.

[41] 钢筋缺陷原因及措施知识培训. http：//wenku. baidu. com/view/8de4481db7360b4c2e3f6411. html.

[42] 江苏省沙钢钢铁研究院有限公司麻晗，黄文克，李旋，等. 一种 600MPa 级抗震螺纹钢筋及其制造方法 [P]. 中国：201210252106l，2013-12-25.

冶金工业出版社部分图书推荐

书　　名	作　者	定价(元)
冶炼基础知识(高职高专教材)	王火清	40.00
连铸生产操作与控制(高职高专教材)	于万松	42.00
小棒材连轧生产实训(高职高专实验实训教材)	陈　涛	38.00
型钢轧制(高职高专教材)	陈　涛	25.00
高速线材生产实训(高职高专实验实训教材)	杨晓彩	33.00
炼钢生产操作与控制(高职高专教材)	李秀娟	30.00
地下采矿设计项目化教程(高职高专教材)	陈国山	45.00
矿山地质(第2版)(高职高专教材)	包丽娜	39.00
矿井通风与防尘(第2版)(高职高专教材)	陈国山	36.00
采矿学(高职高专教材)	陈国山	48.00
轧钢机械设备维护(高职高专教材)	袁建路	45.00
起重运输设备选用与维护(高职高专教材)	张树海	38.00
轧钢原料加热(高职高专教材)	戚翠芬	37.00
炼铁设备维护(高职高专教材)	时彦林	30.00
炼钢设备维护(高职高专教材)	时彦林	35.00
冶金技术认识实习指导(高职高专实验实训教材)	刘艳霞	25.00
中厚板生产实训(高职高专实验实训教材)	张景进	22.00
炉外精炼技术(高职高专教材)	张士宪	36.00
电弧炉炼钢生产(高职高专教材)	董中奇	40.00
金属材料及热处理(高职高专教材)	于　晗	33.00
有色金属塑性加工(高职高专教材)	白星良	46.00
炼铁原理与工艺(第2版)(高职高专教材)	王明海	49.00
塑性变形与轧制原理(高职高专教材)	袁志学	27.00
热连轧带钢生产实训(高职高专教材)	张景进	26.00
连铸工培训教程(培训教材)	时彦林	30.00
连铸工试题集(培训教材)	时彦林	22.00
转炉炼钢工培训教程(培训教材)	时彦林	30.00
转炉炼钢工试题集(培训教材)	时彦林	25.00
高炉炼铁工培训教程(培训教材)	时彦林	46.00
高炉炼铁工试题集(培训教材)	时彦林	28.00
锌的湿法冶金(高职高专教材)	胡小龙	24.00
现代转炉炼钢设备(高职高专教材)	季德静	39.00
工程材料及热处理(高职高专教材)	孙　刚	29.00